U0241987

高等职业教育畜牧兽医类专业教材

动物药理学

贾林军　许建国　**主　编**

中国轻工业出版社

图书在版编目（CIP）数据

动物药理学 / 贾林军，许建国主编. —— 北京：中国轻工业出版
社，2022.1
高等职业教育"十三五"规划教材. 畜牧兽医类专业教材
ISBN 978-7-5184-1202-0

Ⅰ.①动… Ⅱ.①贾…②许… Ⅲ.①兽医学—药理学—高等职业教
育—教材 Ⅳ.①S859.7

中国版本图书馆CIP数据核字（2016）第 287020 号

责任编辑：秦　功　贾　磊　　责任终审：劳国强　　封面设计：锋尚设计
版式设计：永诚天地　　　　　　责任校对：吴大鹏　　责任监印：张京华

出版发行：中国轻工业出版社（北京东长安街6号，邮编：100740）
印　　刷：北京君升印刷有限公司
经　　销：各地新华书店
版　　次：2022年1月第1版第6次印刷
开　　本：720×1000　1/16　印张：16.25
字　　数：310千字
书　　号：ISBN 978-7-5184-1202-0　定价：36.00元
邮购电话：010-65241695
发行电话：010-85119835　传真：85113293
网　　址：http://www.chlip.com.cn
Email：club@chlip.com.cn
如发现图书残缺请与我社邮购联系调换
220038J2C106ZBW

本书编委会

主　编

贾林军　新疆农业职业技术学院
许建国　新疆农业职业技术学院

副主编

牛彦兵　新疆农业职业技术学院
季珉珉　乌鲁木齐爱欣动物诊所

参　编

孟小林　新疆农业职业技术学院
秦占科　新疆农业职业技术学院
李泽宇　新疆农业职业技术学院
王传锋　江苏农牧科技职业学院
陈　懿　乌鲁木齐米东区畜牧兽医站

主　审

杨　靖　新疆农业职业技术学院

前　言

《动物药理学》是兽医类专业的基础核心课程。本教材分为总论、抗微生物药物、抗寄生虫药物、作用于外周神经系统的药物、作用于中枢神经系统的药物、作用于内脏系统的药物、调节新陈代谢的药物、抗组胺药物和解热镇痛抗炎药物、解毒药、生物制品及诊断试剂 10 个项目 36 个任务。每一个任务均以病例为学习导向，通过知识点的学习来解决"案例导入"所提出的问题，并以技能训练来验证相关的药理作用。建议教学中采取项目式教学和翻转课堂教学相结合的方式，真正达到教、学、做一体化的效果。

国务院《关于推进兽医管理体制改革的若干意见》中指出我国要逐步实现执业兽医制度，"十三五"兽医卫生事业发展规划中明确指出要加强兽医队伍的建设，优化执业兽医队伍发展。而《动物药理学》的编写，力求高职高专类学生能够学有所用，打好专业基础，使高职高专类学生能够更好学习其他相关的专业课程及提高执业兽医资格考试的通过率，从而保障我国兽医队伍的基本素质，为我国兽医队伍建设和发展奠定良好的基础。本教材可供高职高专畜牧兽医专业、动物防疫检疫专业、动物医学专业（宠物医学专业）、现代马产业技术专业、宠物保健与护理及相关专业的师生使用，也可作为畜牧兽医相关从业人员的继续教育等培训、自学参考书籍。

本教材编写分工如下：项目一由牛彦兵编写；项目二由贾林军编写；项目三由季珉珉编写；项目四、项目五由孟小林编写；项目六由许建国编写；项目七由王传锋编写；项目八由李泽宇编写；项目九由秦占科编写；项目十由陈懿编写。全书由贾林军和许建国统稿，杨靖审定，在此深表谢意。

由于编者的水平所限，书中难免存在疏漏和错误，恳请同行及专家批评指正。

编者

2016 年 10 月

目　录

项目一　总　论

任务一　药物概述......002
一、药物的来源......002
二、药物制剂与剂型......003
三、药物的保管与储存......006
四、药物管理的一般知识......006
【技能训练】 实验动物的捉拿、保定和给药......007

任务二　药物动力学......011
一、药物的转运与生物膜的结构......011
二、药物的吸收......012
三、药物的分布......013
四、药物的转化......015
五、药物的排泄......015
六、药物动力学概述......016

任务三　药物效应学......018
一、药物的基本作用......018
二、药物作用的方式......019
三、药物作用的两重性......019
四、药物作用的机制......020
五、药物的构效关系......022
六、药物的量效关系......022
【技能训练】 观察不同剂量对药物作用的影响......023

任务四　影响药物作用的因素和合理用药......024
一、药物方面......025
二、动物方面......027

三、环境和其他方面..027

【技能训练】 观察药物配伍禁忌..................................028

任务五　动物诊疗处方开写技术　　　　　　　**029**

一、基本要求..030

二、处方格式..030

三、处方内容..030

四、处方开写注意事项..031

五、处方的保存..031

【技能训练】 开写动物诊疗处方..................................032

课后练习　　　　　　　　　　　　　　　　　**033**

项目二　抗微生物药物

任务一　消毒防腐药　　　　　　　　　　　　　**036**

一、概述..036

二、消毒防腐药的分类和应用..037

【技能训练】 观察消毒防腐药杀菌效果......................042

任务二　抗生素　　　　　　　　　　　　　　　**043**

一、概述..044

二、主要作用于革兰阳性菌的抗生素..................................046

三、主要作用于革兰阴性菌的抗生素..................................054

四、广谱抗生素..057

五、抗真菌抗生素..060

【技能训练】 观察链霉素对神经肌肉传导的阻滞作用...062

任务三　化学合成抗菌药　　　　　　　　　　　**063**

一、磺胺类..063

二、抗菌增效剂..069

三、硝基呋喃类..070

四、喹噁啉类..071

五、喹诺酮类..073

六、硝基咪唑类..076

任务四　抗病毒药..**077**

任务五　抗微生物药的合理应用..**078**

　　一、正确诊断、准确选药...079

　　二、制定合适的给药方案...079

　　三、防止产生耐药性..080

　　四、正确的联合应用..080

　　五、采取综合治疗措施...080

　　【技能训练】应用管碟法测定抗菌药物的抑菌效果.....................081

课后练习...**082**

项目三　抗寄生虫药物

任务一　抗蠕虫药..**086**

　　一、抗线虫药..086

　　二、抗绦虫药..090

　　三、抗吸虫药..091

　　四、抗血吸虫药...091

　　【技能训练】观察敌百虫驱虫...092

任务二　抗原虫药..**093**

　　一、抗球虫药..093

　　二、抗锥虫药..097

　　三、抗梨形虫药...098

任务三　杀虫药..**099**

　　一、有机磷类..099

　　二、拟菊酯类..102

　　三、其他类...103

课后练习...**104**

项目四 作用于外周神经系统的药物

任务一 作用于传出神经的药物 107
一、概述 107
二、常用药物 109
【技能训练】 观察肾上腺素对普鲁卡因局部麻醉作用的影响 115

任务二 局部麻醉药 116
一、概述 116
二、常用局部麻醉药 117
【技能训练】 比较不同的局麻药对兔角膜麻醉的作用 119

课后练习 119

项目五 作用于中枢神经系统的药物

任务一 中枢兴奋药 123
一、概述 123
二、常用药物 123

任务二 全身麻醉药 125
一、概述 126
二、常用药物 128
【技能训练】 观察水合氯醛的全身麻醉作用及氯丙嗪增强麻醉的作用 130

任务三 镇静药、保定药与抗惊厥药 131
一、镇静药 131
二、化学保定药 133
三、抗惊厥药 134
【技能训练】 观察地西泮抗药物惊厥作用的效果 135

任务四 镇痛药 136

课后练习 138

项目六 作用于内脏系统的药物

任务一　作用于血液循环系统的药物 **140**

一、强心药 140

二、止血药 141

三、抗凝血药 143

四、抗贫血药 144

【技能训练】 观察不同浓度柠檬酸钠对血液的作用 145

任务二　作用于呼吸系统的药物 **146**

一、镇咳药 147

二、祛痰药 148

三、平喘药 149

【技能训练】 观察可待因镇咳的作用 150

任务三　作用于消化系统的药物 **151**

一、健胃药和助消化药 152

二、瘤胃兴奋药 156

三、止吐药和催吐药 157

四、制酵药和消沫药 157

五、泻药和止泻药 159

【技能训练】 观察常用消沫药消沫的效果 162

任务四　作用于泌尿生殖系统的药物 **163**

一、利尿药 163

二、脱水药 165

三、子宫收缩药 166

四、生殖激素类药物 167

【技能训练】 观察呋塞米、甘露醇对家兔的利尿作用 171

课后练习 **172**

项目七 调节新陈代谢的药物

任务一　调节水盐代谢的药物 **175**

一、概述...175

二、常用药物..176

任务二　调节酸碱平衡的药物..................................178

任务三　维生素..179

任务四　钙、磷与微量元素....................................183

一、钙与磷...184

二、微量元素..185

课后练习...188

项目八　抗组胺药物和解热镇痛抗炎药物

任务一　抗组胺药..191

【技能训练】观察动物过敏试验...193

任务二　解热镇痛药..194

【技能训练】观察解热镇痛药对发热家兔体温的影响.................197

任务三　糖皮质激素类药物....................................198

【技能训练】观察氢化可的松对鼠耳毛细血管通透性的影响.........200

课后练习...201

项目九　解毒药

任务一　解毒的一般原则..204

一、药物与毒物...204

二、中毒解救的一般原则..204

三、解毒药分类...206

任务二　非特异性解毒药..207

一、物理性解毒药..207

二、化学性解毒药 207

三、药理性解毒药 208

四、对症治疗药 208

任务三 特异性解毒药 **209**

一、金属络合剂 209

二、胆碱酯酶复活剂 212

三、高铁血红蛋白还原剂 212

四、氰化物解毒剂 213

五、其他解毒剂 213

【技能训练】有机磷酸酯类的中毒与解救 214

课后练习 **215**

项目十 生物制品及诊断试剂

任务一 牛、羊、猪常用生物制品及诊断试剂 **218**

【技能训练】猪伪狂犬病毒抗体快速诊断 227

任务二 鸡常用生物制品及诊断试剂 **227**

【技能训练】禽流感病毒抗体效价快速检测 234

任务三 犬、猫常用生物制品及诊断试剂 **234**

【技能训练】犬冠状病毒病快速诊断 241

课后练习 **241**

附录 案例分析表格范例 **243**

参考文献 **244**

PROJECT 1 | 项目一

总　论

∴　**认知与解读**　∴

　　药物是指用于治疗、预防或诊断疾病的各种化学物质。应用于动物的统称为兽药，兽药还包括能促进动物生长、提高生产性能的各种物质，包括动物保健品和饲料药物添加剂等。学习药理学总论，主要掌握药物来源、分类、剂型和兽药保存管理的基础知识，掌握药物动力学和药物效应学的基本规律，能够根据病情合理开写处方，灵活运用各种药物。

任务一　药物概述

【案例导入】

某只 8 月龄比格犬，患大肠杆菌病，兽医采用肌肉注射复方磺胺嘧啶钠注射液，剂量为每千克体重 20mg 磺胺嘧啶钠和 4mg 甲氧苄啶的用药方案，请问这两种药物是否能够一起使用？如何用药才能更加合理?（参照附录）

【学习目标】

熟知药物的概念；掌握药物的制剂、剂型、保管和储藏的方法。

【技能目标】

通过练习实验动物的捉拿、保定及给药方法，为本课程的实验及临床应用打好基础。

【知识准备】

药物指用于治疗、预防和诊断疾病的化学物质。而用于动物的药物称为兽药，主要包括化学药品、抗生素、生化药品、放射性药品及外用杀虫剂、消毒剂、中药材、中成药、血清制品、疫苗、诊断制品、微生态制剂等。此外，还包括有目的地调节动物生理功能的物质。毒物指对动物机体产生损害作用或使动物体出现异常反应的物质。药物超过一定的剂量或长期使用也能产生毒害作用，药物与毒物之间仅存在剂量的差别，并无绝对的界限，药物剂量过大或者长期使用也可能成为毒物。

一、药物的来源

药物的种类虽然很多，但就其来源来说，大体可分为两大类。

1. 天然药物

天然药物是利用自然界的物质，经过加工而作药用者。这类药物包括来源于植物的中草药，如黄连、龙胆；来源于动物的生化药物，如胰岛素、胃蛋白酶；来源于矿物的无机药物，如硫酸钠、硫酸镁；来源于微生物的抗生素及生物制品，如青霉素、疫苗等。

2. 人工合成和半合成药物

人工合成药物是用化学方法人工合成的有机化合物，如磺胺类、喹诺酮类药物；或根据天然药物的化学结构，用化学方法制备的药物，如肾上腺素、麻黄碱等。所谓"半合成"多在原有天然药物的化学结构基础上引入不同的化学基团，制得一系列的化学药物，如半合成抗生素。人工合成和半合成药物的应用非常广泛，是药物生产和获得新药的主要途径。

二、药物制剂与剂型

药物原料来自植物、动物、矿物、微生物、化学合成，为了使用的安全、有效，便于保存、运输，原料药在使用前要加工成一定形态和规格的药品，称为制剂。经加工后药物的各种物理形态，即称为剂型。临床常用的剂型有以下几种。

1. 液体剂型

液体剂型从外观上看呈液体状态。根据溶媒的种类、溶质的分散情况以及使用方法不同，可分为以下几种。

（1）溶液剂　为非挥发性药物的澄明溶液（少数为挥发性药物）。溶媒大多为水。主要作内服饮用，也有的用作洗涤、点眼、灌肠等，如硫酸镁溶液、维生素 A 油溶液、地克珠利溶液等。市场上的口服液也多为这种制剂。

（2）合剂　是两种或两种以上药物的澄明溶液或均匀混悬液，主要用作内服，如胃蛋白酶合剂。服用时必须振荡均匀。

（3）乳剂　是指两种以上不相混合或部分混合的液体，以乳化剂制成乳状悬浊液。通常有"水包油型"和"油包水型"乳剂。此制剂由于增加药物表面积，可促使吸收和渗透，如鱼肝油乳剂。为便于储存和使用，对水包油乳剂，常将水不溶性药物加乳化剂或溶剂制成一定浓度的澄明"乳油剂"，如双甲脒乳油，临用时再加水稀释成乳剂。

（4）醑剂　是指挥发性药物（特别是挥发油）溶于醇的溶液，如樟脑醑、芳香氨醑等。醑剂与水性制剂混合时，由于含醇浓度降低易发生混浊，禁忌之。

（5）擦剂　是刺激性药物的油性或醇性液体制剂，有溶液型、混悬型及乳化型，如松节油擦剂、四三一擦剂。专供涂擦皮肤。

（6）酊剂　指中草药用不同浓度乙醇浸制的醇性溶液，如陈皮酊、大蒜酊等。以碘溶解于乙醇所制成的溶液，习惯上也称酊剂。

（7）流浸膏剂　是将中草药浸出液经浓缩，除去部分溶媒，调整至规定标准而制成的液体制剂。除另有规定外，每毫升流浸膏相当于原药 1g，例如大黄流浸膏、番木鳖流浸膏等。

（8）煎剂和浸剂　是将中草药放入陶瓷容器内加水煎或浸一定时间，去渣使用的液体剂型，如槟榔煎剂、鱼藤浸剂。

2. 半固体剂型

半固体剂型从外观上看呈半固体状态。

（1）软膏剂　是指将适宜的基质加入药物，制成具有适当稠度的膏状外用制剂，易于涂布皮肤、黏膜或创面上。一般具有滋润保护皮肤或起局部治疗作用。常用的基质有凡士林、羊毛脂、蜂蜡等。根据需要和制备方法不同，软膏剂又有乳霜、油脂、眼药膏等。

（2）糊剂　是一种黏稠药剂，内服和外用视药物而定。为含药物粉末较多（一般为25%～70%）的半固体制剂。通常是将粉状药物与甘油、液体石蜡或水均匀混合而成，可内服，也可外用，例如氧化锌水杨酸糊剂等。

（3）浸膏剂　是将中草药浸出液经浓缩后，以适量固体稀释剂调整至规定标准所制成的膏状半固体或粉状固体制剂。除另有规定外，每克浸膏相当于原药物2～5g，如甘草浸膏、颠茄浸膏等。

（4）舔剂　将药物与适宜的赋料混合，制成糊状或粥状稠度的药剂。多为诊疗后临时配制的剂型，较多用于牛、马等大家畜。常用的辅料有甘草粉、淀粉、米粥、糖浆、蜂蜜等。

3. 固体剂型

固体剂型从外观上看呈固体状态。

（1）散剂　是将一种或多种药物经粉碎后均匀混合而成的干燥粉末状制剂。根据用法不同，有两种类型。

①水溶性粉：其赋形剂多为葡萄糖或乳糖，所制的散剂可溶于水中，给畜禽通过饮水而食入（俗称"混饮"），如盐酸环丙沙星水溶液性粉。

②散剂：其赋形剂多为淀粉或轻质碳酸钙等，所制得的散剂一般不易溶于水，与饲料充分混匀后而食入（俗称"混饲"），如氟哌酸散、矿物质微量元素预混剂。

（2）片剂　将一种或多种药物或赋形剂混合后，加压制成的分剂量圆片状剂型，主要供内服，如止痛片、土霉素片。

（3）丸剂　是一种或多种药物与赋形剂制成的球形或卵形干燥或湿润的内服制剂。丸剂的大小不一，其药物以中草药为多，如硫酸亚铁丸、麻仁丸。大丸剂用于草食动物，目前有制成缓释或控释的驱虫大丸剂。

（4）胶囊剂　是指药物盛于空心胶囊中制成的一种制剂，供内服用。味苦或具有刺激性的药物往往制成胶囊剂应用，如氨苄青霉素胶囊。

（5）微囊剂　利用天然的或合成的高分子材料（囊材）将固体或液体药物（囊心物）包裹而成的微型胶囊。一般直径为5～400μm。此制剂根据不同目的提高药物稳定性，掩盖不良气味，延长药效，也能均匀地混于饲料内。如多种维生素A微囊、大蒜素微囊等。

（6）气雾剂　是指药物与抛射剂共同装封于具有阀门系统的耐压容器中，使用时掀按阀门系统，借抛射剂的压力将药物喷出的制剂。从外观上属固体状态。

药物喷出时多呈雾状气溶胶，其粒子直径小于 50μm。作吸入全身治疗或厩舍消毒或外用。例如异丙肾上腺素气雾剂等。

新的固体剂型还有埋植小丸、含有驱虫药的耳号夹（大动物）及项圈（小动物）、脂质体制剂（是将药物包封于类脂质双分子层，能增加药物的通透性，选择性地进入药物作用部位，增强药物的治疗效果）等，均在研究和开发中。

4. 注射剂

注射剂是药品的灭菌制剂，从药物性状看，有溶液型、混悬型和粉剂型，供注射用。根据使用方法的不同，注射剂分为以下四种类型。

（1）溶液型安瓿剂　安瓿是盛装注射用药物的玻璃密封小瓶，在安瓿中装有药物的溶液剂，可直接用注射器抽取应用。根据溶媒不同，又分水剂安瓿和油剂安瓿两种。

水剂安瓿的溶媒为注射用水，用于能溶于水的药物，产生药效迅速，可作皮下、肌肉和静脉注射，应用最广泛。

油剂安瓿的溶媒为注射用油（符合药典规定的麻油、花生油等），适用于在水中不溶或难溶的而能溶于油的药物。此剂型吸收缓慢，药效维持时间较长，仅作肌肉注射。

（2）混悬型注射液　有些在水中溶解度较小的药物制成混悬型注射液，例如青霉素普鲁卡因、醋酸可的松等。此剂型仅作肌肉注射，由于吸收缓慢，有延长药效的意义。

（3）粉剂型安瓿剂（俗称粉针）　在灭菌安瓿中填放灭菌药粉，一般采用无菌操作生产。此剂型适用于在水溶液中不稳定，易分解失效的药物。应用时，用注射用水溶解后方可注射，如青霉素 G 钠、盐酸土霉素等。根据药物要求作皮下、肌肉和静脉注射。

安瓿剂的制备较复杂，需要一定的设备条件，由制药厂生产供应市场。

（4）大型输液剂　大型输液剂是作为补充体液用的制剂，溶媒均为注射用水，装在盐水瓶内，均作静脉注射，如等渗葡萄糖注射液、复方氯化钠注射液等。在兽医临床上有些注射液因用量较大也装在盐水瓶内，例如 10% 氯化钠注射液。

目前，尚有许多新的剂型被研究和应用。例如透皮制剂，将该制剂涂擦在动物皮肤上，能透过皮肤屏障，以达到治疗目的，左旋咪唑透皮剂就是一个例子。必须指出，兽用制剂给药时，往往需要器械辅助，灌药用的牛角、竹筒、橡皮瓶是常见的简单工具，随着剂型的改革，药械必然配套，如埋植小丸剂、大丸剂必须具备给药枪等。

三、药物的保管与储存

妥善地保管与储存药物是防止药物变质、药效降低、毒性增加和发生意外的重要环节。

1. 药物的保管

应建立严格的保管制度，按国家颁发的药品管理办法，实行专人、专账、专柜（室）保管。对毒剧药品及麻醉药品，更应按国家法令严格管理、保存。

2. 药物的储存

药物储存不当，可引起变质、失效，甚至毒性增强。按药物的理化性质、用途等科学合理地储存药物，可避免损失，防止意外事故的发生。药典对各种药品的储存都有具体的要求，总的原则是要遮光、密闭、密封、熔封或严封，在阴凉处、凉暗处、冷处等储存。各类药物应归类存放，如内服药、外用药、毒剧药及麻醉药品、易燃易爆药等，均应分别储放，严格管理，定期检查，以防事故发生。

有些药物，虽然储存条件适宜，但储存过久，也会发生质量变化。对这些药品，有关药品标准的文件都规定了有效使用期限，即有效期。药厂必须在药品包装上注明其批号、有效期或失效期。批号我国多使用 6 位数字，代表生产的年、月、日，如 990818 表示生产日期为 1999 年 8 月 18 日。有效期一般以使用年限或可使用的截止日期表示，如上述的药品，有效期二年，即该药可用至 2001 年 8 月 17 日，如标明有效期为 2001 年 8 月，表示该药可用至 2001 年 8 月底。失效期一般以何时失效的日期表示，如失效期为 2001 年 8 月，表示该药可用至 2001 年 7 月底。应该注意的是，如未按规定条件储存，即使在有效期内，可能也已失效、变质，则应按失效、变质药物处理，对此类药物应掌握先生产先使用的原则。

四、药物管理的一般知识

为了规范药品的生产、管理、检验和使用，国家或地方都制定、颁布了一些相应的法律、法规。

1. 了解国务院和农业部颁布的《兽药管理条例》和《兽药管理条例实施细则》的主要精神

对于兽药的管理，国务院和农业部专门颁布了《兽药管理条例》和《兽药管理条例实施细则》。对兽药生产、经营进口等均实行许可证制度，并在管理上做出了具体规定。如兽药生产企业必须按照技术规程进行生产；原料、辅料等必须符合药用要求；出厂前必须经过质量检验，附有产品质量检验的合格证。兽药经营企业必须具有与其相适应的技术人员和场所，销售兽药必须保证质量，核对无误。研制新兽药和新制剂必须向有关管理机关报送新兽药研制的方法、生产工艺、质量标准、药理、毒理、临床试验报告等资料。经中国兽医药品监察所或地方兽药监察所检验合格，证明安全有效后才发给新兽药证书及批准文号。进口兽药要经规定的管理机关审查批准，并需检验合格、证明安全有效后，才许可登记，并按规定的品种、规格、数量、日期从生产厂家进口。

2. 明确假劣兽药的含义，能识别真假劣兽药

《兽药管理条例》中规定，有下列情况之一的为假兽药：以非兽药冒充兽药的；兽药所含成分、种类、名称与国家标准、专业标准或地方标准不符合的；未取得批准文号的；农业部明文规定禁止使用的。

有下列情况之一的为劣兽药：兽药成分、含量与国家标准、专业标准或地方标准不符合的；超过有效期的；因变质不能药用的；因被污染不能药用的；与兽药标准不符合，但不属于假兽药的其他兽药。

3. 兽用麻醉药品、精神药品、毒性药品和放射性药品等特殊药品，均按国家有关规定进行管理。

4. 掌握药品的质量标准

这是应用、生产、经营、检验和监督部门共同遵循的法定技术依据。我国兽药的质量标准有以下两种：

（1）国家标准 有 1992 年版的《中华人民共和国兽药规范》，2015 年版的《中华人民共和国兽药典》由农业部审批发布。

（2）专业标准 补充国家标准未收载的部分品种，由中国兽医药品监察所制定、修订，农业部审批发行，已出版的有《兽药质量标准》《进口兽药质量标准》。

【技能训练】 实验动物的捉拿、保定和给药

1. 准备工作

小白鼠、家兔、青蛙或蟾蜍、鸡、灭菌生理盐水、1mL 注射器、2.5mL 注射器、兔固定器、兔开口器、兔胃导管、烧杯、酒精棉球若干、小白鼠投胃管、聚氯乙烯管若干、小白鼠固定筒。

2. 训练方法

（1）动物捉拿及固定法

①小白鼠：以右手抓其尾，放在实验台上或鼠笼盖铁纱网上，然后用左手拇指及其食指沿其背向前抓住其颈部皮肤，并以左手的小指和掌部夹住其尾固定在手上（图 1-1）。

②兔：一只手抓住兔颈背部皮肤，将兔轻轻提起，另一只手托住臀部，使兔呈蹲坐姿势（图 1-2）。切不可用手握持双耳提起兔子。

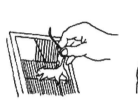

图 1-1　小鼠单手捉拿法　　　　　图 1-2　家兔捉拿法

③青蛙或蟾蜍：以左手食指和中指夹住一侧前肢，大拇指压住另一侧前肢，右手将两后肢拉直，夹于左手无名指与小指之间（图 1-3）。

（2）动物给药方法

①小白鼠的给药法

a. 灌胃：如上述用左手抓住小白鼠后，仰持小白鼠，使头颈部充分伸直，但不可抓得太紧，以免窒息。右手持投胃管，自小白鼠口角插入口腔，再从舌背面紧沿上颚进入食道，注入药液（图 1-4）。操作时应避免将胃管插入气管，投注液量 0.1～0.25mL/10g 体重。

图 1-3　蟾蜍捉拿法　　　　　图 1-4　小鼠灌胃法

b. 皮下注射：如两人合作，一人左手抓小白鼠头部皮肤，右手抓鼠尾，另一人在鼠背部皮下组织注射药液（图 1-5）。如一人操作，则左手抓鼠，右手将准备好的药液注射器针头插入颈部皮下或腋部皮下，将药液注入，注射量每只不超过 0.5mL。

c. 肌肉注射：小白鼠固定同上。将注射器针头插入后肢大腿外侧肌肉注入药液，注射量每腿 0.2mL。

d. 腹腔注射：左手仰持固定小白鼠，右手持注射器从腹左侧或右侧（避开膀胱）朝头部方向刺入，宜先刺入皮下，经 2～3mm 再刺入腹腔，此时针头与腹腔的角度约 45°，针头插入不宜太深或太近上腹部，以免刺伤内脏（图 1-6），注射量一般为 0.1～0.25mL/10g 体重。

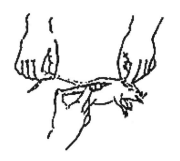 

图 1-5 小鼠皮下注射法　　　　　图 1-6 小鼠腹腔注射法

e. 尾静脉注射：将小白鼠放入特制圆筒或倒置的漏斗内，将鼠尾浸入 40 ～ 45℃温水中 0.5min，使血管扩张，然后将鼠尾拉直，选择一条扩张最明显的小血管，用拇指及中指拉住尾尖，食指压迫尾根保持血管淤血扩张。右手持吸好药液的注射器（连接 4 号或 5 号针头）将针头插入尾静脉内，缓慢将药液注入。如注入药液有阻力，而且局部变白，表示药液注入皮下，应重新在针眼上方注射（图 1-7）。

②兔的给药法

a. 灌胃：将兔固定或放置在兔固定器内。只需一人操作，右手固定开口器于兔口中，左手将胃管（也可用导尿管）轻轻插入 15cm 左右。将导管口放入一杯水中，如无气泡从管口冒出，表示导管已插入胃中。然后慢慢注入药液，最后注入少量空气，取出导管和开口器（图 1-8）。如无兔固定器，需两人合作，一人左手固定兔身及头部，右手将开口器插入兔口腔并压在兔舌上，另一人用合适的导尿管从开口器小孔插入食道约 15cm 左右。其余方法同前。灌药前实验兔要先禁食为宜，灌药量一般不超过 20mL。

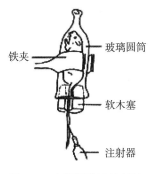 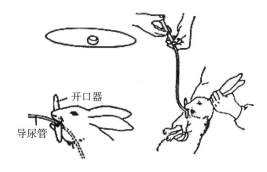

图 1-7 小鼠尾静脉注射法　　　　图 1-8 家兔灌胃法

b. 耳静脉注射法：注射部位多在耳背侧边缘静脉。将兔放在固定器内或由助手固定。将耳缘静脉处皮肤的粗毛剪去，用手指轻弹或以酒精棉球反复涂擦，使血管扩张。助手以手指于耳缘根部压住耳缘静脉，待静脉充血后，操作者以左手拇指食指捏住耳尖部，右手持注射器，从静脉近末梢处刺入血管，如见到针头在血管内，即用手指将针头与兔耳固定，助手放开压迫耳根之手指，即可注入药液。若感觉畅通无阻，并可见到血液被药液冲走，则证明在血管内；如注入皮下阻力大且耳壳肿胀，应拔出针头，再在上次所刺的针孔前方注射。注射完毕，用棉球或手指按压片刻，以防出血，注射量为 0.5 ~ 2.5mL/kg 体重（图 1-9）。

图 1-9　家兔耳缘静脉注射法

c. 皮下注射：一人保定兔，另一人用左手拇指及中指提起家兔背部或腹内侧皮肤，使成一皱褶，以右手持注射器，自皱褶下刺入针头，在表皮下组织时，松开皱褶将药液注入。

d. 肌肉注射：应选择肌肉丰满处进行，一般选用兔子的两侧臀肌或大腿肌。一人保定好兔子，另一人右手持注射器，使注射器与肌肉呈 60°角刺入肌肉中，为防止药液进入血管，在注射药液前应轻轻回抽针栓，如无回血，即可注入药液。

③青蛙或蟾蜍淋巴囊给药法：青蛙皮下淋巴囊分布。蛙的皮下有数个淋巴囊（图 1-10），注入药液易吸收，一般以腹淋巴囊或胸淋巴囊作为给药部位。操作时，一手固定青蛙，使其腹部朝上，另一手持注射器针头从青蛙大腿上端刺入，经过大腿肌层和腹肌层，再浅出进入腹壁皮下至淋巴囊，然后注入药液。另外还可用颌淋巴囊给药法。从口部正中前缘插针，穿过下颌肌层而进入胸淋巴腔。因蛙皮肤弹性差，不经肌层，药液易漏出。注射量为 0.25 ~ 1.0mL/只。

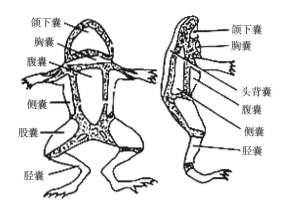

图 1-10　蛙淋巴囊内注射法

④鸡翅静脉注射法：将鸡翅展开，露出腋窝部，拔去羽毛，可见翼根静脉。注射时，由助手固定好鸡，消毒皮肤，将注射器针头沿静脉平行刺入血管。

3. 归纳总结

捕捉和保定动物的姿势。不同给药方法的部位、操作手法。灌胃时避免插入气管。

4. 实验报告

根据实验情况总结小白鼠、家兔、青蛙的捉拿、固定及给药方法的操作要领，写一份操作过程的实训报告。

任务二　药物动力学

【案例导入】

某种药物 A 使用说明上写的使用方法是每天三次，每次 10mg，而另一种药物 B，使用说明上写的使用方法是每天四次，每次 5mg，请问药物使用间隔时间和使用剂量的根据是什么？

【学习目标】

掌握机体对药物的作用知识——药物动力学的基本知识。

【技能目标】

掌握不同药物最适宜的给药途径。

【知识准备】

在药物影响机体的生理、生化功能产生效应的同时，动物的组织器官也不断地作用于药物，使药物发生变化。药物动力学是研究药物在体内变化规律的科学。从药物进入机体至排出体外，包括吸收、分布、转化和排泄，这个过程称为药物的体内过程。药物在体内的吸收、分布和排泄统称为药物在体内的转运，而代谢过程则称为药物的转化，是变化的相互关系。

一、药物的转运与生物膜的结构

药物进入体内要到达作用部位才能产生效应，在达到作用部位前药物必须通过生物膜，称为跨膜转运。生物膜是细胞外表的胞浆膜和细胞内各种细胞器膜，包括核膜、线粒体膜、内质网膜和溶酶体膜的总称。膜的结构是以液态的脂质双分子层为基架，其中镶嵌着一些蛋白质贯穿整个脂膜，组成生物膜的受体、酶、载体和离子通道等。膜上还有贯穿膜内外的孔道称为膜孔。

药物通过生物膜的转运方式有被动转运与特殊转运两大类。

1. 被动转运

被动转运又称"顺流转运"，是由药物浓度高的一侧扩散到浓度低的一侧，其转运速度与膜两侧药物的浓度差（浓度梯度）的大小成正比。浓度梯度越大，越易扩散。当膜两侧的药物浓度达到平衡时，转运便停止。这种转运不需消耗能量，依靠浓度梯度的转运方式，所以称被动转运，包括简单扩散、滤过。

（1）简单扩散 又称脂溶扩散，是药物转运的最主要方式。由于生物膜具有类脂质特性，许多脂溶性药物可以直接溶解于脂质中，从而通过生物膜，其速度与膜两侧浓度差的大小成正比。

简单扩散受药物的解离度、脂溶性的影响。脂溶性越大，越易扩散。由于大多数药物是弱酸或弱碱，在体内均有一定程度的解离，以解离型和非解离型混合存在。非解离型脂溶性高，容易通过生物膜，而解离型或极性物质脂溶性低，难以通过。

（2）滤过 是指直径小于膜孔通道的一些药物（如乙醇、甘油、乳酸、尿素等），借助膜两侧的渗透压差，被水携带到低压侧的过程。这些药物往往能通过肾小球膜而排出，而大分子蛋白质却被滤除。

2. 特殊转运

特殊转运是依赖药物和某种膜成分间的复合物形成，促进非脂溶性分子转运。包括主动转运、胞饮、胞吐作用。

（1）主动转运 是药物逆浓度差由膜的一侧转运到另一侧，又称"逆流转运"。这种转运方式需要消耗能量及膜上的特异性载体蛋白（如 Na^+–K^+–ATP 酶）参与，这种转运能力有一定限度，即载体蛋白有饱和性，同时，同一载体转运的两种药物之间可出现竞争性抑制作用。生物膜上的钠泵以及青霉素通过肾小管细胞主动分泌而排泄等都属于主动转运。

（2）胞饮作用 是生物膜内陷将大分子药物或蛋白质吞饮进入细胞内，如内服菠萝蛋白酶的肠道吸收。

（3）胞吐作用 是将大分子药物从细胞内转运到细胞外，如腺体细胞分泌。

二、药物的吸收

药物的吸收指药物自用药部位进入血液循环的过程。除了发挥药物的局部作用，或将药物直接注入血管外，要使药物到达被作用的器官组织，首先必须从用药部位经吸收进入血液循环。

1. 消化道吸收

内服药物多以被动转运的方式经胃肠道黏膜吸收，主要吸收部位在小肠。反刍动物的胃内容物能影响药物的吸收，因此药效不够确实。但2岁以内的反刍动物给予液体药物时，通过口、咽部的反射能使食管沟关闭，药液直接到达真胃。影响药物在消化道吸收的因素有药物的溶解度、pH、浓度、胃肠内容物的多少以及胃肠蠕动快慢等（小动物如空腹给药，则20min后显示药效）。一般说，溶解度大的水溶性小分子和脂溶性药物易于吸收；弱酸性药物在胃内酸性环境下不易解离而易于吸收，弱碱性药物在小肠内碱性环境下易于吸收；药物浓度高则吸收较快；胃肠内容物过多时，吸收减慢；胃肠蠕动快时，有的药物来不及吸收就被排出体外。

直肠给药是兽用的给药途径之一，药物通过直肠及结肠黏膜吸收，该部的血流供应丰富，并可直接进入血液循环，而不需通过肝脏转化。

2. 皮下或肌肉组织吸收

皮下或肌肉注射给药，通过毛细血管壁吸收，由于毛细血管壁间隙较大，一般药物均可顺利通过。给药的吸收率与药物的水溶性有关，易溶于水者吸收率较高；混悬液和油溶液等不溶性制剂的吸收速率较低。此外，局部组织的血流量对吸收速度有明显影响，血液量大的组织，药物吸收快，反之则吸收慢。由于肌肉组织的毛细血管丰富，故比皮下吸收快。实验还证明，将肌注量分点注射将比一次注入吸收更快。

3. 肺泡及皮肤黏膜的吸收

吸入给药经由肺泡的毛细血管吸收，吸收快而完全。完整的皮肤吸收能力差，但个别脂溶性高的药物（如有机磷农药敌百虫）可通过皮肤吸收而引起中毒。这是临床实践尤其要注意的一个问题。黏膜的吸收能力比皮肤强，但治疗意义不大。透皮制剂应用了促进皮肤吸收的促透剂，能增加皮肤的吸收作用，有时也用作全身的治疗。

4. 乳管内注入

常用于牛乳腺炎。全身用药后可分布至乳腺，适用于急性炎症。而经乳管内注入则对局部起直接治疗作用。

在实践中，通过采取适当的措施，以加快或延缓药物的吸收速度，从而适应病情和用药目的的需要。如在心脏衰弱甚至发生休克时，由于皮下或肌肉注射的吸收速度相对较慢，故必须立即采用静脉给药，才能达到抢救的目的。普鲁卡因青霉素混悬液肌肉注射后，吸收缓慢，药物作用时间延长。

三、药物的分布

药物的分布指吸收后的药物，随血液循环转运到机体各组织器官的过程。药物在体内的分布多数是不平衡的。通常，药物在组织器官内的浓度越大，对该组织器官的作用就越强。但也有例外，如强心苷主要分布于肝和骨骼肌组织，却选择性地作用于心脏。

影响药物分布的主要因素有以下几种：

1. 药物与血浆蛋白的结合力

药物与血浆蛋白结合后分子增大，不易透过细胞膜屏障而失去药理活性，也不易经肾脏排泄而使作用时间延长。不结合的游离型药物则可被转运到作用部位产生药物效应。药物作用强度与游离型药物浓度成正比。血液中结合型与游离型药物始终处于动态平衡之中。

各药的蛋白结合率不同，结合率高的药物在体内消除慢，作用时间较长。如蛋白结合率都高的两药共用时，可产生竞争性结合而置换出另一药物，使其游离部分增加。

血浆蛋白与药物结合能力是有限的，当血液浓度增高至血浆蛋白结合能力达到饱和后，游离型药物会突然增多而使作用加强，甚至出现毒性反应。例如，马内服保泰松每千克体重 6mg，血浆蛋白结合率为 98%，血浆中游离药物浓度为每升 1mg；若剂量增至 12mg 时，血浆蛋白结合率为 90%，血浆中游离药物浓度为每升 10mg。

2. 药物与组织的亲和力

有的组织对某种药物有特殊的亲和力，则该种组织中某种药物的分布就多。这种选择性分布对某些药物具有重要临床意义，如碘选择性分布于甲状腺，故可用于治疗甲状腺机能亢进；砷、锑、汞等重金属在肝、肾分布较多，中毒时能对这些器官造成损害。但是就大多数药物而言，药物的分布量的高低与其作用并无规律性的联系，如强心苷选择性分布于肝脏和骨骼肌，却表现强心作用；吗啡在中枢含量极低（主要分布于肾、肺、肝）却具有强大的镇痛作用。

3. 药物的理化特性和局部组织的血流量

脂溶性或水溶性小分子药物易透过生物膜，非脂溶性的大分子或解离型药物，则难以透过生物膜，从而影响其分布。局部组织的血管丰富、血液量大，药物就易于透过血管壁而分布于该组织。

4. 体内屏障

（1）血脑屏障 中枢神经系统的毛细血管被神经胶质细胞所包围，在血浆和脑细胞外液间形成一屏障。此屏障对许多大分子、水溶性的药物限制通过，特别是当药物与血浆蛋白结合后，分子变大就不能透过血脑屏障。在治疗脑膜炎疾病中，磺胺嘧啶可作为磺胺类药物中的首选药物，主要是磺胺嘧啶与血浆蛋白结合力低。脂溶性高的药物（如全身麻醉药）能顺利进入中枢，屏障则起不到作用。特别要提醒的是，炎症状态可以改变这种屏障的通透性，如青霉素在正常情况下即使大剂量也很难进入脑脊液，当脑炎时，则较易进入。

（2）胎盘屏障 胎盘是将母体血液与胎儿血液隔开的屏障，它的通透性与一般的生物膜没有明显区别。脂溶性高的药物如全身麻醉药和巴比妥，可从母体血液进入胎儿血中。脂溶性小或高度解离的药物则不易进入。尤其要注意某些药物能透过胎盘屏障引起胎儿畸形的危害。

四、药物的转化

药物的转化指药物在机体内所发生的化学结构的变化，又称药物的代谢。药物在体内的代谢方式主要有氧化、还原、水解、结合等，主要在肝内进行。因此，肝功能不良时，易引起药物中毒。

药物在体内的代谢一般分为以下两个阶段。

1. 第一阶段

包括氧化、还原、水解等方式。多数药物经此阶段转化后失去药理活性，如巴比妥类在体内被氧化、氯霉素被还原、普鲁卡因被水解等；也有的药物经此阶段转化后的产物仍具有活性或活性更强，如非那西丁的代谢产物扑热息痛的解热作用比非那西丁的作用更强。

2. 第二阶段

原形药物或经第一阶段转化后的产物，与葡萄糖醛酸、乙酸、硫酸等结合，结合后药理活性减小或消失，同时水溶性增高，易由肾脏排泄。

药物的转化主要在肝脏中进行。肝细胞内存在微粒体酶（如细胞色素 P450 等），是催化药物等外来物质的酶系统，称为"肝药酶"。当肝功能不良时，药酶的活性降低，可能使某些药物的转化减慢而发生毒性反应。药酶的活性还可受药物的影响。有些药物能提高药酶的活性或加速其合成，使其他一些药物的转化加快，这些药物称"药酶诱导剂"，如氨基比林、巴比妥类、水合氯醛等。相反，有些药物能降低药酶的活性或减少其合成，而使其他一些药物的转化减慢，称为"药酶抑制剂"，如阿司匹林、氯霉素等，在临床合并用药时应特别注意。

五、药物的排泄

药物的排泄指药物及其代谢产物被排出体外的过程。除内服不易吸收的药物多经肠道排泄外，其他被吸收的药物主要经肾脏排泄，只有少数药物经呼吸道、胆汁、乳腺、汗腺等排出体外，排泄和吸收、分布一样，也是药物的转运。

1. 经肾脏排泄

肾脏是排泄药物及其代谢产物的最重要途径，药物在肾小球滤过的速度取决于药物的相对分子质量与药物和血浆蛋白的结合率。相对分子质量小于 68000 则可滤过，如和血浆蛋白结合者则不能滤过。因此只有游离的、未与蛋白结合的药物可经肾小球滤过。在肾小球滤过后，有的可被肾小管重吸收，剩余部分则随尿液排出。其重吸收的多少随药物的脂溶性和尿液的 pH 而不同。脂溶性高的药物易重吸收，反之则难吸收。尿液 pH 低时，弱酸性药物重吸收多，排泄慢，弱碱性药物则大部分被解离而重吸收减少，排泄快。尿液 pH 高时，弱酸性药物重吸收少，排泄快；弱碱性药物重吸收多，排泄慢。药物在肾小管中重吸收多则其排泄慢而作用时间延长；重吸收少则排泄快且作用消失也快。

肾小管也能主动地分泌（转运）药物。当两种药物通过同一载体转运时，彼此间可产生竞争现象而延缓排泄，如青霉素自近曲小管分泌进入肾小管，几乎无重吸收，故排泄速度极快，如同时服用丙磺舒时，因两药竞争同一载体，使青霉素的排泄减慢，作用时间延长。由于药物主要经肾脏排泄，故肾功能不良时，药物的排泄速度减慢，作用时间延长，按常规剂量反复给药时，可引起药物在体内蓄积而发生中毒。当弱酸性药物中毒时，给予动物碱性药物碳酸氢钠能使尿液碱化，以加速该药物排出。

2. 经胆汁排泄

某些药物可经肝实质细胞主动排泄而进入胆汁，随后即随胆汁至胆囊和小肠。药物进入肠腔后，部分在肠内又被重吸收再次进入肝脏，这样形成所谓"肝肠循环"，使药物作用时间延长。

药物的排泄途径还有呼吸道（某些挥发性药物如松节油、氨制剂主要从呼吸道排出）、生殖道、乳腺（某些抗生素能从乳汁排出，还有许多药物通过卵巢排泄）、汗液等，造成乳汁及禽蛋中含有药物，往往影响食品质量，导致严重的食品污染。

六、药物动力学概述

药物动力学又称药物代谢动力学，是研究药物在体内转运及转化过程中其浓度随时间变化动态规律的学科。测定体内的药物浓度主要是借助血、尿等易得的样品进行分析。常用的血药浓度是按用药后不同时间采血分析获得的，然后再借助特定的房室模型及数学表达式，计算出一系列动力学参数，从速度与量两个方面进行描述、概括并推论药物在体内的动态过程规律，从而为制订给药方案提供合适剂量和间隔时间，以此达到预期的治疗效果。现介绍几个药物动力学的基本参数。

1. 表观分布容积（V_d）

表观分布容积指体内药物总量按血浆中药物浓度计算时所分布的体内容积。所谓表观，意指它并不代表药物在体内分布的真正容积。由于药物在体内的分布是不均匀的，因此 V_d 可能比实际容积要大或小。但一般仍可根据 V_d 数值来推测药物在体内的分布情况。V_d 小，表示药物主要分布范围小，其血中浓度高；V_d 大，表示药物分布范围广，其血中浓度低。

2. 血浆峰值浓度

血浆峰值浓度指最大效应时间药物到达的血浆浓度，此时，是这次给药后达到的最高血浆浓度。连续多次给药后的血浆峰值浓度称为血浆稳态浓度，其高低与给药间隔时间和单位时间内给药量有关。

3. 消除速率常数

药物自机体或房室的消除速度常以消除速率常数表示。某一药物的消除速率常数是从测定该药的血药浓度并作血药浓度 – 时间曲线，确定其房室模型种类，按一定公式计算出来，一室模型的消除速率常数为 K_e。

4. 生物半衰期（$t_{\frac{1}{2}}$）

生物半衰期指血浆药物浓度下降一半所需的时间。常用单剂量静注给药测定药物半衰期。它反映了药物在体内的消除速度，是制定给药方案的重要依据。同一药物针对不同动物种类、不同品种、不同个体、半衰期都有差异，例如，磺胺间甲氧嘧啶在黄牛、水牛和奶山羊体内的 $t_{\frac{1}{2}}$ 分别为 1.49、1.43 及 1.45h，而在马的 $t_{\frac{1}{2}}$ 为 4.45h，猪却为 8.75h，是反刍动物的近 6 倍。又如，林可霉素在黄牛体内 $t_{\frac{1}{2}}$ 为 4.13h，可是在水牛体内却为 6.93h。半衰期的改变也能反映肝、肾消除器官的功能变化。$t_{\frac{1}{2}}$ 数值小，表示药物的代谢和排泄均迅速；数值大，表示该药物代谢和排泄均缓慢，在体内维持时间较长。绝大多数药物有固定的半衰期，增加用药剂量只能增加血浆的药物浓度，并不能显著延长药物在体内的消除时间。为长期维持比较恒定的有效血浆浓度，除采用有效的药物剂量外，还需要注意给药间隔一般不宜超过药物的半衰期；为了避免药物蓄积中毒，给药间隔时间一般不宜短于该药的半衰期。

5. 消除率（CL）

消除率指单位时间内有多少毫升血中的药物被清除，也就是单位时间内从体内消除表观分布容积的分数。所谓血浆消除率包括肾清除率、肝清除率等之和。单位为 mL/min 或 L/h。

6. 血浓度 – 时间曲线下面积（AUC）

血浓度 – 时间曲线下面积指血药浓度为纵坐标、时间为横坐标作图，所得曲线下的面积。AUC 反映药物的吸收状态，也用来计算生物利用度。

7. 生物利用度（F）

生物利用度是指药物制剂的主药从用药部位吸收进入全身血液循环的数量和速度。为此，生物利用度可分为生物利用程度（EBA）和生物利用速度（RBA）两方面。主要是指药物的吸收程度。一般用吸收百分率（%）表示，即

$$F=（实际吸收量 / 给药量）\times 100\%$$

在药物动力学研究中，也可通过比较静脉给药和内服给药的血浓度 – 时间曲线下面积来测定，即

$$F=（AUC_{内服}/AUC_{静注}）\times 100\%$$

影响这一参数的因素很多，同一药物，因不同的剂型、原料不同晶形、不同赋形剂，甚至不同生产批号等，其生物利用度可能有很大差别。因此，为了保证药剂的有效性，必须加强生物利用度的测定工作。

任务三　药物效应学

【案例导入】

1. 俗话说"是药三分毒"，你对这句话是怎样理解的？有道理吗？

2. 某养牛合作社所饲喂的奶牛发生乳房炎，该牛场兽医给奶牛注射正常剂量 3 倍的抗生素进行治疗，还说药物剂量越大，治疗效果越好，请问这样做有道理吗？

【学习目标】

掌握常规药物对机体的作用——药物效应学的基本知识。

【技能目标】

通过实验观察同一种药物的不同剂量对动物所产生的药理作用。

【知识准备】

在药物的影响下，机体发生的生理、生化功能或形态的变化称为药物的作用或效应。这是药理学研究的主要问题，也是应用药物防治疾病的依据。

一、药物的基本作用

药物的作用是十分复杂的，机体的反应主要表现为机能活动的加强和减弱两个方面。凡使机能活动加强的称为兴奋作用，主要能引起兴奋的药物称为兴奋药，如苯甲酸钠咖啡因。凡使机能活动减弱的称为抑制作用，主能要引起抑制的药物称为抑制药，如巴比妥类药物。

药物的兴奋和抑制作用是可以转化的。当兴奋药的剂量过大或作用时间过久时，往往在兴奋之后出现抑制；同样，抑制药在产生抑制之前也可出现短时而微

弱的兴奋。

药物对微生物或寄生虫的抑杀，也属抑制作用。不过，常将对侵入机体微生物、寄生虫等病原体具抑制作用的药物称为化学治疗药。

二、药物作用的方式

1. 局部作用与吸收作用

药物在用药局部所产生的作用称为局部作用，如松节油涂于局部皮肤，局部麻醉药注入神经末梢产生的局部作用。药物吸收入血循环后所产生的作用称为吸收作用或全身作用，如阿司匹林内服后产生的解热作用。

2. 直接作用与间接作用

药物吸收后在其直接影响下对某一器官产生的作用称为直接作用或原发作用。药物作用于机体通过神经反射、体液调节所引起的作用称为间接作用或继发作用。如强心苷洋地黄，对心脏产生原发作用，加强心肌收缩力，而强心作用的结果，间接增加肾的血流量，尿量增加，表现利尿作用，使心性水肿得以减轻或消除。

3. 药物作用的选择性

多数药物在使用适当剂量时，只对某些器官组织产生比较明显的作用，而对其他器官组织作用较小或不产生作用，称为药物作用的选择性或选择性作用，如缩宫素对子宫平滑肌具有高度选择性，能用于催产。药物的选择性作用一般是相对的，往往与剂量有关，随着剂量的加大，选择性就可能降低。

与选择性作用相反，有些药物几乎没有选择性地影响机体各组织器官，对它们都有类似的作用，称为普遍细胞毒作用或原生质毒作用。由于这类药物大多能对组织产生损伤性毒性，故这类药物一般作为环境或用具的防腐消毒药。

三、药物作用的两重性

药物作用于机体后，既可产生对疾病有防治效果的作用，即防治作用；也会产生与治疗无关，甚至对机体不利的作用，即不良反应。这就是药物作用的两重性。临床用药时，应注意充分发挥药物的防治作用，尽量减少药物的不良反应。

1. 防治作用

预防疾病发生的为预防作用，防治疾病必须贯彻"预防为主，防重于治"的方针，如消毒药在流行性传染病防治中功不可没，传染病用疫苗预防等；治疗疾病的为治疗作用。治疗作用又可分为对因治疗和对症治疗，前者针对病因，如用青霉素治疗猪丹毒（杀灭猪丹毒杆菌等），链霉素治疗结核病（抑制结核杆菌等）；后者针对症状改善，如平喘药氨茶碱可松弛支气管平滑肌，从而用于治疗支气管喘息；又如解热药能使发热动物的体温降至正常等。对因治疗和对症治疗是相辅相成的，临床应遵循中医药学"急则治其标，缓则治其本，标本兼顾"的治疗原则。

2. 不良反应

不良反应一般分为副作用、毒性反应、过敏反应等。

（1）副作用 指药物在治疗剂量时出现与用药目的无关的作用。如应用阿托品解除平滑肌痉挛时，引起的口腔干燥为副作用。副作用一般比较轻微，多是可以恢复的功能性变化。产生副作用的原因是由于药物选择性作用小，作用范围广。当药物的某一作用被作为用药目的时，其他作用就成为副作用。因此，副作用是可以预知的。

（2）毒性反应 指药物用量过大，或用药时间过长，超过动物机体的耐受力，以致造成对机体有明显损害的作用。从毒性发生的时间上看，用药后在短时间内或突然发生的称为急性毒性反应，主要是用药量过大引起；长期反复用药，因蓄积而逐渐发生的称为慢性毒性反应，主要是由于用药时间过长。

毒性反应大多是可以预知的，也是可以防止的，主要是在用药时掌握剂量和时间。

（3）过敏反应 又称变态反应，是机体接触某些半抗原性、低分子物质如抗生素、磺胺类、碘等，与体内细胞蛋白质结合成完全抗原，产生抗体，当再次用药时即出现抗原－抗体反应。现用的疫苗、异种动物血清等是完全抗原，可引起变态反应。变态反应的症状表现是皮疹、支气管哮喘、血清病综合征，以至过敏性休克。也就是指少数具有过敏体质（特异体质）的个体，在给予治疗量或者更低用量时（一般机体即使中毒量也不发生），所发生的与药物作用性质完全不同的一种特殊反应，如使用青霉素发生过敏，甚至休克死亡；这种反应与用药剂量无关，且不同的药物可能出现相似的反应，难以预知。动物出现过敏反应往往是偶尔现象。某些动物个体对某种药物的敏感性也可能表现明显不同，这种质的差异是由于遗传因素引起，称为特异质。如在羊群中应用四氯化碳驱虫时，也偶然发生特异质反应。出现时根据情况可用抗组胺药或肾上腺素等抢救。医药上往往对易引起过敏的药物在用药前先进行过敏试验。

不良反应还可因某些药物的治疗作用而引起，也称为继发性反应。如成年草食动物长期应用四环素类广谱抗生素时，由于胃肠道正常菌群的平衡状态受到破坏，造成不敏感的微生物（如真菌、沙门菌等）大量繁殖，造成中毒性胃肠炎和全身感染。这种继发性感染也称为二重感染。

四、药物作用的机制

药物作用的机制是指药物如何发挥作用的道理，是药效学的主要内容，目的是阐明药物在动物机体或病原体内作用的部位及由此而产生作用的一系列结果。由于药物的种类繁多、性质各异，且机体的生化过程和生理功能十分复杂，故药物作用的机制也不完全相同。了解药物机制中理论性问题，对加深理解药物作用、指导临床实践有重要意义，目前公认的药物作用机制有以下几种。

1. 通过受体产生作用

用受体学说来解释某些药物作用的原理，已被人们广泛接受。受体概念起源于19世纪末，Langley指出箭毒和烟碱均能直接作用于肌肉细胞，并与其中某些成分相结合，他称这些成分为"接受物质"。还有人用"锁与钥匙"来解释药物的作用，进而形成了受体学说。药物通过与机体细胞的细胞膜或细胞内的受体相结合而产生药物效应。当某一药物与受体结合后，能使受体激活，产生强大效应，这一药物就是该受体的激动药或兴奋药；如某一药物与受体结合后，不能使受体激活产生效应，反而阻断受体激动药与受体结合，这一药物就是该受体的阻断药或拮抗药。目前已发现并研究了许多受体，如神经递质受体、激素受体、多巴胺前列腺素受体等，它们都是细胞的一类特殊蛋白质分子。并已证明，神经递质受体是神经与效应器之间兴奋传递的一个重要中介环节，许多药物的作用是通过这一环节实现的。

2. 通过改变机体的理化性质而发挥作用

如抗酸药通过简单的化学中和作用，使胃液的酸度降低，如碳酸氢钠内服能中和过多的胃酸，可治疗胃酸过多症。

3. 通过改变酶的活性而发挥作用

酶在机体生化过程中起重要作用，如新斯的明可抑制胆碱酯酶的活性而产生拟胆碱作用。

4. 通过参与或影响细胞的物质代谢过程而发挥作用

有些药物本身就是机体生化过程中所需要的物质，应用后可补充体内不足而发挥作用，如维生素、激素、无机盐等；也有某些药物化学结构与机体的正常代谢物很相似，可以参与代谢过程，但不能引起正常代谢的生理效应，可干扰或阻断机体的某种生化代谢过程而发挥作用。如磺胺药通过干扰细菌的叶酸代谢过程而发挥抑菌作用。

5. 通过改变细胞膜的通透性而发挥作用

如表面活性剂苯扎溴铵可改变细菌细胞膜的通透性而发挥抗菌作用。

6. 通过影响体内活性物质的合成和释放而发挥作用

体内活性物质很多，如各种神经递质、激素、前列腺素等。神经递质或内分泌激素的释放，易受药物的影响，如大量碘能抑制甲状腺素的释放，阿司匹林能抑制生物活性物质前列腺素的合成而发挥解热作用。

药物作用是一系列生理、生化连锁反应，上述药物作用机制的几个方面常是相互联系的，如药物可首先与受体结合，影响酶的活性或改变细胞膜的通透性，从而加速或抑制细胞代谢，最后呈现药效。

五、药物的构效关系

药物的构效关系指特异性药物的化学结构与药物效应之间的密切关系。结构类似的化合物能与同一受体结合产生激动作用。氨甲酰胆碱和麻黄碱的结构分别与体内神经递质乙酰胆碱及肾上腺素相似，因为它们就有拟似乙酰胆碱和拟似肾上腺素的作用。

相反，基本结构相似的抗组胺药与体内活性物质组胺（均具有—CH_2—CH_2—N〈结构），可竞争同一受体而产生拮抗作用。

特异性药物的化学结构即使有时相同，但它们的光学异构体不同也可产生不同的药效。左旋的氯霉素有抗菌作用，而消旋氯霉素（合霉素）的抗菌效力为前者的一半。

六、药物的量效关系

药物的量效关系指在一定范围内，药物的效应与剂量之间的密切关系，即效应随着剂量的改变而改变。它定量分析和阐明了药物效应与剂量间的规律。

1. 剂量的概念

剂量指用药的分量。剂量的大小可决定药物在血浆中的浓度和作用强度。在一定范围内，剂量大小与药物作用强度成正比。当剂量过小，就不会出现药理作用，称为"无效量"。当剂量增加到开始出现效应的药量，称为"最小有效量"。比最小有效量大，并对机体产生明显效应，但并不引起毒性反应的剂量，称为"有效量"或"治疗量"，即通常所说的"常用量"或"剂量"。随着剂量增加，效应强度相应增大，达到最大效应，称为"极量"。以后再增加剂量，超过有效量并能引起毒性反应的剂量称为"中毒量"。能引起毒性反应的最小剂量称为"最小中毒量"。比中毒量大并能引起死亡的剂量称为"致死量"。最小有效量与最小中毒量之间的范围，称为"安全范围"或称"安全度"。这个范围越大，用药越安全，反之则不安全。兽药典对药物的常用量，毒剧药还规定了极量，是为了保证更可靠的安全度。

2. 量效曲线

在药理学研究中，常需要分析药物的剂量同它所产生的某种效应之间的关系，这种关系可以用曲线来表示，称为量效曲线。如以效应强度为纵坐标，以剂量对数值为横坐标作图，量效曲线呈几乎对称的 S 形，量效曲线说明量效关系存在下述规律：药物必须达到一定的剂量才能产生效应；在一定范围内，剂量增加，效应也增强；效应的增加并不是无止境的，而有一定的极限，这个极限称为最大效应或效能，达到最大效应后，剂量再增强，效应也不再增加；量效曲线的对称点在50%处，此处曲线斜率最大，即剂量稍有变化，效应就产生明显差别。所以，在药理上常用半数有效量（ED_{50}，对50%动物有效的剂量）和半数致死量（LD_{50}，引起50%动物死亡的剂量）来衡量药物的效价和毒性。

3. 药物的效价和效能

效价也称强度，是指产生一定效应所需的药物剂量大小，剂量越小，表示效价越高。A、C两种药在产生同样效应时，C药所需剂量较A药少，说明C药的效价高于A药。如氢氯噻嗪100mg与氯噻嗪1g所产生的利尿作用大致相同，故氢氯噻嗪的作用效价较氯噻嗪高10倍。

效能是指该药物最大效应的水平高低，B药产生的最大效应较A药高，则B药的效能高于A药。吗啡同阿司匹林相比吗啡能止剧痛，而阿司匹林只能用于一般的疼痛，故吗啡的镇痛效能高于阿司匹林。从临床角度，药物效能高比效价高更有价值。

【技能训练】 观察不同剂量对药物作用的影响

1. 准备工作

蟾蜍或青蛙、小白鼠、0.1%硝酸士的宁注射液，0.2%、1%、2%安钠咖注射液，1mL玻璃注射器、大烧杯、酒精棉球等。

2. 训练方法

（1）取大小相近的蟾蜍3只，编号，由腹淋巴囊分别注射0.1%硝酸士的宁注射液0.1mL、0.4mL、0.8mL。记录给药后引起蟾蜍惊厥所需要的时间。

（2）取小白鼠3只，称重，编号，分别放入三个大烧杯内，观察正常活动。然后按0.2mL/10g体重进行腹腔注射，甲鼠注射0.2%安钠咖注射液，乙鼠注射1%安钠咖注射液，丙鼠注射2%安钠咖注射液。给药后再放入相应的大烧杯中。记录给药时间，然后观察小白鼠有无兴奋、举尾、惊厥甚至死亡情况，记录发生作用的时间，比较3只小白鼠有何不同。

3. 归纳总结

药物必须准确注射到蟾蜍腹淋巴囊及小白鼠腹腔内。认真观察用药前后动物的反应。

4. 实验报告

记录实验所观察的结果（表1-1和表1-2），分析剂量与药物作用的关系。

表 1-1   硝酸士的宁作用结果

药量及时间	0.1mL		0.4mL		0.8mL	
蛙号	给药时间	惊厥时间	给药时间	惊厥时间	给药时间	惊厥时间
1						
2						
3						

表 1-2   安钠咖作用结果

鼠号	体重	给药浓度及剂量	用药后反应及出现时间
甲			
乙			
丙			

任务四　影响药物作用的因素和合理用药

【案例导入】

1. 药物的使用说明书上都写着该药物的使用方法，有的是口服、有的是肌肉注射，那么在制定药物的给药方案时，应该考虑哪些因素？

2. 俗话说"是药三分毒"，我们在用药的时候，应怎样减少药物的毒副作用、增加药物的治疗作用？

【学习目标】

从药物、动物、环境和其他方面了解影响药物作用的因素，掌握合理用药方法。

【技能目标】

通过实验观察常见药物配伍禁忌出现的现象，加强兽医临床对联合用药的认识。

【知识准备】

药物效应的强弱取决于相应受体作用部位游离药物浓度的大小。此时在受体部位的药物浓度，与给药剂量、次数和给药途径有关，同时受许多因素影响。在制定药物的给药方案时，对各种因素都应该全面考虑。

一、药物方面

1．药物的理化性质

药物的脂溶性、pH、溶解度、旋光性及化学结构均能影响药物的作用。

2．剂量与剂型

药物的剂量是决定进入体内的血液浓度及药物作用强度的主要因素。在一定范围内，药物的剂量越大，作用越强。准确地选择用量才能获得预期的药效。

药物的剂型对药物的吸收影响很大，常用的剂型中注射剂的吸收快，内服剂型如粉剂、大丸剂、片剂、胶囊剂、煎剂等吸收较慢。剂型的选择常根据疾病、病情、治疗方案或用药目的而定。

3．给药途径

一般来说，给药途径取决于药物的剂型，如注射剂必须作注射，片剂作内服。不同的给药途径由于药物进入血液的速度和数量均有不同，产生药效的快慢和强度也有很大差别，甚至产生质的差别，如硫酸镁溶液内服起下泻作用，若作静注则可起中枢抑制作用。通常的给药途径及对药物作用的影响如下。

（1）内服给药　包括经口投服和混入饲料（饮水）中给予。内服给药方法简便，适合于大多数药物，特别是能发挥药物在胃肠道内的作用。但胃肠内容物较多、吸收不规则、不完全，或者药物因胃肠道内酸碱度和消化酶等的影响而被破坏，故药效出现较慢。且内服给药，药物在吸收后，必须经过肝脏才能进入血液循环，部分药物在发挥作用之前即已被肝脏转化而失去活性，使进入体循环的药量减少。

（2）注射给药　为常用给药方法。

①皮下注射：是将药物注入皮下组织中。皮下组织血管较少，吸收较慢。刺激性较强的药物不宜作皮下注射。

②肌肉注射：简称肌注，是将药物注入肌肉组织中。肌肉组织含丰富的血管，吸收较快而完全。油溶液、混悬液、乳浊液都可作肌肉注射。刺激性较强的药物应作深层肌注。

③静脉注射或静脉滴注：简称静注或滴注，静注或滴注是将药液直接注射进入静脉血管，故无吸收过程，药效出现最快，适于急救或需要输入大量液体的情况。但一般的油溶液、混悬液、乳浊液不可静注，以免发生栓塞；刺激性大的药物不可漏出血管。

此外，尚有皮内注射、腹腔注射、关节腔内注射等，可根据用药目的选用。

（3）直肠给药　是将药物灌注至直肠深部的给药方法。直肠给药能发挥局部作用（如治疗便秘）和吸收作用（如补充营养）。药物吸收较慢，但不需经过肝脏。

（4）吸入给药　是将某些挥发性药物，或药物的气雾剂等，供病畜吸入的给药方法。可发挥局部作用（如治疗呼吸道疾病）和吸收作用（如吸入麻醉）。刺激性大的药物不宜吸入给药。

（5）皮肤、黏膜给药　将药物涂敷于皮肤、黏膜局部，主要发挥局部作用（如治疗外寄生虫病）。刺激性强的药物不宜用于黏膜；脂溶性大的杀虫药可被皮肤吸收，应防止中毒。

综上所述，各种给药途径，药物吸收的速度依次是：静脉注射＞吸入给药＞肌肉注射＞皮下注射＞直肠给药＞内服。

4. 重复用药与联合用药

在一段时间内，反复使用同一药物以维持其在体内的有效浓度，使药物持续发挥作用，称为重复给药。重复给药的间隔时间和剂量，取决于药物的半衰期和病畜病情。一般情况下，重复给药必须至病畜病情消失之后方可停药。但重复给药时间已经很长而病情没有明显好转时，应考虑改用其他药物，以免产生耐药性和蓄积中毒。重复用药有一日1次或2～3次，也有的数日一次，以维持血中有效血药浓度。

两种或两种以上的药物联合使用，称为联合用药或配伍用药。其目的在于增强疗效或减少药物的不良反应，以及治疗不同的症状或合并症。

（1）协同作用　两药合用后，能使药效增加的称协同作用，其中又可分为相加作用和增强作用。相加作用即药效等于两药分别作用的总和，如三溴合剂的总药效等于溴化钠、溴化钾、溴化钙三药相加的总和；增强作用即药效大于各药分别效应的和，如磺胺类药物与抗菌增效剂甲氧苄氨嘧啶合用，其抗菌作用大大超过各药单用时的总和。

（2）拮抗作用　两药合用药效减弱，称为拮抗作用。如应用普鲁卡因作局部麻醉时，并用磺胺类药物防治创口感染，其结果降低了磺胺药物的抑菌效果。

（3）配伍禁忌　在联合用药中，两种或两种以上的药物相互混合后，产生了物理、化学反应，使药物在外观（如分离、析出、潮解、溶化等）或性质上（如沉淀、变色、产气、爆炸等）发生变化，导致不能使用，还有，经联合应用后疗效降低，均称为配伍禁忌。配伍禁忌分为物理性、化学性、疗效性三类。相互有配伍禁忌的药物，不能混合应用。临床处方，特别是多种注射液合并用药时应绝对避免这些现象，如盐酸四环素配用碳酸氢钠注射液稀释时，由于pH升高而析出四环素沉淀。

兽医临床上常采取多种注射液联合应用，应特别注意注射液的物理、化学配伍禁忌。

二、动物方面

1. 种属差异

畜禽的种属不同对同一药物的反应有很大差异。同一药物在不同动物的半衰期不同，药效也有差异。如磺胺间甲氧嘧啶（SMM）在猪的半衰期为8.75h，在奶山羊则为1.45h。因此，不同种属动物不能完全用体重大小作为给药剂量的依据。

同一种属的不同品系动物对同一药物的作用也有不同。如硫双二氯酚对水牛与黄牛的敏感性不一样。使用敌百虫驱除猪蛔虫，本地猪的耐受量比外来品种猪高得多。

2. 生理差异

不同年龄、性别、妊娠、哺乳动物对同一药物反应不一。老龄动物肝肾功能减退，而幼龄及孕畜较敏感，均易引起毒性反应。如草食幼畜牛、羊在哺乳期由于胃肠道还没有大量微生物参与消化活动，内服四环素类药物不会影响其消化机能，而成年草食牛、羊对四环素类药物则因能抑制胃肠道微生物的正常活动，会造成消化障碍，甚至会引起继发性（二重）感染。怀孕期用药应注意，特别是拟胆碱药（胃肠收缩、子宫平滑肌也收缩）、盐类泻药，易引发早产或流产。哺乳母畜用药易通过乳汁对幼畜产生药物效应。因此，临床选药时应加注意。

3. 个体差异

同种动物、体重相同的个体对同一药物的感受性可能表现出量的差异。主要表现为高敏性和耐受性。

高敏性：某些个体应用某一药物的小剂量，即可产生和其他个体性质相似但强度更激烈的药理效应或毒性，称为高敏性。如使用青霉素时，可引起某些动物过敏甚至休克死亡。

耐受性：某些个体应用某一药物的中毒剂量也不引起中毒，称为耐受性。如长时间使用某一种抗生素。

病原体对药物产生的耐受性，称为耐药性或抗药性，是化学治疗药物应用中的一个重要问题，多在用药剂量不足或长期反复使用同一种药物时产生。

4. 病理因素

各种病理因素都能改变药物在健康机体的正常转运与转化，影响血药浓度，从而影响药物效应。如肾功能损害时，药物不能经肾排出而引起积蓄；肝功能不全时，可引起药物半衰期延长或缩短。如庆大霉素在肾功能损害的情况下易发生中毒。

三、环境和其他方面

1. 饲养管理

饲养管理条件的好坏，日粮配合是否合理均可影响药物的作用。许多药物的治疗作用都必须在动物体具有抵抗力的条件下才得以发挥，如磺胺类药治疗感染性疾病时，病原体的最后消除必须靠机体的防御系统；动物如果营养不良，不同药物的反应也有不同的表现。

2. 环境生态条件

环境条件、动物饲养密度、通风情况、厩舍温度、光照等均可影响药物的作用。

【技能训练】 观察药物配伍禁忌

1. 准备工作

液体石蜡、20% 磺胺嘧啶钠、5% 碳酸氢钠、10% 葡萄糖、5% 碘酊、2% 氢氧化钠、葡萄糖酸钙、10% 稀盐酸、0.1% 肾上腺素、3% 亚硝酸钠、高锰酸钾、甘油（或甘油甲缩醛）、维生素 B_1、维生素 C、福尔马林、蒸馏水、试管、乳钵、移液管、滴管、玻璃棒、试管架、试纸、天平。

2. 训练方法

（1）分离实验 取试管一支，分别加入液体石蜡和水各 3mL，充分振荡，使试管内两种液体充分混合后，置于试管架上，观察现象。

（2）沉淀实验

①取试管一支，分别加入 20% 磺胺嘧啶钠和 5% 碳酸氢钠各 3mL，置于试管架上，观察现象。

②取试管一支，分别加入 20% 磺胺嘧啶钠 2mL 和 10% 葡萄糖 2mL，充分混合，置于试管架上，观察现象。

③取试管一支，分别加入磺胺嘧啶钠 2mL 和维生素 B_1 2mL，置于试管架上，观察现象。

④取试管一支，分别加入碳酸氢钠 2mL 和葡萄糖酸钙 2mL，充分混合，置于试管架上，观察现象。

（3）中和实验 取试管一支先加入 5mL 稀盐酸，再加碳酸氢钠 2g，置于试管架上，观察现象。同时用 pH 试纸测定两药混合前后的 pH。

（4）变色实验

①取试管一支，分别加入 0.1% 肾上腺素和 3% 亚硝酸钠各 1mL，置于试管架上，观察现象。

②取试管一支，分别加入 0.1% 高锰酸钾和维生素 C 各 2mL，置于试管架上，观察现象。

③取试管一支，分别加入 5% 碘酊 2mL 和 2% 氢氧化钠 1mL，置于试管架上，观察现象。

（5）燃烧或爆炸实验 强氧化剂与还原剂相遇，常常可以发生燃烧甚至爆炸。

①称取高锰酸钾 1g，放入乳钵内，再滴加一滴甘油或甘油甲缩醛，然后研磨，观察现象。

②取平皿一个，分别加入 2mL 福尔马林、1g 高锰酸钾和 0.5mL 蒸馏水，观察现象。

3. 归纳总结

两种或两种以上药物进行配伍时会出现物理性、化学性或疗效性的改变，临床上为了提高用药的目的及疾病的治愈率，需加强对药物的合理配伍。在实验操作时注意玻璃器皿的安全性，移液管、滴管、玻璃棒在对一种药物进行使用后需反复清洗才能用于另一种药物，以免影响观察结果。燃烧或爆炸实验需注意操作者的自身安全，研磨时需以同一方向进行，速度要快。

4. 实验报告

记录实验所观察的结果（表1-3），并分析其产生原因，判定属于哪种药物配伍禁忌。结合临床浅谈随机将药物进行配伍的危害性。

表 1-3 　　　　　　　　　药物的配伍禁忌实验结果

药品	器材	取量	加入药物	药量	结果
液体石蜡	试管	3mL	蒸馏水	3mL	
20% 磺胺嘧啶钠	试管	3mL	5% 碳酸氢钠	3mL	
20% 磺胺嘧啶钠	试管	2mL	10% 葡萄糖	2mL	
20% 磺胺嘧啶钠	试管	2mL	维生素 B_1	2mL	
5% 碳酸氢钠	试管	2mL	葡萄糖酸钙	2mL	
碳酸氢钠	试管	2g	10% 稀盐酸	5mL	
0.1% 肾上腺素	试管	1mL	3% 亚硝酸钠	1mL	
0.1% 高锰酸钾	试管	2mL	维生素 C	2mL	
5% 碘酊	试管	2mL	2% 氢氧化钠	1mL	
高锰酸钾	乳钵	1g	甘油或甘油甲缩醛	1 滴	
福尔马林、蒸馏水	平皿	2mL、0.5mL	高锰酸钾	1g	

任务五　动物诊疗处方开写技术

【案例导入】

一头体重 60kg 的猪感染猪丹毒杆菌，需开写 3d，一天三次用药处方。使用药物：青霉素 G 钠，80 万 IU/ 支，肌肉注射，2 万 IU/kg 体重。根据兽医处方格式及应用规范，开写一份正确的处方。

【学习目标】

掌握处方格式及注意事项。

【技能目标】

了解处方的意义，掌握处方的开写方法，通过临床病例熟练准确地开写处方。

【知识准备】

动物诊疗处方是指执业兽医师在动物诊疗活动中开具的作为动物用药凭证的文书。执业兽医师根据动物诊疗活动的需要，按照兽药使用规范，遵循安全、有效、经济的原则开具兽医处方。

一、基本要求

执业兽医师在注册单位签名留样或者专用签章备案后，方可开具处方。兽医处方经执业兽医师签名或者盖章后有效。执业兽医师利用计算机开具、传递兽医处方时，应当同时打印出纸质处方，其格式与手写处方一致；打印的纸质处方经执业兽医师签名或盖章后有效。

兽医处方限于当次诊疗结果用药，开具当日有效。特殊情况下需延长有效期的，由开具兽医处方的执业兽医师注明有效期限，但有效期最长不得超过 3d。除兽用麻醉药品、精神药品、毒性药品和放射性药品外，动物诊疗机构和执业兽医师不得限制动物主人持处方到兽药经营企业购药。

二、处方格式

兽医处方笺规格和样式由农业部规定，从事动物诊疗活动的单位应当按照规定的规格和样式印制兽医处方笺或者设计电子处方笺。兽医处方笺规格如下。

（1）兽医处方笺一式三联，可以使用同一种颜色纸张，也可以使用三种不同颜色纸张。

（2）兽医处方笺分为两种规格，小规格为：长 210mm、宽 148mm；大规格为：长 296mm、宽 210mm。

三、处方内容

兽医处方笺内容包括前记、正文、后记三部分，要符合以下标准。

1. 前记

对个体动物进行诊疗的，前记应至少包括动物主人姓名或者动物饲养单位名称、档案号、开具日期和动物的种类、性别、体重、年（日）龄。对群体动物进行诊疗的，应至少包括饲养单位名称、档案号、开具日期和动物的种类、数量、年（日）龄。

2．正文

正文包括初步诊断情况和 Rp（Recipe "请取" 的缩写）。Rp 应当分列兽药名称、规格、数量、用法、用量等内容；对于食品动物还应当注明休药期。

3．后记

后记应至少包括执业兽医师签名或盖章和注册号、发药人签名或盖章。

四、处方开写注意事项

处方医师应以严肃认真的态度开写处方，并注意下列几点问题。

（1）动物基本信息、临床诊断情况应当填写清晰、完整，并与病历记载一致。

（2）字迹清楚，原则上不得涂改；如需修改，应当在修改处签名或盖章，并注明修改日期。

（3）兽药名称应当以兽药国家标准载明的名称为准。兽药名称简写或者缩写应当符合国内通用写法，不得自行编制兽药缩写名或者使用代号。

（4）书写兽药规格、数量、用法、用量及休药期要准确规范。

（5）兽医处方中包含兽用化学药品、生物制品、中成药的，每种兽药应当另起一行。

（6）兽药剂量与数量用阿拉伯数字书写。剂量应当使用法定计量单位：质量以千克（kg）、克（g）、毫克（mg）、微克（μg）、纳克（ng）为单位；容量以升（L）、毫升（mL）为单位；有效量单位以国际单位（IU）、单位（U）为单位。

（7）片剂、丸剂、胶囊剂以及单剂量包装的散剂、颗粒剂分别以片、丸、粒、袋为单位；多剂量包装的散剂、颗粒剂以克或千克为单位；单剂量包装的溶液剂以支、瓶为单位，多剂量包装的溶液剂以毫升或升为单位；软膏及乳膏剂以支、盒为单位；单剂量包装的注射剂以支、瓶为单位，多剂量包装的注射剂以毫升或升、克或千克为单位，应当注明含量；兽用中药自拟方应当以剂为单位。

（8）开具处方后的空白处应当划一斜线，以示处方完毕。

（9）执业兽医师注册号可采用印刷或盖章方式填写。

五、处方的保存

（1）兽医处方开具后，第一联由从事动物诊疗活动的单位留存，第二联由药房或者兽药经营企业留存，第三联由动物主人或者饲养单位留存。

（2）兽医处方由处方开具、兽药核发单位妥善保存 2 年以上。保存期满后，经所在单位主要负责人批准、登记备案，方可销毁。

【技能训练】 开写动物诊疗处方

1. 准备工作

处方笺、临床病例。

2. 训练方法

结合临床病例，练习开写处方。病例信息：一头体重 60kg 的猪感染猪丹毒杆菌，请开写 3d，一天三次用药处方。使用药物：青霉素 G 钠，80 万 IU/ 支，肌肉注射，2 万 IU/kg 体重。

3. 归纳总结

处方不得用铅笔书写，不得涂改，不得有错别字，药物的名称要用药典规定的名称，不用简化字。处方中开写的剧毒药物，剂量不得超过极量，如因特殊需要而超量时，应在剂量旁加惊叹号，同时加盖处方兽医师印章，以示负责。一张处方开有多种药物时，各种药物的书写应按一定的顺序排列（主药、辅药、矫正药、赋形药）。如在同一张处方笺上书写几个处方时，每个处方中项均应完整，并在每个处方第一个药名的左上方写出次号①②③……

4. 实验报告

根据给出的临床病例信息及提供的药物，练习开写处方。

兽医处方笺样式

注："xxxxxxx处方笺"中，"xxxxxxx"为从事动物诊疗活动的单位名称。

课后练习

一、选择题

1. 利用药物协同作用的目的是（ ）
   A. 增加药物在肝脏的代谢
   B. 增加药物在受体水平的拮抗
   C. 增加药物的吸收
   D. 增加药物的疗效
   E. 减少不良反应

2. 药物的配伍禁忌是指（ ）
   A. 吸收后和血浆蛋白结合
   B. 体外配伍过程中发生的物理和化学变化
   C. 肝药酶活性的抑制
   D. 两种药物在体内产生拮抗作用
   E. 体内配伍过程中发生的物理和化学变化

3. 药物的排泄途径不包括（ ）
   A. 汗腺　　 B. 肾脏　　　 C. 胆汁　　　　 D. 肝脏　　　　 E. 乳腺

4. 以下"处方书写要求"中，错误的是（ ）
   A. 每张处方只限于一次诊疗结果用药
   B. 法定处方只需要写出药名、剂量和用法即可
   C. 处方一律用规范的中文书写
   D. 处方中药品剂量、用法、用量要准确规范
   E. 处方标准和处方格式可由动物诊疗机构自行制定

5. 药物产生作用的快慢取决于（ ）
   A. 药物的吸收速度　　　　 B. 药物的排泄速度
   C. 药物的转运方式　　　　 D. 药物的光学异构体
   E. 药物的代谢速度

6. 青霉素引起的休克是（ ）
   A. 副作用　 B. 变态反应　 C. 后遗效应　 D. 毒性反应　 E. 首过效应

7. 副作用是在下述哪种剂量时产生的不良反应（ ）
   A. 中毒量　 B. 最小致死量　 C. 无效量　　 D. 极量　　　 E. 治疗量

8. 安全范围是指（ ）
   A. 有效剂量的范围
   B. 最小中毒量与治疗量间的距离
   C. 最小治疗量至最小致死量间的距离
   D. 最小有效量与最小中毒量间的距离
   E. 最小有效量至最大中毒量间的距离

9. 药物作用的双重性是指（　　　）
    A. 治疗作用和副作用　　　　B. 对因治疗和对症治疗
    C. 治疗作用和不良反应　　　D. 治疗作用和毒性作用
    E. 抑制和兴奋

10. 药物的不良反应不包括（　　　）
    A. 副作用　B. 毒性反应　　C. 过敏反应　　D. 局部作用　E. 变态反应

二、简答题

1. 药物的剂型有哪些?
2. 简述药物对动物机体产生的作用，以及动物机体对药物产生的作用。
3. 如何正确开写动物诊疗处方?
4. 哪些属于假兽药和劣兽药?

PROJECT 2 | 项目二

抗微生物药物

∴ **认知与解读** ∴

在畜禽疾病中，有相当一部分是由病原微生物如细菌、真菌、病毒等所致的感染性疾病，它们给畜牧业生产带来巨大损失，而且许多人畜共患病直接或间接地危害人们的健康和影响公共卫生。因此，在与这些感染性疾病的斗争中，抗微生物药发挥着巨大作用。

任务一　消毒防腐药

【案例导入】

某鸡场鸡群陆续出现采食减少、羽毛蓬乱、拉黄白色稀粪，剖检可见腹腔包裹一层黄色膜、心包积液、肝脏有出血点，经实验室诊断，确定为大肠杆菌感染。请问鸡舍该选择何种消毒药物？如何使用？为什么？

【学习目标】

掌握消毒防腐药的概念、种类、作用及其应用。

【技能目标】

通过实验掌握消毒防腐药的杀菌效果。

【知识准备】

一、概述

1. 消毒防腐药的概念

消毒防腐药是一些能杀灭或抑制病原微生物的药物。防腐药指能抑制病原微生物生长繁殖的药物；消毒药指能迅速杀灭病原微生物的药物。两者之间并无严格的界限，消毒药在低浓度时仅能抑菌，而防腐药在高浓度时也能杀菌。因此，一般统称为消毒防腐药。

消毒防腐药与其他抗菌药不同，它们对病原体与机体组织并无明显的选择性，在消毒防腐的浓度下，往往也能损害动物机体，甚至产生毒性反应。故通常不作全身用药，主要用于杀灭或抑制体表、器械、排泄物及周围环境病原微生物的生长繁殖。

2. 消毒防腐药的作用机制

（1）使蛋白质凝固或变性　此类药物多为原浆毒，能使微生物的原浆蛋白质凝固或变性而杀灭微生物。如酚类、醇类、醛类、酸类和重金属盐类等。此类药物大多只适用于环境或体表的消毒。

（2）改变胞浆膜的通透性　某些消毒防腐药能改变细胞膜表面张力，增加其通透性，引起胞内物质漏失，水向菌体内渗入，使菌体破裂或溶解。如表面活性剂新洁尔灭、洗必泰等。

（3）干扰病原体的酶系统　有些消毒防腐药通过氧化还原反应损害酶的活性基团，或因化学结构与细菌代谢物相似，竞争或非竞争地同酶结合，抑制酶的活性，引起菌体死亡。如重金属盐类、氧化剂类和卤素类。

3．影响消毒防腐药作用的因素

（1）药物的浓度和作用时间　浓度越高，作用时间越长，效果越好，但对组织的刺激性也越大。反之，则达不到杀菌的目的，故使用时应选用适当的浓度和作用时间。

（2）温度　在一定范围，药液温度越高，杀菌力越强。一般是每增加10℃，抗菌活性可增加1倍。

（3）有机物　有机物能与消毒防腐药结合使其作用减弱，或机械性保护微生物而阻碍药物的作用。因此，在使用消毒防腐药前必须将消毒场所彻底打扫干净，创伤应消除脓、血、坏死组织和污物，以取得更好的消毒效果。

（4）微生物的特点　不同的微生物，对药物的敏感性是不同的，如病毒对碱类敏感，而对酚类耐药；生长繁殖旺盛期的细菌对药物敏感，而具有芽孢的细菌则对其有强大抵抗力。

（5）药物之间的相互拮抗　两种药物合用时，常会出现配伍禁忌，使药效降低。如阳离子表面活性剂和阴离子表面活性剂共用，可使消毒作用消失。

（6）其他　环境的pH、湿度、药物的剂型、药物的配伍忌禁等都能影响药效，在使用消毒防腐药时，必须加以考虑。

二、消毒防腐药的分类和应用

1．主要用于周围环境、用具、器械的消毒药

煤酚（甲酚）

【概述】　无色或淡黄色澄明液体，有类似苯酚的臭味。

【作用】　由植物油、氢氧化钾、煤酚配制的含煤酚50%的肥皂溶液为煤酚肥皂溶液（来苏儿）。对一般病原菌具有较强的抗菌作用，对芽孢和病毒的作用不可靠。

【应用】　用于用具、器械、厩舍、场地、病畜排泄物、皮肤、手、口腔或直肠黏膜等的消毒。

【注意】　本品有特殊酚臭，不宜用于屠宰场、食品加工厂或奶牛场。

【用法】　3%～5%的溶液用于浸泡用具、器械及用于厩舍、场地、病畜排泄物的消毒。1%～2%的溶液用于皮肤及手的消毒。0.5%～1%的溶液用于冲洗口腔或直肠黏膜。

复合酚（菌毒敌、农乐）

【概述】　为含苯酚41%～49%、醋酸22%～26%的深红褐色黏稠液体，具特殊臭味。

【作用】　本品具有杀灭病毒、霉菌、细菌、寄生虫卵及痒螨等作用。

【应用】 用于圈舍、器具、排泄物和车辆等消毒，药效维持约 7d。

【注意】 禁止与碱性药物、其他消毒药、农药等混合。

【用法】 预防性喷雾消毒用水稀释 300 倍，发生疫病时用水稀释 100 倍进行消毒。

甲醛

【概述】 室温下为无色气体，在水中以水合物的形式存在，其 40% 的水溶液为福尔马林，具强烈刺激性气味，久置能生成三聚甲醛而沉淀浑浊。

【作用】 本品有较强的杀菌作用，对细菌繁殖体、芽孢、真菌和病毒均有效。

【应用】 用于圈舍、仓库、孵化室、毛皮、衣物、器具等熏蒸消毒，标本、尸体的防腐，胃肠道的制酵。

【注意】 ①本品有致癌作用，已很少用于消毒。②消毒后容易在物体表面形成一层有腐蚀作用的薄膜。③动物误服中毒后用稀氨水解救。④本品污染皮肤后用肥皂和水清洗。⑤熏蒸消毒必须有较高的室温和相对湿度，一般室温应不低于 15℃，相对湿度为 60%～80%，消毒时间为 8～10h。

【用法】 2% 的溶液用于器械消毒（浸泡 1～2h）。10% 的溶液用于固定解剖标本。10%～20% 的溶液可治疗蹄叉腐烂、坏死杆菌病等。空间消毒（每立方米）可用甲醛溶液 15～20mL，加等量水，然后加热使甲醛挥发。

氢氧化钠（苛性钠、烧碱）

【概述】 白色粉末或干块，易溶于水和醇，溶液呈碱性反应，易潮解，在空气中易吸收二氧化碳形成碳酸盐，应密封保存。

【作用】 本品为一种强碱，对细菌繁殖体、芽孢、病毒均有强大的杀灭力。

【应用】 用于鸡霍乱、鸡白痢等细菌或口蹄疫、猪瘟、鸡新城疫等病毒污染的畜舍、场地、车辆等的消毒。

【注意】 本品对机体有腐蚀性，消毒厩舍时，应驱出畜禽，隔半天以水冲洗饲槽、地面后方可让畜禽进入，且消毒人员应佩戴橡皮手套，穿胶鞋操作。

【用法】 2% 的热溶液用于厩舍地面、饲槽、车船等消毒，5% 的热溶液用于炭疽芽孢污染场所的消毒。

生石灰（氧化钙）

【概述】 灰白色块状物。本身并无杀菌作用，与水混合后变成熟石灰（氢氧化钙）才起作用。

【作用】 本品对一般细菌有一定程度的杀菌作用，但对芽孢无效。

【应用】 用于厩舍、墙壁、畜栏、地面及病畜排泄物的消毒。

【注意】 由于生石灰可从空气中吸收二氧化碳，形成碳酸钙而失效，故宜现用现配。

【用法】 应用时配成 10%~20% 的混悬液，也可直接加生石灰于被消毒的液体中，撒在阴湿的地面、粪池周围及污水沟等处。

过氧乙酸

【概述】 无色液体，易溶于水、酒精和醋酸；45% 浓度以上时易爆炸，在低温下分解缓慢，故采用低温（3~4℃）保存。

【作用】 本品为强氧化剂，具有高效、速效和广谱杀菌作用，对细菌、病毒、霉菌和芽孢均有效。

【应用】 用于圈舍、饲槽、用具、车船、食品加工厂的地面、墙壁等的消毒。

【注意】 ①稀释液不能久贮，应现用现配。②本品能腐蚀多种金属，并对有色棉织品有漂白作用。③熏蒸消毒时其气体有刺激性，消毒时动物不宜留在圈舍。

【用法】 0.05% 的溶液用于圈舍和车船等喷雾消毒，3%~5% 的溶液用于空间加热熏蒸消毒，0.04%~0.2% 的溶液用于器具浸泡消毒，0.02%~0.2% 的溶液用于黏膜或皮肤消毒。

漂白粉（含氯石灰）

【概述】 灰白色粉末，微溶于水，有氯臭，受潮易分解失效，新制的漂白粉含有效氯 25%~36%。

【作用】 本品能杀灭细菌、芽孢、病毒和真菌。杀菌作用是由于次氯酸钙水解生成次氯酸，进一步分解成新生态氧和氯气。

【应用】 用于圈舍、畜栏、场地、车辆、排泄物等消毒。

【注意】 ①本品具刺激、腐蚀、漂白作用，用时要注意对人畜的防护。②不能用于金属制品及有色棉织物的消毒，也不可与易燃易爆物品放在一起。③宜现用现配。

【用法】 5%~20% 混悬液用于已发生传染病的畜禽厩舍、场地、墙壁、排泄物、运输车辆消毒，1%~5% 澄清液用于玻璃器皿和非金属用具消毒，每1000mL 水加 1g 用于饮水消毒。

二氯异氰尿酸钠（优氯净）

【概述】 白色或微黄色粉末，具氯臭，含有效氯 60%~64.5%，性质稳定，室内保存半年仅降低有效氯含量 0.16%。易溶于水。

【作用】 本品为新型高效消毒药，对细菌繁殖体、芽孢、病毒、真菌均有较强的杀灭作用。

【应用】 用于鱼塘、饮水、食品、牛奶加工厂、车辆、厩舍、蚕室、用具的消毒。

【注意】 本品稳定性差，宜现用现配。

【用法】 鱼塘消毒 0.3mg/L 水，饮水消毒 0.5mg/L 水，食品、牛奶加工厂、厩舍、蚕室、用具、车辆消毒 50～100mg/L 水。

百毒杀

【概述】 一种双链季胺高效表面活性剂。无色无味液体，能溶于水，性质稳定。

【作用】 本品低浓度能杀灭畜禽的主要病原菌、病毒和部分虫卵，有除臭和清洁作用。

【应用】 用于厩舍、孵化室、用具、环境的消毒。

【注意】 避免与阴离子表面活性剂如肥皂等共用，也不能与碘、碘化钾、过氧化物等合用，否则会降低消毒的效果。

【用法】 0.05% 的溶液进行浸泡、洗涤、喷洒等消毒。将本品 1mL 加入 10～20L 水中进行饮水槽和饮水消毒。

2. 皮肤、黏膜用消毒药

乙醇（酒精）

【概述】 无色澄明的挥发性液体，易燃烧，能与水、甘油等任意混合。

【作用】 本品常用作消毒药，可杀死繁殖型细菌，但对芽孢无效；对组织有刺激作用，能扩张局部血管，改善局部血液循环；无水乙醇纱布压迫手术出血创面 5min，可立即止血。

【应用】 用于皮肤局部、手臂、注射部位、手术部位、注射针头、体温计、医疗器械等消毒；也可用于急性关节炎、腱鞘炎、肌炎、胃肠臌胀的治疗，中药酊剂及碘酊等的配制。

【注意】 ①本品浓度过高可使蛋白质很快凝固而妨碍乙醇向内渗透，影响杀菌作用。②乙醇在浓度为 20%～75% 时，其杀菌作用随溶液浓度增高而增强，但浓度低于 20% 时其杀菌作用微弱。

【用法】 75% 的溶液用于皮肤消毒。

碘制剂

【概述】 灰黑色或蓝黑色，有金属光泽的片状结晶或块状物，常温能挥发，易溶于碘化钾溶液中。

【作用】 本品有强大的消毒作用，是由于碘化和氧化菌体蛋白的活性基因与蛋白的氨基结合导致蛋白变性和抑制菌体的代谢酶系统，能杀死细菌、芽孢、霉菌和病毒。

【应用】 用于手术部位、注射部位的消毒。

【注意】 ①对碘过敏动物禁用。②碘酊只用于涂抹干燥的皮肤，涂抹于湿皮肤时可引起发泡和皮炎。③配制的碘液储藏于密闭容器中，因储藏时间过久，碘可升华造成含量不足，其颜色变淡。

【用法】 碘酊用于术前和注射前的皮肤消毒。浓碘酊用于腱鞘炎、滑膜炎等慢性炎症的治疗。碘溶液用于皮肤浅破损和创面消毒。碘甘油用于口腔、舌、齿龈、阴道等黏膜炎症和溃疡的治疗。

硼酸

【概述】 无色微带珍珠光泽的结晶或白色疏松的粉末，无臭，可溶于水。

【作用】 本品对细菌和真菌有微弱的抑制作用，但没有杀菌作用，对组织刺激性极小。

【应用】 用于眼、鼻、口腔、阴道等对刺激敏感的黏膜、创面、清洗眼睛、鼻腔等的冲洗，也用其软膏涂敷患处，治疗皮肤创伤和溃疡等。

【注意】 ①不适用于大面积创伤和新生肉芽组织，以避免吸收后蓄积中毒。②急性中毒的早期表现为呕吐、腹泻、皮疹、中枢神经系统先兴奋后抑制，严重时可引起休克。

【用法】 外用，配制成 2% ～ 4% 溶液冲洗眼或黏膜。

3．创伤用消毒防腐药

新洁尔灭（苯扎溴铵）

【概述】 黄色胶状体，低温时可逐渐形成蜡状固体。市售苯扎溴铵为 5% 的水溶液，强力振摇产生大量泡沫，遇低温可发生浑浊或沉淀。

【作用】 本品具有杀菌和去污的作用，能杀灭一般细菌繁殖体，不能杀灭细菌芽孢和分支杆菌，对化脓性病原菌、肠道菌有杀灭的作用，对革兰阳性菌的效果优于革兰阴性菌，对病毒作用较差。

【应用】 用于皮肤黏膜、手臂、手指、手术器械、玻璃、搪瓷、禽蛋、禽舍的消毒及深部感染伤口的冲洗。

【注意】 ①禁与肥皂、其他阴离子活性剂、盐类消毒药、碘化物、氧化物等配伍使用。②禁用于眼科器械和合成橡胶制品的消毒，禁用聚乙烯材料容器盛装。③可引起人体出现药物过敏。

【用法】 0.05% ～ 0.1% 溶液，手臂、手指消毒浸泡；0.15% ～ 2% 溶液禽舍消毒；0.01% ～ 0.05% 溶液黏膜、伤口消毒。

高锰酸钾

【概述】 黑紫色、细长的菱形结晶或颗粒，带蓝色的金属光泽，无臭，易溶于水，水溶液呈深紫色。

【作用】 本品为强氧化剂，遇有机物或加热、加酸、加碱等即可释放出新生态氧而呈现杀菌、除臭、解毒作用。其低浓度对组织有收敛作用，高浓度对组织有刺激和腐蚀作用。

【应用】 用于皮肤创伤及腔道炎症的创面消毒；与福尔马林联合应用于厩舍、库房、孵化器等的熏蒸消毒；也用于止血、收敛、有机物中毒，以及鱼的水霉病及原虫、甲壳类等寄生虫病的防治。

【注意】 ①本品与某些有机物或易氧化的化合物研磨或混合时，易引起爆炸或燃烧。②内服可引起胃肠道刺激症状，严重时出现呼吸和吞咽困难等。中毒时，应用温水或添加3%过氧化氢溶液洗胃，并内服牛奶、豆浆或氢氧化铝凝胶，以延缓吸收。

【用法】 0.05%～0.1%溶液腔道冲洗及洗胃；0.1%～0.2%创面消毒。

过氧化氢（双氧水）

【概述】 无色澄清液体，无臭或有类似臭氧的臭气。遇氧化物或还原物或有机物迅速分解并放出泡沫。遇光、遇热、长久放置易失效。

【作用】 本品遇有机物或酶释放出新生态氧，产生较强的氧化作用，可杀灭细菌繁殖体、芽孢、真菌和病毒在内的各种微生物，但杀菌力较弱。与创面接触可产生大量气泡，机械地松动脓块、血块、坏死组织及与组织粘连的敷料等，有利于清创和清洁作用，对深部创伤还可防治破伤风杆菌等厌氧菌的感染。

【应用】 用于皮肤、黏膜、创面、瘘管的清洗。

【注意】 ①本品对皮肤、黏膜有强刺激性，避免用手直接接触高浓度过氧化氢溶液，可发生灼伤。②禁与有机物、碱、生物碱、高锰酸钾、碘化物及强氧化剂配伍。③本品不能注入胸腔、腹腔等密闭体腔或腔道、气体不易逸散的深部脓疮，以免产气过速，可导致栓塞或扩大感染。

【用法】 1%～3%溶液清洗化脓创面、痂皮；0.3%～1%溶液冲洗口腔黏膜。

【技能训练】 观察消毒防腐药杀菌效果

1. 准备工作

大肠杆菌O78、金黄色葡萄球菌、500g/L戊二醛、1%甘氨酸、普通营养琼脂培养基、磷酸盐缓冲液（PBS）、量筒、容量瓶、平皿、移液管、试管、吸管、L形玻璃棒、恒温箱等。

2. 训练方法

（1）实验浓度消毒液的配制 用灭菌蒸馏水将500g/L戊二醛稀释成浓度为2.5g/L、10g/L、20g/L。

（2）实验用菌悬液的配制 将保存的大肠杆菌、金黄色葡萄球菌分别接种于肉汤培养液中，37℃恒温箱中培养16～18h，取增菌后的菌液0.5mL，用磷酸盐缓冲液稀释至浓度为 $1 \times 10^{6} \sim 1 \times 10^{7}$ CFU/mL。

（3）消毒效果实验　将 0.5mL 菌悬液加入 4.5mL 试验浓度消毒剂溶液中混匀计时，到规定作用时间后，从中吸取 0.5mL 加入 4.5mL 中和剂（即 1% 甘氨酸）中混匀，使之充分中和，10min 后吸取 0.5mL 菌悬液用涂抹法接种于营养琼脂培养基平板上，于 37℃ 培养 24h，计数生长菌落数。每个样本选择适宜稀释度接种 2 个平皿。

（4）计算杀菌率　按照下列公式计算平均杀菌率，杀菌率达 99.9% 以上为达到消毒效果。

杀菌率 $KR = \left[(N_1 - N_0) / N_1 \right] \times 100\%$

式中　　　　　N_1——消毒前活菌数；

　　　　　　　N_0——消毒后活菌数

3．归纳总结

不同消毒液要选择不同的中和剂，中和剂须有终止消毒液又对实验无不良影响。实验温度一般要求在室温（20 ~ 25℃）下进行。

4．实验报告

记录实验结果（表 2-1），并分析哪些因素会影响消毒液的杀菌效果。

表 2-1　　　　　戊二醛对大肠杆菌和金黄色葡萄球菌的杀菌效果

菌种	戊二醛浓度/(g/L)	作用不同时间的平均杀菌率 /%		
		5min	10min	20min
大肠杆菌	2.5			
	10			
	20			
金黄色葡萄球菌	2.5			
	10			
	20			

任务二　抗生素

【案例导入】

某养殖户仔猪存栏 500 只，发育良好，当饲养到 16d 时，部分仔猪出现体温升高（41.3 ~ 42.5℃），腹痛，下痢，呼吸困难，耳根、胸前和腹下皮肤有紫斑。

将死亡仔猪剖检可见喉头、膀胱黏膜有出血点，脾脏肿大有出血点，肠系膜淋巴结肿大，肝脏充血，采集病料作细菌培养，镜检可见两端钝圆的小杆菌，诊断为仔猪沙门菌病。请问该选择何种药物？如何使用？

【任务目标】

掌握常用抗生素的药理作用、临床应用、使用注意事项和用法用量。

【技能目标】

观察小鼠硫酸链霉素的急性中毒症状，掌握其药理作用、临床应用、使用注意事项、用法用量以及中毒时的解救。

【知识准备】

一、概述

1. 概念

抗生素是细菌、真菌、放线菌等微生物在其代谢过程中所产生的，能抑制或杀灭其他病原微生物的化学物质。抗生素主要从微生物的培养液中提取，有些已能人工合成或半合成。

2. 抗菌谱及抗菌活性

抗菌谱是指药物抑制或杀灭病原微生物的范围。凡仅作用于单一菌种或某属细菌的药物称窄谱抗菌药，例如青霉素主要对革兰阳性细菌有作用；链霉素主要作用于革兰阴性细菌。凡能杀灭或抑制多种不同种类的细菌，抗菌谱的范围广泛，称广谱抗菌药，如四环素类、氯霉素类、庆大霉素、广谱青霉素类、第三代头孢菌素、氟喹诺酮类等。

抗菌活性是指抗菌药抑制或杀灭病原微生物的能力。可用体外抑菌试验和体内实验治疗方法测定。体外抑菌试验对临床用药具有重要参考意义。能够抑制培养基内细菌生长的最低浓度称为最小抑菌浓度（MIC）。能够杀灭培养基内细菌生长的最低浓度称为最小杀菌浓度（MBC）。抗菌药的抑菌作用和杀菌作用是相对的，有些抗菌药在低浓度时呈抑菌作用，而高浓度呈杀菌作用。临床上所指的抑菌药是指仅能抑制病原菌的生长繁殖，而无杀灭作用的药物。如磺胺类、四环素类、氯霉素等。杀菌药是指具有杀灭病原菌作用的药物，如青霉素类、氨基糖苷类、氟喹诺酮类等。

3. 分类

根据抗生素的抗菌谱和应用，兽医临床上常用抗生素通常有以下几类。

（1）主要作用于革兰阳性菌的抗生素　青霉素类、头孢菌素类、大环内酯类、林可胺类、新生霉素、杆菌肽等。

（2）主要作用于革兰阴性菌的抗生素　氨基糖苷类、多黏菌素类等。

（3）广谱抗生素　即对革兰阳性菌和革兰阴性菌等均有作用的抗生素，包括四环素类及氯霉素类等。

（4）抗真菌抗生素　灰黄霉素、制霉菌素及两性霉素 B 等。

（5）抗寄生虫的抗生素　莫能菌素、盐霉素、马杜霉素、拉沙里菌素、伊维菌素、潮霉素 B、越霉素 A 等。

（6）抗肿瘤的抗生素　丝裂霉素 C、正定霉素、博来霉素、光辉霉素等。

（7）促生长抗生素　黄霉素、维吉尼霉素等。

4. 作用机制

随着近代生物化学、分子生物学、电子显微镜、同位素示踪技术和精确的化学定量方法等飞跃发展，抗生素作用机制的研究已进入分子水平，目前阐明的有四种类型。

（1）抑制细菌细胞壁的合成　大多数细菌细胞（如革兰阳性菌）的胞浆膜外有一坚韧的细胞壁，具有维持细胞形状及保持菌体内渗透压的功能。青霉素类、头孢菌素类、万古霉素、杆菌肽和环丝氨酸等能分别抑制黏肽合成过程中的不同环节。这些抗生素的作用均可使细菌细胞壁缺损，菌体内的高渗压在等渗环境中，外面的水分不断地渗入菌体内，引起菌体膨胀变形，加上激活自溶酶，使细菌裂解而死亡。抑制细菌细胞壁合成的抗生素对革兰阳性菌的作用强（因革兰阳性菌的细胞壁主要成分为黏肽，占胞壁质量的 65% ~ 95%；菌体胞浆内的渗透压高，约 $2.026 \times 10^6 \sim 3.010 \times 10^6 Pa$），而对革兰阴性菌的作用弱（因革兰阴性菌细胞壁的主要成分是磷脂，黏肽仅 1% ~ 10%；菌体胞浆内的渗透压低，$5.066 \times 10^5 \sim 1.013 \times 10^6 Pa$）。它们主要影响正在繁殖的细菌细胞，故这类抗生素称为繁殖期杀菌剂。

（2）增加细菌胞浆膜的通透性　胞浆膜即细胞膜，是包围在菌体原生质外的一层半透性生物膜。它的功能在于维持渗透屏障、运输营养物质和排泄菌体内的废物，并参与细胞壁的合成等。当胞浆膜损伤时，通透性将增加，导致菌体内胞浆中的重要营养物质外漏而死亡，产生杀菌作用。如两性霉素 B、制霉菌素、万古霉素等。

（3）抑制菌体蛋白质的合成　蛋白质的合成是一个非常复杂的生物过程（可分为三个简单的阶段，即起始、延长和终止）。氯霉素类、氨基糖苷类、四环素类、大环内酯类和林可霉素，在菌体蛋白质合成的不同阶段，与核蛋白体的不同部位结合，阻断蛋白质的合成，从而产生抑菌或杀菌作用。

（4）抑制细菌核酸的合成　核酸包括脱氧核糖核酸（DNA）和核糖核酸（RNA），它们具有调控蛋白质合成的功能。新生霉素、灰黄霉素和抗肿瘤的抗生素（如丝裂霉素 C、放线菌素等）、利福平等可抑制或阻碍细菌细胞 DNA 或 RNA 的合成，从而产生抗菌作用。

5. 耐药性

细菌等对抗生素或其他抗感染药敏感性降低或消失，称为细菌对抗生素的耐药性，又称抗药性。分为天然耐药性和获得耐药性两种。前者属细菌的遗传特征，不可改变。例如绿脓杆菌对大多数抗生素不敏感；极少数金黄色葡萄球菌也具有天然耐药性特征。获得耐药性，即一般所指的耐药性，是指病原菌与抗菌药多次接触后对药物的敏感性逐渐降低，甚至消失，致使抗菌药对耐药病原菌的作用降低或无效。某种病原菌对一种药物产生耐药性后，往往对同一类的药物也具有耐药性，这种现象称为交叉耐药性。交叉耐药性包括完全交叉耐药性及部分交叉耐药性。完全交叉耐药性是双向的，如多杀性巴氏杆菌对磺胺嘧啶产生耐药后，对其他磺胺类药均产生耐药；部分交叉耐药性是单向的，如氨基糖苷类之间，对链霉素耐药的细菌，对庆大霉素、卡那霉素、新霉素仍然敏感，而对庆大霉素、卡那霉素、新霉素耐药的细菌，对链霉素也耐药。

6. 抗生素的效价

效价是评价抗生素效能的标准，也是衡量抗生素活性成分含量的尺度。每种抗生素的效价与重量之间有特定转换关系。抗生素的效价通常以重量或国际单位来表示。

天然的抗生素一般以生物效价单位（IU）作计量单位。合成及半合成抗生素则以重量单位作计量单位。两种计量单位是可以互相换算的。纯结晶的青霉素 G 钠（或钾）0.6μg（或 0.625μg）相当于 1 个效价单位，而其他大多数抗生素以其纯游离碱或盐 1μg 相当于 1 个效价单位。如 100 万 IU 链霉素相当于 1g 纯链霉素碱。

7. 有效期

抗生素在储存过程中受光、热、空气等因素的影响，效价一般不稳定。抗生素自出厂日起至失去效用时止，这个期限称抗生素的有效期，一般为 2～4 年。

二、主要作用于革兰阳性菌的抗生素

1. 青霉素类

青霉素类抗生素根据其来源不同分为天然青霉素与半合成青霉素。其中天然青霉素以青霉素 G 为代表，具有杀菌力强、毒性低、使用方便、价格低廉等优点，但不耐酸、不耐酶，抗菌谱窄，易过敏。而半合成青霉素，如氨苄西林、阿莫西林、苯唑西林、氯唑西林等，具有广谱、耐酶、长效等特点，但抗菌活性均不及天然青霉素。

（1）天然青霉素

青霉素 G

【概述】　本品是从青霉菌培养液中提取的一种有机酸，难溶于水。其钾盐或钠盐为白色结晶性粉末；无臭或微有特异性臭；有引湿性；遇酸、碱或氧化剂等迅速失效，水溶液在室温放置易失效；20 万 IU/mL 青霉素溶液于 30℃放置 24h，效价下降 56%，青霉烯酸含量增加 200 倍，故临床应用时要现用现配。

【作用】　本品属窄谱杀菌性抗生素。对大多数革兰阳性菌、革兰阴性球菌、放线菌和螺旋体等高度敏感，常作为首选药。对结核杆菌、病毒、立克次体及真菌则无效。对青霉素敏感的病原菌主要有：链球菌、葡萄球菌、肺炎球菌、脑膜炎球菌、丹毒杆菌、化脓棒状杆菌、炭疽杆菌、破伤风梭菌、李氏杆菌、产气荚膜梭菌、魏氏梭菌、牛放线杆菌和钩端螺旋体等。大多数革兰阴性杆菌对青霉素不敏感。内服易被胃酸和消化酶破坏，仅少量吸收。肌注或皮下注射后吸收较快，一般 15～30min 达到血药峰浓度，并迅速下降。吸收后在体内分布广泛，能分布到全身各组织，以肾、肝、肺、肌肉、小肠和脾脏等的浓度较高；骨骼、唾液和乳汁含量较低。当中枢神经系统或其他组织有炎症时，青霉素则较易透入。青霉素在动物体内的消除半衰期较短，种属间的差异较小。青霉素吸收进入血液循环后，在体内不易破坏。主要以原形从尿中排出。在尿中约 80% 的青霉素由肾小管排出，20% 左右通过肾小球过滤。青霉素也可在乳中排泄，因此，给药后的乳汁应禁止给人食用，以免引起过敏反应。除金黄色葡萄球菌外，一般细菌不易产生耐药性。耐药的金黄色葡萄球菌能产生大量的青霉素酶（β- 内酰胺酶），使青霉素的 β- 内酰胺环水解而成为青霉素噻唑酸，失去抗菌活性。目前，对耐药金黄色葡萄球菌感染的治疗，可采用半合成青霉素类、头孢菌素类、红霉素及氟喹诺酮类药物等进行治疗。

【应用】　用于对青霉素敏感的病原菌所引起的各种感染，如马腺疫、链球菌病、猪淋巴结脓肿、葡萄球菌病，以及乳腺炎、子宫炎、化脓性腹膜炎和创伤感染；炭疽、恶性水肿、气肿疽、气性坏疽、猪丹毒、放线菌病，钩端螺旋体病以及肾盂肾炎、膀胱炎等尿路感染；此外，大剂量应用可治疗禽巴氏杆菌病及鸡球虫病。

【注意】　①本品内服易被胃酸和消化酶破坏，肌肉注射吸收快，分布广泛，脑炎时脑脊液中浓度增高。②本品毒性小，但局部刺激性强，可产生疼痛反应，其钾盐较明显。③少数动物可出现皮疹、水肿、流汗、不安、肌肉震颤、心率加快、呼吸困难和休克等过敏反应，可应用肾上腺素、糖皮质激素、抗组胺等药物救治。④青霉素 β- 内酰胺环在水溶液中可裂解成青霉烯酸和青霉噻唑酸，使抗菌活性降低，过敏反应发生率增高，故应用时要现用现配。⑤与氨基糖苷类合用呈现协同作用，与红霉素、四环素类和酰胺醇类等快效抑菌剂合用，可降低青霉素的抗菌活性，与重金属离子（尤其是铜、锌、汞）、醇类、酸、碘、氧化剂、还原剂、羟基化合物、呈酸性的葡萄糖注射液或盐酸四环素注射液等合用可破坏青霉素的活性。⑥使用青霉素 G 钾时，剂量过大或注射速度过快，可引起高钾性心跳骤停，对心、肾功能不全的动物慎用。⑦弃奶期 3d。

【用法】 一次肌肉注射，马、牛 1 万 ~ 2 万 IU/kg 体重，羊、猪、驹、犊 2 万 ~ 3 万 IU/kg 体重，犬、猫 3 万 ~ 4 万 IU/kg 体重，禽 5 万 IU/kg 体重，2 ~ 3 次 /d，连用 2 ~ 3d。一次乳管内注入，奶牛 10 万 IU/ 个乳室，1 ~ 2 次 /d。

（2）半合成青霉素 半合成青霉素以青霉素的母核 6– 氨基青霉素烷酸（6–APA）为基本结构，经过化学修饰合成的一系列具有耐酸、耐酶、广谱特点的青霉素。如青霉素 V（苯氧甲青霉素）、苯氧乙青霉素等，不易被胃酸破坏，可内服；如苯唑西林、邻氯西林、双氯西林及氟氯西林等，不易被 β– 内酰胺酶水解，对耐青霉素酶的金黄色葡萄球菌有效；如氨苄西林、卡巴西林、阿莫西林，不仅对革兰阳性菌有效，而且对革兰阴性菌也有杀灭作用。

苯唑西林钠

【概述】 白色粉末或结晶性粉末，无臭或微臭；在水中易溶，在丙酮或丁醇中极微溶解；在醋酸乙酯或石油醚中几乎不溶。水溶液极不稳定。

【作用】 本品为半合成的耐酸、耐酶青霉素。对青霉素耐药的金黄色葡萄球菌有效，但对青霉素敏感菌株的杀菌作用不如青霉素。

【应用】 用于对青霉素耐药的金黄色葡萄球菌感染，如败血症、肺炎、乳腺炎、烧伤创面感染等。

【注意】 ①本品与氨苄西林或庆大霉素合用可增强肠球菌的抗菌活性。②内服耐酸，肌肉注射后体内分布广泛，主要经肾脏排泄。

【用法】 一次肌肉注射，马、牛、羊、猪 10 ~ 15mg/kg 体重，犬、猫 15 ~ 20mg/kg 体重，2 ~ 3 次 /d，连用 2 ~ 3d。

氨苄西林（氨苄青霉素）

【概述】 白色结晶性粉末，在水中微溶，在稀酸或稀碱溶液中溶解。其钠盐为白色或类白色的粉末，在水中易溶，水溶液极不稳定，常制成可溶性粉、注射液、粉针、片剂等。

【作用】 对大多数革兰阳性菌的效力不及青霉素或相近。对革兰阴性菌，如大肠杆菌、变形杆菌、沙门菌、嗜血杆菌和巴氏杆菌等均有较强的作用，与氯霉素、四环素相似或略强，但不如卡那霉素、庆大霉素和多黏菌素。本品对耐药金黄色葡萄球菌、绿脓杆菌无效。本品耐酸、不耐酶，内服或肌注均易吸收。吸收后分布到各组织，其中以胆汁、肾、子宫等处浓度较高，主要由尿和胆汁排泄。

其血清蛋白结合率较青霉素低，丙磺舒可提高和延长本品的血药浓度。

【应用】 用于敏感菌所致的肺部、尿道感染和革兰阴性杆菌引起的某些感染等，例如驹、犊牛肺炎，牛巴氏杆菌病、肺炎、乳腺炎，猪传染性胸膜肺炎，鸡白痢、禽伤寒等。严重感染时，可与氨基糖苷类抗生素合用以增强疗效。不良反应同青霉素。

【注意】 ①本品耐酸、不耐酶，内服或肌肉注射均易吸收，吸收后分布广泛，可透过胎盘屏障。②可产生过敏反应，犬较易发生。③成年反刍动物、马属动物等长期或大剂量应用可发生二重感染，成年反刍动物禁止内服。④严重感染时，可与氨基糖苷类抗生素合用以增强疗效。⑤休药期，牛 6d，猪 15d，弃奶期 2d。

【用法】 一次内服，家畜、禽 20～40mg/kg 体重，2～3 次 /d。一次肌肉或静脉注射，家畜、禽 10～20mg/kg 体重，2～3 次 /d，连用 2～3d。一次乳管内注入，奶牛 200mg/ 个乳室，1 次 /d。

阿莫西林（羟氨苄青霉素）

【概述】 白色或类白色结晶性粉末；味微苦。在水中微溶，在乙醇中几乎不溶，常制成可溶性粉、片剂、胶囊、粉针、混悬液等。耐酸性较氨苄西林强。

【作用】 本品的作用、应用、抗菌谱与氨苄西林基本相似，对肠球菌属和沙门菌的作用较氨苄西林强 2 倍。本品在胃酸中较稳定，单胃动物内服后有 74%～92% 被吸收，食物会影响吸收速率，但不影响吸收量。内服相同的剂量后，阿莫西林的血清浓度一般比氨苄西林高 1.5～3 倍。吸收后在体内广泛分布，犬的表观分布容积为 0.2L/kg。本品可进入脑脊液，脑膜炎时的浓度为血清浓度的 10%～60%。犬的血浆蛋白结合率约 13%，奶中的药物浓度很低。

【应用】 本品可用于防治家禽呼吸道感染，对大肠杆菌病、禽霍乱、禽伤寒及其他敏感菌所致的感染也有显著疗效。临床上多用于呼吸道、泌尿道、皮肤、软组织及肝胆系统等感染。

【注意】 ①本品在碱性溶液中可迅速破坏，应避免与磺胺嘧啶钠、碳酸氢钠等碱性药物合用。②本品不耐青霉素酶，对产生青霉素酶的细菌，特别是对耐药的金黄色葡萄球菌无效，对所有假单胞菌属及大部分克雷伯氏菌属无效。③本品与克拉维酸联合应用，可克服其不能耐青霉素酶的缺点，从而增加抗菌谱，扩大临床应用。④牛内服休药期 20d，注射休药期 25d，弃奶期 4d。

【用法】 一次内服，家畜 10～15mg/kg 体重，2 次 /d。一次肌肉注射，家畜 4～7mg/kg 体重，2 次 /d。一次乳管内注入，奶牛 200mg/ 个乳室，1 次 /d。

2. 头孢菌素类

头孢菌素类又称先锋霉素类，是一类半合成的广谱抗生素，以冠头孢菌的培养液中提取获得的头孢菌素 C 为原料，在其母核 7- 氨基头孢烷酸（7-ACA）上引入不同的基团，形成一系列的半合成头孢菌素。根据发现时间的先后，可分为一、二、三、四代头孢菌素。头孢菌素类具有抗菌谱广、杀菌力强、毒性小、过敏反应较少，对酸和 β- 内酰胺酶比青霉素类稳定等优点。由于价格原因，国内兽医临床主要用的是第一代头孢菌素如头孢噻吩（头孢菌素 I）、头孢噻啶（头孢菌素 II）、头孢氨苄（头孢菌素 IV）、头孢唑啉（头孢菌素 V）。

头孢菌素的抗菌谱与广谱青霉素相似，对革兰阳性菌、阴性菌及螺旋体有效。第一代头孢菌素对革兰阳性菌（包括耐药金黄色葡萄球菌）的作用强于第二、三、四代，对革兰阴性菌的作用则较差，对绿脓杆菌无效。第二代头孢菌素对革兰阳性菌的作用与第一代相似或有所减弱，但对革兰阴性菌的作用则比第一代增强；部分药物对厌氧菌有效，但对绿脓杆菌无效。第三代头孢菌素对革兰阴性菌的作用比第二代更强，尤其对绿脓杆菌、肠杆菌属有较强的杀菌作用，但对革兰阳性菌的作用比第一、二代弱。第四代头孢菌素除具有第三代对革兰阴性菌有较强的抗菌谱外，对 β- 内酰胺酶高度稳定，血浆消除半衰期较长，无肾毒性。

目前由于本类药物价格较贵，兽医临床还未广泛应用，仅用于宠物、种畜禽及贵重动物等特殊情况，且很少作为首选药物应用。主要治疗耐药金黄色葡萄球菌及某些革兰阴性杆菌如大肠杆菌、沙门菌、伤寒杆菌、痢疾杆菌、肺炎球菌、巴氏杆菌等引起的消化道、呼吸道、泌尿生殖道感染，牛乳腺炎和预防术后败血症等。

头孢菌素的毒性较小，对肝、肾无明显损害作用。过敏反应的发生率较低。与青霉素 G 偶尔有交叉过敏反应。肌注给药时，对局部有刺激作用，导致注射部位疼痛。

头孢噻呋

【概述】 类白色至淡黄色粉末，是动物专用的第三代头孢菌素，不溶于水，其钠盐易溶于水，常制成粉针、混悬型注射液。

【作用】 本品肌肉和皮下注射后吸收迅速，血中和组织中药物浓度高，有效血药浓度维持时间长，消除缓慢，半衰期长。给牛、猪肌肉注射本品后，15min 内迅速被吸收，猪、绵羊、牛多剂量肌肉注射后在肾中浓度最高，其次为肺、肝、脂肪和肌肉，一般可维持高于 MIC 的浓度。头孢噻呋排泄较缓慢，动物的半衰期有明显的种属差异，但大部分可在肌肉注射后 24h 内由尿和粪中排出。本品抗菌谱广，抗菌活性强，对革兰阳性菌、革兰阴性菌及一些厌氧菌都有很强的抗菌活性。对多杀性和溶血性巴氏杆菌、大肠杆菌、沙门菌、链球菌、葡萄球菌等敏感，对链球菌的作用强于氟喹诺酮类药物，对铜绿假单胞菌、肠球菌不敏感。

【应用】 用于耐药金黄色葡萄球菌及某些革兰阴性杆菌如大肠杆菌、沙门菌、伤寒杆菌、痢疾杆菌、巴氏杆菌等引起的消化道、呼吸道、泌尿生殖道感染、牛乳腺炎和预防术后败血症等。

【注意】 ①对本品过敏动物禁用，对青霉素过敏动物慎用。②与氨基糖苷类药物或妥布霉素联合使用有增强肾毒性作用。③长期或大剂量使用可引起胃肠道菌群紊乱或二重感染。④牛可引起特征性的脱毛和瘙痒。

【用法】 注射用头孢噻呋钠：一次肌肉注射，牛 1.1mg/kg 体重，猪 3～5mg/kg 体重，犬 2.2mg/kg 体重，1 次 /d，连用 3d。1 日龄雏鸡，每只 0.1mg。

头孢氨苄（先锋霉素Ⅳ）

【概述】 白色或乳黄色结晶性粉末，微臭，微溶于水，常制成乳剂、片剂、胶囊。

【作用】 本品抗菌谱广，对革兰阳性菌作用较强，对大肠杆菌、沙门菌、克雷伯杆菌等革兰阴性菌也有抗菌作用，对铜绿假单胞菌等不敏感。

【应用】 用于治疗大肠杆菌、葡萄球菌、链球菌等敏感菌引起的泌尿道、呼吸道感染和奶牛乳腺炎等。

【注意】 ①对本品有过敏反应的患畜禁用，犬较易发生过敏反应。②应用本品期间偶可出现一过性肾损害作用。③对犬、猫能引起厌食、呕吐或腹泻等胃肠道反应。

【用法】 一次内服，犬、猫 15mg/kg 体重，3 次 /d，家禽 35～50mg/kg 体重。一次乳管内注入，200mg/ 个乳室，2 次 /d，连用 2d。

3. 大环内酯类

大环内酯类是一族由 12～16 个碳骨架的大内酯环及配糖体组成的抗生素。主要对多数革兰阳性菌、部分革兰阴性菌、厌氧菌、衣原体和支原体等有抑制作用，尤其对支原体作用强。兽医临床常用的是红霉素、泰乐菌素、吉他霉素、螺旋霉素等。

红霉素

【概述】 本品是从红链霉菌的培养液中提取的，白色或类白色的结晶或粉末，无臭，味苦。难溶于水，其乳糖酸盐或硫氰酸盐较易溶于水，常制成可溶性粉、片剂、注射用无菌粉末。

【作用】 与青霉素相似，对革兰阳性菌如金黄色葡萄球菌、链球菌、肺炎球菌、猪丹毒杆菌、梭状芽孢杆菌、炭疽杆菌、棒状杆菌等有较强的抗菌作用；对某些革兰阴性菌如巴氏杆菌、布鲁氏菌的作用较弱，对大肠杆菌、克雷伯氏菌、沙门菌等肠杆菌属无作用。此外，对某些霉形体、立克次体和螺旋体也有效；对青霉素耐药的金黄色葡萄球菌也敏感。与链霉素、氯霉素合用，可获得协同作用。本品与其他类抗生素之间无交叉耐药性，但大环内酯类抗生素之间有部分或完全的交叉耐药。红霉素碱内服易被胃酸破坏，常采用耐酸制剂如红霉素肠溶片或红霉素琥珀酸乙酯。脑膜炎时脑脊液中可达较高浓度。肌注后吸收迅速，分布广泛，肝、胆中含量最高，部分可经肠道重新吸收。本品大部分在肝内代谢灭活，主要经胆汁排泄。

【应用】 用于对青霉素耐药的金黄色葡萄球菌所致的轻、中度感染和对青霉素过敏的病例，如肺炎、败血症、子宫内膜炎、乳腺炎和猪丹毒等。对禽的慢性呼吸道病（霉形体病）、猪霉形体性肺炎也有较好的疗效。

【注意】 ①本品毒性低但刺激性强，口服可引起消化道反应，如呕吐、腹痛、腹泻等。②肌肉注射可发生局部炎症，宜采用深部肌肉注射。静注速度要缓慢，同时应避免漏出血管外。犬猫内服可引起呕吐、腹痛、腹泻等症状，应慎用。③红霉素酯化物引起肝损害，出现转氨酶升高、肝肿大及胆汁郁积性黄疸等，及时停药可恢复。

【用法】 一次内服，10~20mg/kg 体重，2 次/d；一次静脉注射，家畜 3~5mg/kg 体重，犬、猫 5~10mg/kg 体重，2 次/d。混饮，鸡 125mg/L 水（效价），连用 3~5d。

泰乐菌素

【概述】 白色至浅黄色粉末，微溶于水，其酒石酸盐、磷酸盐易溶于水，常制成可溶性粉、注射剂、预混剂。是从弗氏链霉菌的培养液中提取的。微溶于水，与酸制成盐后则易溶于水。若水中含铁、铜、铝等金属离子时，则可与本品形成络合物而失效。兽医临床上常用其酒石酸盐和磷酸盐。

【作用】 本品为畜禽专用抗生素。对革兰阳性菌、霉形体、螺旋体等均有抑制作用；对大多数革兰阴性菌作用较差。对革兰阳性菌的作用较红霉素弱，而对霉形体的作用较强。另外，本品对牛、猪、鸡还有促生长作用。

【应用】 用于防治鸡、火鸡和其他动物的霉形体感染；猪的密螺旋体性痢疾、弧菌性痢疾、羊胸膜性肺炎。此外，也可作为畜禽的饲料添加剂，以促进增重和提高饲料转化率。

【注意】 ①本品毒性较小，肌肉注射时可导致局部刺激。②本品不能与聚醚类抗生素合用，否则导致后者的毒性增强。③若水中含有铁、铜、铝等金属离子时则可与本品形成络合物而失效。④蛋鸡产蛋期禁用，休药期鸡 1d。

【用法】 一次肌肉注射，牛 10~20mg/kg 体重，猪 5~13mg/kg 体重，猫 10mg/kg 体重，1~2 次/d，连用 5~7d。一次内服，猪 7~10mg/kg 体重，3 次/d，连用 5~7d。混饮，禽 500mg/L 水（效价），连用 3~5d，猪 200~500mg/L 水（治疗弧菌性痢疾）。混饲，猪 10~100g/1000kg 饲料，鸡 4~50g/1000kg 饲料。用于促生长，宰前 5d 停止给药。

替米考星

【概述】　白色粉末，不溶于水，其磷酸盐在水中溶解，常制成可溶性粉末、注射剂、预混剂。

【作用】　本品为畜禽专用抗生素，抗菌谱与泰乐菌素相似，对革兰阳性菌、少数革兰阴性菌、支原体、螺旋体等均有抑制作用。对胸膜肺炎放线杆菌、巴氏杆菌及畜禽支原体具有比泰乐菌素更强的抗菌活性。

【应用】　用于防治由胸膜肺炎放线杆菌、巴氏杆菌、支原体等感染引起肺炎、禽支原体病及泌乳动物的乳腺炎。

【注意】　①本品肌肉注射可产生局部刺激，静脉注射可引起动物心动过速和收缩力减弱，严重可引起动物死亡，对猪、灵长类动物和马也有致死的危险性，故本品仅供内服和皮下注射。②本品与肾上腺素合用可增加猪死亡。③预混剂仅限于治疗使用。

【用法】　混饲，猪 200 ~ 400g/1000kg 饲料，连用 15d。混饮，禽 100 ~ 200mg/L水，连用 5d。一次皮下注射，牛、猪 10 ~ 20mg/kg 体重，1 次 /d。

4. 林可胺类

林可胺类抗生素是一类高脂溶性的碱性化合物，能够从肠道很好吸收，在动物体内分布广泛。其对革兰阳性菌和支原体有较强的抗菌活性，对厌氧菌也有一定的作用。临床上常用的有林可霉素。

林可霉素（洁霉素）

【概述】　白色结晶粉末，无臭或微臭，味苦，易溶于水，常制成可溶性粉、片剂、预混剂、注射液。

【作用】　本品抗菌谱与大环内酯类相似。对革兰阳性菌如葡萄球菌、溶血性链球菌和肺炎球菌等有较强的抗菌作用，对破伤风梭菌、产气荚膜芽孢杆菌、霉形体也有抑制作用；对革兰阴性菌作用差。内服吸收差，肌注吸收良好，0.5 ~ 2h 可达血药峰浓度。广泛分布于各种体液和组织中，包括骨骼，表观分布容积不少于 1L/kg，可扩散进入胎盘。但脑脊液即使在炎症时也达不到有效浓度。内服给药，约 50% 的林可霉素在肝脏中代谢，代谢产物仍具有活性。原药及代谢物在胆汁、尿与乳汁中排出，在粪中可继续排出数日，以致敏感微生物受到抑制。

【应用】　用于治疗猪、鸡等敏感革兰阳性菌和支原体感染，如猪喘气病和家禽慢性呼吸道病、猪密螺旋体性痢疾和鸡坏死性肠炎等。特别适用于耐青霉素、红霉素菌株的感染或对青霉素过敏的患畜。

【注意】　①本品对家马、兔和其他草食动物敏感，易引起严重反应或死亡，故不宜使用。②长期口服可致菌群失调而发生伪膜性肠炎。③本品与大观霉素合用，可起协同作用，与红霉素合用有拮抗作用。

【用法】 一次内服，马、牛 6 ~ 10mg/kg 体重，羊、猪 10 ~ 15mg/kg 体重，犬、猫 15 ~ 25mg/kg 体重，1 ~ 2 次 /d，连用 3 ~ 5d。一次肌肉注射，猪 10mg/kg 体重，1 次 /d，犬、猫 10mg/kg 体重，2 次 /d，连用 3 ~ 5d。混饮，每升水，猪 40 ~ 70mg，鸡 17mg。混饲，猪 44 ~ 77g/1000kg 饲料，禽 2g/1000kg 饲料，连用 1 ~ 3 周。

三、主要作用于革兰阴性菌的抗生素

1. 氨基糖苷类

本类药物的化学结构含有氨基糖分子和非糖部分的糖元结合而成的苷，故称为氨基糖苷类抗生素。临床上常用的有链霉素、卡那霉素、庆大霉素、新霉素、阿米卡星、小诺霉素、大观霉素等。它们具有以下的共同特征：均为较强的有机碱，能与酸形成盐，常用制剂为硫酸盐，易溶于水，性质稳定，在碱性环境中抗菌作用增强；内服难吸收，几乎完全从粪便排出，可作为肠道感染和肠道消毒用药，对全身感染需注射给药；抗菌谱较广，对需氧革兰阴性菌作用较强，对革兰阳性菌较弱，大部分以原形经肾小球滤过排泄，尿药浓度高，适用于泌尿道感染，在碱性尿液中抗菌作用增强；不良反应主要是损害第八对脑神经、肾毒性及对神经肌肉的阻断等作用。

链霉素

【概述】 本品是从灰链霉菌培养液中提取的。常用其硫酸盐，白色或类白色粉末，有吸湿性，易溶于水。

【作用】 本品抗菌谱较广，主要对结核杆菌和大多数革兰阴性杆菌有效。对革兰阳性菌的作用不如青霉素。对钩端螺旋体、放线菌、败血霉形体也有效。对梭菌、真菌、立克次氏体、病毒无效。内服难吸收，大部分以原形由粪便排出。肌注吸收迅速而完全，约 1h 血药浓度达高峰，有效药物浓度可维持 6 ~ 12h。主要分布于细胞外液，易透入胸腔、腹腔中，有炎症时渗入增多。也可透过胎盘进入胎血循环，胎血浓度约为母畜血浓度的 1/2，因此孕畜慎用链霉素。链霉素大部分以原形通过肾小球滤过而排出，故在尿中浓度较高，可用于治疗泌尿道感染（常配用碳酸氢钠）。反复使用链霉素，细菌极易产生耐药性，并远比青霉素为快，且一旦产生，停药后不易恢复。因此，临床上常采用联合用药，以减少或延缓耐药性的产生。

【应用】 用于敏感菌所致的急性感染，例如大肠杆菌所引起的各种腹泻、乳腺炎、子宫炎、败血症、膀胱炎等；巴氏杆菌所引起的牛出血性败血症、犊牛肺炎、猪肺疫、禽霍乱等；鸡传染性鼻炎；马棒状杆菌引起的幼驹肺炎。

【注意】 ①反复使用极易产生耐药性，一旦产生，停药后不易恢复。②过敏反应发生率较青霉素低，但也可出现皮疹、发热、血管神经性水肿、嗜酸性粒细胞增多等。③对第八对脑神经有损害作用，造成前庭功能和听觉的损伤，但家畜中少见。④用量过大可引起神经肌肉的阻断作用，会出现呼吸抑制、肢体瘫痪和骨骼肌松弛等症状，严重者肌肉注射新斯的明或静脉注射氯化钙即可缓解。

【用法】 一次肌肉注射，家畜 10～15mg/kg 体重，家禽 20～30mg/kg 体重，2～3 次/d。

卡那霉素

【概述】 本品为目前最常用的氨基糖苷类药物，也是临床治疗革兰阴性杆菌感染的常用药物。常用其硫酸盐，为白色或类白色结晶性粉末，无臭，易溶于水，常制成粉针、注射液。

【作用】 与链霉素相似，但抗菌活性稍强。对多数革兰阴性菌如大肠杆菌、变形杆菌、沙门菌和巴氏杆菌等有效，但对绿脓杆菌无效；对结核杆菌和耐青霉素的金黄色葡萄球菌也有效。与链霉素或庆大霉素有单向的交叉耐药性。内服吸收差。肌注吸收迅速，有效血药浓度可维持12h。主要分布于各组织和体液中，以胸、腹腔中的药物浓度较高，胆汁、唾液、支气管分泌物及脑脊液中含量很低。有40%～80%以原形从尿中排出。尿中浓度很高，可用于治疗尿道感染。

【应用】 用于治疗多数革兰阴性杆菌和部分耐青霉素金黄色葡萄球菌所引起的感染，如呼吸道、肠道和泌尿道感染、乳腺炎、鸡霍乱和雏鸡白痢等。此外，也可用于治疗猪喘气病、猪萎缩性鼻炎和鸡慢性呼吸道病。

【用法】 一次肌肉注射，家畜、家禽10～15mg/kg 体重，2次/d，连用2～3d。

庆大霉素（正泰霉素）

【概述】 本品硫酸盐为白色或类白色结晶性粉末，无臭，易溶于水，在乙醇中不溶，常制成片剂、粉剂、注射液。

【作用】 本品抗菌谱广，抗菌活性较链霉素强。对革兰阴性菌和阳性菌均有作用。特别对绿脓杆菌及耐药金黄色葡萄球菌的作用最强。此外，对霉形体、结核杆菌也有作用。本品内服难吸收，肠内浓度较高。肌注后吸收快而完全，主要分布于细胞外液，可渗入胸腹腔、心包、胆汁及滑膜液中，也可进入淋巴结及肌肉组织。其70%～80%以原形通过肾小球滤过从尿中排出。

【应用】 用于耐药金黄色葡萄球菌、绿脓杆菌、变形杆菌和大肠杆菌等所引起的各种呼吸道、肠道、泌尿道感染和败血症等；内服还可用于治疗肠炎和细菌性腹泻。

【注意】 ①与链霉素相似。②对肾脏有较严重的损害作用，临床应用不要随意加大剂量及延长疗程，若按治疗量给药是非常安全的。

【用法】 一次肌肉注射，马、牛、羊、猪 2 ~ 4mg/kg 体重，犬、猫 3 ~ 5mg/kg 体重，家禽 5 ~ 7.5mg/kg 体重，2 次 /d，连用 2 ~ 3d。一次内服，驹、犊、羔羊、仔猪 10 ~ 15mg/kg 体重，2 次 /d。

新霉素

【概述】 本品其硫酸盐为白色或类白色粉末，无臭，在水中极易溶解，常制成可溶性粉、溶液、预混剂、片剂滴眼液。

【作用】 本品抗菌谱与卡那霉素相似，对铜绿假单胞菌作用最强。本品在氨基糖苷类抗生素中毒性最大，一般禁用于注射给药。内服后很少吸收，在肠道中有很好的抗菌作用。

【应用】 用于肠道感染，局部用于对葡萄球菌和革兰阴性杆菌引起的皮肤、眼、耳感染及子宫内膜炎等也有良好疗效。

【注意】 ①氨基糖苷类抗生素中毒性最大，一般只供内服或局部用药。②内服可影响洋地黄苷类、维生素 A、维生素 B_{12} 的吸收。

【用法】 一次内服，家禽 10 ~ 15mg/kg 体重，犬、猫 10 ~ 20mg/kg 体重，2 次 /d，连用 2 ~ 3d。混饮，禽 50 ~ 75mg/L 水，连用 3 ~ 5d，休药期鸡 5d。混饲，禽 77 ~ 154g/1000kg 饲料，连用 3 ~ 5d。

阿米卡星（丁胺卡那霉素）

【概述】 本品常用其硫酸盐，为白色或类白色结晶性粉末，几乎无臭，无味，极易溶解于水，常制成粉针、注射液。

【作用】 本品为半合成的氨基糖苷类抗生素，其作用、抗菌谱与庆大霉素相似，对庆大霉素、卡那霉素耐药的铜绿假单胞菌、大肠杆菌、变形杆菌、克雷白杆菌等仍有效，对金黄色葡萄球菌也有较好作用。

【应用】 用于治疗耐药菌引起的菌血症、败血症、呼吸道感染、腹膜炎及敏感菌引起的各种感染等。

【注意】①有耳毒性和肾毒性，耳毒性以耳蜗损害为主，偶见过敏反应。②不能直接静脉推注，易引起神经肌肉传导阻滞及呼吸抑制。③用药期间应给予足够的水分，以减少肾小管损害。

【用法】 一次肌肉注射，家畜 5 ~ 7.5mg/kg 体重，2 次 /d，连用 3 ~ 5d。

2. 多肽类

多黏菌素

【概述】 本品是由多黏芽孢杆菌产生的，其硫酸盐为白色或类白色结晶性粉末，无臭，易溶于水，常制成可溶性粉、预混剂。

【作用】 本品为窄谱杀菌剂，对革兰阴性杆菌的抗菌活性强，尤其以铜绿假单胞菌作用最为敏感，对大肠杆菌、沙门菌、巴氏杆菌、痢疾杆菌、布鲁氏菌和弧菌等革兰阴性菌作用较强，对变形杆菌、厌氧杆菌属、革兰阴性球菌、革兰阳性菌等不敏感。本品不易产生耐药性，但与多黏菌素 E 之间有交叉耐药性，与他类抗菌药物之间未发现有交叉耐药性。另外，还有促进雏鸡、犊牛和仔猪生长作用。内服不吸收，主要用于肠道感染。肌注后 2～3h 达血药峰浓度，有效血药浓度可维持 8～12h。吸收后分布于全身组织，肝、肾中含量较高，主要经肾缓慢排泄。

【应用】　用于防治猪、鸡的革兰阴性菌的肠道感染，外用治疗烧伤和外伤引起的铜绿假单胞菌感染，也可作为饲料添加剂使用，促进畜禽生长。

【注意】　①本品常作为铜绿假单胞菌、大肠杆菌感染的首选药。②注射给药刺激性强，局部疼痛显著，并可引起肾毒性和神经毒性，多用于内服或局部用药。

【用法】　混饲，犊牛 5～40g/1000kg 饲料，乳猪 2～40g/1000kg 饲料，仔猪、鸡 2～20g/1000kg 饲料。混饮，猪 40～200mg/L 水，鸡 20～60mg/L 水。

四、广谱抗生素

1. 四环素类

四环素类抗生素为广谱抗生素，具有共同的基本母核，仅取代基有所不同，其包括金霉素、土霉素、四环素及半合成衍生物强力霉素、美他环素、米诺环素等，广泛用于多种细菌及立克次体、衣原体、支原体、原虫等感染。对结核杆菌、铜绿假单胞菌、伤寒杆菌、真菌、病毒均无效。兽医临床常用的有四环素、土霉素、金霉素、多西环素等，按其抗菌活性大小顺序依次为多西环素、金霉素、四环素、土霉素。天然四环素类之间存在交叉耐药性，但与半合成四环素类之间交叉耐药性不明显。

土霉素

【概述】　淡黄色的结晶性或无定形粉末，在日光下颜色变暗，在碱性溶液中易被破坏失效，在水中极微溶解，易溶于稀酸、稀碱。常用其盐酸盐，性状稳定，易溶于水，常制成粉针、片剂、注射液。

【作用】　本品为广谱抗生素，起抑菌作用。除对革兰阳性菌和阴性菌有抗菌作用外，对立克次体、衣原体、支原体、螺旋体、放线菌和某些原虫也有抑制作用。在革兰阳性菌中，对葡萄球菌、溶血性链球菌、炭疽杆菌、破伤风梭菌和梭状芽孢杆菌等作用较强，但其他作用不如青霉素类和头孢菌素类。在革兰阴性菌中，对大肠杆菌、沙门菌、布鲁氏菌和巴氏杆菌等较敏感，而作用不如氨基糖苷类和酰胺醇类。内服吸收均不规则、不完全，主要在小肠的上段被吸收。胃肠道内的镁、钙、铝、铁、锌、锰等多价金属离子，能与本品形成难溶的螯合物，而使药物吸收减少。因此，不宜与含多价金属离子的药品或饲料、乳制品同用。内服后，2～4h 血药浓度达峰值。反刍兽不宜内服给药。吸收后在体内分布广泛，易渗入胸、腹腔和乳汁；也能通过胎盘屏障进入胎儿循环；但脑脊液中浓度低。体内储存于胆、脾，尤其易沉积于骨骼和牙齿；有相当一部分可由胆汁排入肠道，并再被吸收利用，形成"肝肠循环"，从而延长药物在体内的持续时间。主要由肾脏排泄，在胆汁和尿中浓度高，有利于胆道及泌尿道感染的治疗。但当肾功能障碍时，则减慢排泄，延长消除半衰期，增强对肝脏的毒性。

【应用】 本品用于治疗大肠杆菌和沙门菌引起的下痢，例如犊牛白痢、羔羊痢疾、仔猪黄痢、白痢、雏鸡白痢等；多杀性巴氏杆菌引起的牛出败、猪肺疫、禽霍乱等；支原体引起的牛肺炎、猪气喘病、鸡慢性呼吸道病等；局部用于坏死杆菌所致的坏死、子宫脓肿、子宫内膜炎等；血孢子虫感染的泰勒焦虫病、放线菌病、钩端螺旋体病等。

【注意】 ①本品盐酸盐水溶液属强酸性，刺激性大，常采用静脉注射给药，静注时药液漏出血管外可导致静脉炎。②成年草食动物内服后，剂量过大或疗程过长，易引起肠道菌群紊乱，导致消化功能失常，造成肠炎并形成二重感染。③本品能与镁、钙、铝、铁、锌、锰等多价金属离子形成难溶的螯合物合物，使药物吸收降低，因此不宜与含有多价金属离子的药物、饲料或乳制品等共服。

【用法】 一次内服，猪、驹、犊、羔 10～25mg/kg 体重，犬 15～50mg/kg 体重，禽 25～50mg/kg 体重，2～3 次 /d，连用 3～5d。一次肌肉注射，家畜 10～20mg/kg 体重，1～2 次 /d，连用 2～3d。一次静脉注射，家畜 5～10mg/kg 体重，2 次 /d，连用 2～3d。混饲，猪 300～500g/1000kg 饲料，连用 3～5d（治疗用）。

四环素

【概述】 淡黄色结晶性粉末，无臭，味苦，有引湿性。可溶于水、乙醇，在潮湿空气中、强阳光照射下色变暗，常用其盐酸盐。

【作用】 本品作用与土霉素相似，但对大肠杆菌、变形杆菌等革兰阴性菌作用较强，对葡萄球菌等革兰阳性菌的作用不如金霉素。

【应用】 用于治疗某些革兰阳性菌、革兰阴性菌、支原体、立克次体、螺旋体、衣原体等引起的感染。常作为布氏杆菌病、嗜血杆菌性肺炎、大肠杆菌病和李氏杆菌病的首选药。

【注意】 ①本品盐酸盐刺激性较大，不宜肌肉注射和局部应用，静脉注射切勿漏到血管外。②静脉注射速度过快，与钙结合引起心血管抑制，可出现急性心衰竭。③本品内服吸收较快，血药浓度较土霉素、金霉素高，吸收后组织渗透性较高，能透过胎盘屏障，易透入胸腹及乳汁中。④进入机体后与钙结合，沉积于牙齿和骨骼中，对胎儿骨骼发育有影响。⑤大剂量或长期使用，可引起肝脏损害和肠道菌群紊乱，如出现维生素缺乏症和二重感染。

【用法】　一次内服，家畜 10 ~ 20mg/kg 体重，2 ~ 3 次 /d。一次静脉注射，家畜 5 ~ 10mg/kg 体重，2 次 /d，连用 2 ~ 3d。

多西环素（强力霉素、脱氧土霉素）

【概述】　本品其盐酸盐为淡黄色或黄色结晶性粉末，易溶于水，微溶于乙醇。

【作用】　本品抗菌谱与其他四环素类相似，抗菌活性较土霉素、四环素强。对革兰阳性菌作用优于革兰阴性菌，但对肠球菌耐药。本品与土霉素、四环素等存在交叉耐药性。

内服后吸收迅速，生物利用度高，维持有效血药浓度时间长，对组织渗透力强，分布广泛，易进入细胞内。原形药物大部分经胆汁排入肠道又再吸收，而有显著的肝肠循环。本品在肝内大部分以结合或络合方式灭活，再经胆汁分泌入肠道，随粪便排出，因而对肠道菌群及动物的消化机能无明显影响。在肾脏排出时，由于本品具有较强的脂溶性，易被肾小管重吸收，因而有效药物浓度维持时间较长。抗菌谱与其他四环素类相似，体内、外抗菌活性较土霉素、四环素强。

【应用】　用于治疗革兰阳性菌、革兰阴性菌和支原体引起的感染性疾病，如溶血性链球菌病、葡萄球菌病、大肠杆菌病、沙门菌病、巴氏杆菌病、布氏杆菌病、炭疽、猪螺旋体病及畜禽的支原体病等。

【注意】　①本品在四环素类中毒性最小，但给马属动物静脉注射可致心律不齐、虚脱和死亡。②肾功能损害时，药物自肠道排泄量增加，成为主要排泄途径，故可用于有肾功能损害的动物。

【用法】　一次内服，猪、驹、犊、羔羊 3 ~ 5mg/kg 体重，犬、猫 5 ~ 10mg/kg 体重，禽 15 ~ 25mg/kg 体重，1 次 /d，连用 3 ~ 5d。混饲，猪 150 ~ 250g/1000kg 饲料，禽 100 ~ 200g/1000kg 饲料。混饮，猪 100 ~ 150mg/L 水，禽 50 ~ 100mg/L 水。

2. 酰胺醇类

酰胺醇类抗生素包括氯霉素、甲砜霉素、氟甲砜霉素等。由于氯霉素可引起人和动物的可逆性血细胞减少及不可逆的再生障碍性贫血，目前，世界各国几乎都禁止氯霉素用于所有食品动物。

甲砜霉素

【概述】　白色结晶粉末，无臭，微溶于水，常制成片剂和粉剂。

【作用】　本品抗菌谱广，对革兰阴性菌作用强于革兰阳性菌。对其敏感的革兰阴性菌有大肠杆菌、沙门菌、产气荚膜梭菌、布鲁氏菌及巴氏杆菌，革兰阳性菌有炭疽杆菌、链球菌、棒状杆菌、肺炎球菌、葡萄球菌等。对衣原体、螺旋体、立克次体也有一定的作用，对铜绿假单胞菌不敏感。

【应用】 用于治疗畜禽肠道、呼吸道等敏感菌所致的感染，尤其是大肠杆菌、沙门菌及巴氏杆菌感染。

【注意】 ①有抑制红细胞、白细胞和血小板生成作用，但不产生再生障碍性贫血。②有较强的免疫抑制作用，疫苗接种期禁用。③有胚胎毒，妊娠期及哺乳期动物慎用。④长期内服可引起消化机能紊乱，出现维生素缺乏或二重感染。

【用法】 一次内服，家畜 10～20mg/kg 体重，家禽 20～30mg/kg 体重，2次/d，连用 2～3d。

氟苯尼考（氟甲砜霉素）

【概述】 白色或类白色结晶性粉末，无臭，水中极微溶解，常制成粉剂、溶液、预混剂、注射液。

【作用】 本品属动物专用的广谱抗生素。内服和肌注吸收快，体内分布较广，大多数药物（50%～65%）以原形从尿中排出。抗菌谱与氯霉素相似，但抗菌活性优于氯霉素和甲砜霉素。对耐甲砜霉素的大肠杆菌、沙门菌、克雷伯氏菌也有效。

【应用】 用于敏感细菌所致的牛、猪和鸡的细菌性疾病，如牛的呼吸道感染、乳腺炎，猪传染性胸膜肺炎、黄痢、白痢，鸡大肠杆菌病、霍乱等。

【注意】 ①不引起骨髓抑制或再生障碍性贫血，但有胚胎毒性，妊娠动物禁用。②与甲氧苄啶合用产生协同作用。③肌肉注射有一定刺激性，应作深层分点注射。

【用法】 一次内服，猪、鸡 20～30mg/kg 体重，2次/d，连用 3～5d。一次肌肉注射，猪、鸡 20mg/kg 体重，1次/2d，连用 2次。

五、抗真菌抗生素

真菌种类很多，根据感染部位的不同，可分为两类：一为浅表真菌感染，如皮肤、羽毛、趾甲、鸡冠、肉髯等，引起多种癣病。二为深部真菌感染，主要侵犯机体的深部组织及内脏器官，如念珠菌病、犊牛真菌性胃肠炎、牛真菌性子宫炎和雏鸡曲霉菌性肺炎等。兽医临床上常用的抗真菌抗生素有两性霉素 B、制霉菌素、酮康唑、克霉唑和灰黄霉素等。

两性霉素 B

【概述】 黄色或橙黄色粉末，无臭或几乎无臭、无味，有引湿性，在日光下易被破坏失效，在水、乙醇中不溶，常制成粉针剂。

【作用】 本品为多烯类抗真菌药，对多种深部真菌如新型隐球菌、白色念珠菌、球孢子菌、皮炎芽生菌及组织胞浆菌等有强大抑制作用，高浓度有杀菌作用。

【应用】 用于治疗真菌引起的内脏或全身深部感染。

【注意】 ①本品静脉注射毒性极大，不良反应较多，对肾脏损害最严重，同时还可引起发热、呕吐等症状。②本品内服不吸收，毒性反应较小，是治疗消化系统真菌感染的首选药。③禁与氨基糖苷类、磺胺类等药物合用，以免增加肾毒性。④本品对光、热不稳定，应在15℃以下避光保存。

【用法】 一次静脉注射，各种动物0.1～0.5mg/kg体重。隔日1次或1周3次，总剂量4～11mg。临用时先用注射用水溶解，再用5%葡萄糖注射液（切勿用生理盐水）稀释成0.1%注射液，缓慢静脉注射。

制霉菌素

【概述】 淡黄色或浅褐色粉末，性质极不稳定，易受光、热等破坏。难溶于水，微溶于乙醇，常制成片剂。

【作用】 本品为多烯类广谱抗真菌药，其作用及作用机制与两性霉素B基本相同，但毒性更大，不宜用于全身感染。

【应用】 用于治疗真菌引起的胃肠道感染，例如，犊牛真菌性胃炎、禽曲霉菌病、禽念珠菌病等。局部应用可治疗皮肤、黏膜的菌感染，例如，念珠菌、曲霉菌所致的乳腺炎、子宫炎等。

【注意】 ①本品毒性较大，不宜静脉注射和肌肉注射。②内服剂量过大可引起动物呕吐、食欲下降等不良反应。

【用法】 一次内服，马、牛250万～500万IU，猪、羊50万～100万IU，犬5万～15万IU，2次/d。家禽白色念珠菌病，50万～100万IU/kg饲料，混饲连用1～3周。雏禽曲霉菌病，50万IU/100羽，2次/d，连用2～4d。乳管内注入，牛10万IU/个乳室。子宫内灌注，马、牛150万～200万IU。

酮康唑

【概述】 类白色结晶性粉末，无臭，无味，微溶于乙醇，几乎不溶于水，常制成片剂和软膏剂。

【作用】 本品为咪唑类广谱抗真菌药，对全身及浅表真菌均有抗菌作用。对曲霉菌、孢子丝菌作用弱，白色念珠菌对本品易产生耐药性。其主要通过抑制真菌细胞膜麦角固醇的生物合成，影响细胞膜的通透性从而抑制真菌生长。

【应用】 用于治疗由球孢子菌、组织浆胞菌、隐球菌、芽生菌等感染引起的真菌病。

【注意】 ①本品在酸性条件下易吸收，对胃酸不足时应同服稀盐酸。②本品与两性霉素B联用用于治疗隐球菌病有协同作用。

【用法】 一次内服，马3～6mg/kg体重，犬、猫5～10mg/kg体重，1次/d，连用1～6个月。

克霉唑

【概述】 白色结晶性粉末，难溶于水，常制成片剂和软膏剂。

【作用】 本品为咪唑类人工合成的广谱抗真菌药，对浅表及某些深部真菌感染均有抗菌作用，对浅表真菌的作用和与灰黄霉素相似，对深部真菌作用良好，但不及两性霉素 B。其主作用机制与酮康唑相似。

【应用】 用于治疗浅表真菌感染，例如，毛癣、鸡冠真菌感染。

【注意】 长期使用有肝功能不良反应，停药后即可恢复。

【用法】 内服，马、牛，5 ~ 10g/kg 体重，驹、犊、猪、羊 1 ~ 1.5g/kg 体重，2 次/d。雏鸡每 100 只加 1g，混饲给药。软膏剂，1% 或 3% 外用。

【技能训练】 观察链霉素对神经肌肉传导的阻滞作用

1．准备工作

小白鼠、7.5% 硫酸链霉素溶液、5% 氯化钙溶液、生理盐水、1mL 注射器、大烧杯、电子秤。

2．训练方法

（1）取小鼠 2 只，编号，称重，放入大烧杯中观察并记录正常活动、呼吸、四肢肌张力和体态等正常活动情况。

（2）两鼠分别按 0.1mL/10g 体重，腹腔注射 7.5% 硫酸链霉素溶液。

（3）待毒性症状明显后（肌震颤、四肢无力、呼吸困难、发绀等），1 号鼠腹腔注射生理盐水 0.1mL/10g 作为对照，2 号鼠立即腹腔注射 5% 氯化钙溶液 0.1mL/10g，注射后观察两鼠有何变化。

3．归纳总结

通过观察 2 只正常小鼠分别注射生理盐水、5% 氯化钙后小鼠的呼吸肌张力出现的变化，从而掌握硫酸链霉素的药理作用、使用注意事项及中毒时的表现和急救。

4．实验报告

记录 2 只小鼠的正常情况及注射硫酸链霉素后的反应（表 2-2）并进行比较分析。

表 2-2　　　　　　　　　　链霉素的毒性反应及钙离子的拮抗作用

鼠号	药物	呼吸情况	四肢肌张力	体态
1 号	用药前			
	注射硫酸链霉素后			
	注射生理盐水后			
2 号	用药前			
	注射硫酸链霉素后			
	注射 CaCl$_2$ 后			

任务三　化学合成抗菌药

【案例导入】

阿某饲养 5000 只蛋鸡，近期部分鸡出现精神沉郁，食欲不振、发烧、流涎，下痢且粪便呈绿色，鸡冠和肉垂苍白，生长发育迟缓，两肢轻瘫，活动困难。少数病鸡突然因咯血、呼吸困难而发生死亡。取病鸡外周血 1 滴制作血涂片，姬氏染色，镜检可见红细胞内呈红点状的小配子体。确诊鸡住白细胞虫病。请问该选择何种药物？如何使用？

【任务目标】

掌握常用化学合成药的药理作用、临床应用、使用注意事项和用法用量。

【知识准备】

抗菌药物除抗生素外，还有许多人工合成的抗菌药，目前应用比较广泛的合成抗菌药物有磺胺类、氟喹诺酮类等药物。

一、磺胺类

磺胺类药物是 20 世纪 30 年代发现的能有效防治全身性细菌性感染的第一类化疗药物。目前大部分被抗生素及喹诺酮类等药物取代，但由于磺胺类药物有对某些感染性疾病，如流脑、鼠疫等具有良好疗效，且具有抗菌谱较广、使用方便、性质稳定、价格低廉等优点，故在抗感染的药物中仍占一定地位。特别是在甲氧苄啶和二甲氧苄啶等抗菌增效剂的发现，使磺胺药与抗菌增效剂联合使用后，抗菌谱扩大、抗菌活性大大增强，可从抑菌作用变为杀菌作用。因此，磺胺类药物至今仍为畜禽抗感染治疗中的重要药物之一。

1. 概述

（1）构效关系　磺胺类药物的基本化学结构是对氨基苯磺酰胺（简称磺胺）即：

$$R_1—HN—\langle\!\!\bigcirc\!\!\rangle—SO_2NH—R_2$$

磺胺类药物的基本化学结构

R 代表不同的基团，由于所引入的基团不同，因此就合成了一系列的磺胺类药物。它们的抑菌作用与化学结构之间的关系是：①在其结构中以其他基团取代氨基上的氢所得的衍生物，必须保持对位和游离的氨基才有活性；②对位上的氨基一个氢原子（R_1）被其他基团取代，其抑菌作用大大减弱。此化合物必须在肠道内被水解为游离氨基才能起作用，例如酞磺胺噻唑；③磺酰胺基中一个氢原子

（R_2），被杂环取代所得的衍生物抗菌活性更强，如磺胺嘧啶等。

（2）分类　磺胺类药物根据内服后的吸收情况可分为肠道易吸收、肠道难吸收及外用等三类。肠道易吸收的磺胺药，例如磺胺噻唑（ST）、磺胺嘧啶（SD）、磺胺二甲基嘧啶（SM_2）、磺胺间甲氧嘧啶（SMM）、氨苯磺胺（SN）等适用于全身感染。肠道难吸收的磺胺药，例如磺胺脒（SG）、琥磺噻唑（SST）、酞磺噻唑（PST）等适用于肠道感染。外用的磺胺药，例如磺胺醋酰钠（SA–Na）、磺胺嘧啶银（SD–Ag）等适用于局部创伤和烧伤感染。

（3）药物动力学

①吸收：内服易吸收的磺胺，其生物利用度大小因药物和动物种类而有差异。其顺序分别为SM_2>SDM>SN>SMP>SD；禽＞犬＞猪＞马＞羊＞牛。一般而言，肉食动物内服后3～4h，血药达峰浓度；草食动物为4～6h；反刍动物为12～24h。尚无反刍机能的犊牛和羔羊，其生物利用度与肉食、杂食的单胃动物相似。此外，胃肠内容物充盈度及胃肠蠕动情况，均能影响磺胺药的吸收。难吸收的磺胺类如SG、SST、PST等，在肠内保持相当高的浓度，故适用于肠道感染。

②分布：吸收后分布于全身各组织和体液中。以血液、肝、肾含量较高，神经、肌肉及脂肪中的含量较低，可进入乳腺、胎盘、胸膜、腹膜及滑膜腔。吸收后，一部分与血浆蛋白结合，但结合疏松，可逐渐释出游离型药物。磺胺类中以SD与血浆蛋白的结合率较低，因而进入脑脊液的浓度较高，故可作脑部细菌感染的首选药。磺胺类的蛋白结合率因药物和动物种类的不同而有很大差异，通常以牛为最高，羊、猪、马等次之。一般来说，血浆蛋白结合率高的磺胺类排泄较缓慢，血中有效药物浓度维持时间也较长。

③代谢：主要在肝脏代谢，引起多种结构上的变化。其中最常见的方式是对位氨基的乙酰化。磺胺乙酰化后失去抗菌活性，但保持原有磺胺的毒性。除SD外，其他乙酰化磺胺的溶解度普遍下降，增加了对肾脏的毒副作用。肉食及杂食动物，由于尿中酸度比草食动物为高，较易引起磺胺及乙酰磺胺的沉淀，导致结晶尿的产生，损害肾功能。若同时内服碳酸氢钠碱化尿液，则可提高其溶解度，促进从尿中排出。

④排泄：内服难吸收的磺胺药主要随粪便排出；肠道易吸收的磺胺药主要通过肾脏排出。少量由乳汁、消化液及其他分泌液排出。经肾排出的部分以原形，部分以乙酰化物和葡萄糖苷酸结合物的形式排出。排泄的快慢主要决定于通过肾小管时被重吸收的程度。凡重吸收少者，排泄快，消除半衰期短，有效血药浓度维持时间短（如SN、SD）；而重吸收多者，排泄慢，消除半衰期长，有效血药浓度维持时间较长（如SM_2、SMM、SDM等）。当肾功能损害时，药物的消除

半衰期明显延长，毒性可能增加，临床使用时应注意。

（4）抗菌谱及作用　抗菌谱较广。对大多数革兰阳性菌和部分革兰阴性菌有效，甚至对衣原体和某些菌，大肠杆菌等；一般敏感菌有：葡萄球菌、变形杆菌、巴氏杆菌、产气荚膜杆菌、肺炎杆菌、炭疽杆菌、绿脓杆菌等。个别磺胺药还能选择性地抑制某些原虫，如 SQ、SM_2 可用于治疗球虫感染，SMM、SMD 可用于治疗猪弓形虫病，但对螺旋体、立克次体、结核杆菌等无效。不同磺胺类药物对病原菌的抑制作用也有差异。一般来说，其抗菌作用强度的顺序为 SMM>SMZ>SD>SDM>SMD>SM_2>SDM′>SN。

（5）作用机制　磺胺药是抑菌药，主要通过干扰敏感菌的叶酸代谢而抑制其生长繁殖。对磺胺药敏感的细菌在生长繁殖过程中，不能直接从生长环境中利用外源叶酸，而是利用对氨基苯甲酸（PABA）及二氢喋啶，在二氢叶酸合成酶的催化下合成二氢叶酸，再经二氢叶酸还原酶还原为四氢叶酸。四氢叶酸是一碳基团转移酶的辅酶，参与嘌呤、嘧啶、氨基酸的合成。磺胺类的化学结构与 PABA 的结构极为相似，能与 PABA 竞争二氢叶酸合成酶，抑制二氢叶酸的合成，进而影响了核酸合成，结果细菌生长繁殖被阻止。

根据上述作用机制，应用时须注意：①首次量应加倍（负荷量），使血药浓度迅速达到有效抑菌浓度；②在脓液和坏死组织中，含有大量的 PABA，可减弱磺胺类的局部作用，故局部应用时要清创排脓；③局部应用普鲁卡因时，普鲁卡因在体内可水解生成 PABA，也可减弱磺胺类的疗效。

（6）耐药性　细菌对磺胺类易产生耐药性，尤以葡萄球菌最易产生，大肠杆菌、链球菌等次之。各磺胺药之间可产生程度不同的交叉耐药性，但与其他抗菌药之间无交叉耐药现象。

（7）不良反应及预防措施

①急性中毒：多见于静注速度过快或剂量过大。表现为神经症状，如共济失调、痉挛性麻痹、呕吐、昏迷、食欲降低和腹泻等。严重者迅速死亡。牛、山羊还可见目盲、散瞳。雏鸡中毒时出现大批死亡。

②慢性中毒：常见于剂量较大或连续用药超过 1 周以上。主要症状为：损害泌尿系统，出现结晶尿、血尿和蛋白尿等；消化系统障碍和草食动物的多发性肠炎，出现食欲不振、呕吐、便秘、腹泻等；此外还可引起白细胞减少，粒细胞缺乏或溶血性贫血；家禽则表现增重减慢，蛋鸡产蛋率下降，蛋破损率和软蛋率增加。

除严格掌握剂量与疗程外，为了防止磺胺类药的不良反应，可采取下列措施：充分饮水，以增加尿量、促进排出；选用疗效高、作用强、溶解度大、乙酰化率低的磺胺类药；幼畜、杂食或肉食动物使用磺胺类药物时，宜与碳酸氢钠同服，以碱化尿液，减少对泌尿道毒性；蛋鸡产蛋期禁用磺胺药。

（8）应用原则　选药原则必须对具体病例做具体分析，要针对不同疾病选用不同的药物。根据磺胺药的抗菌原理，由于磺胺类药物必须显著地高于对氨苯甲酸的浓度，才能有效，所以首次应用突击量，一般是维持量的倍量。以后每隔一定时间再给予维持量，待症状消失后，还应以维持量的 1/2～1/3 继续投与 2～3d，以达彻底治疗。

①全身性感染：常用药有 SD、SM_2、SMZ、SDM、SMM、SDM′，可用于巴氏杆菌病，乳腺炎，子宫内膜炎，腹膜炎，败血症和呼吸道，消化道及泌尿道感染；对马肺疫、坏死杆菌病、牛传染性腐蹄病等均有效。一般与 TMP 合用，可提高疗效，缩短疗程。对于病情严重病例或首次用药，则可以考虑钠盐肌注或静脉肌注给药。

②肠道感染：选用肠道难吸收的磺胺类，如 SG、PST、SST 等为宜。可用于仔猪黄痢及畜禽白痢、大肠杆菌病等的治疗。常与 DVD 合用可提高疗效。

③泌尿道感染：以选用对泌尿道损害小的 SIZ（磺胺异噁唑），SMM（磺胺间甲氧嘧啶），SMD（磺胺对甲氧嘧啶），SM_2（磺胺二甲基嘧啶）等较好。与 TMP 合用，可提高疗效，克服或延缓耐药性的产生。

④局部软组织和创面感染：选外用磺胺药，如 SN、SD–Ag 等。SN 常用其结晶性粉末，撒于新鲜伤口，以发挥其防腐作用。SD–Ag 对绿脓杆菌的作用较强，且有收敛作用，可促进创面干燥结痂。

⑤治疗原虫感染、球虫、弓形体等：用 SQ（磺胺喹啉）、磺胺氯吡嗪、SMM（磺胺间甲氧嘧啶）、SMD（磺胺对甲氧嘧啶）。SM_2（磺胺二甲基嘧啶）加上 TMP（甲氧苄啶）或 DVD（二甲氧苄啶）增效效果更好。

⑥其他：治疗脑部细菌性感染，宜采用在脑脊液中含量较高的 SD（磺胺嘧啶）；治疗乳腺炎宜采用在乳汁中含量较高的 SM_2。

2．临床常用药物

（1）全身感染用磺胺药

磺胺嘧啶（SD）

【概述】　白色或类白色的结晶或粉末，无臭，无味，几乎不溶于水，其钠盐易溶于水，常制成片剂、预混剂、注射液。

【作用】　本品抗菌谱广，抗菌活性强，对球菌和大肠杆菌效力强，对脑膜炎双球菌、肺炎双球菌、溶血性链球菌、沙门菌、大肠杆菌等革兰阳性菌及革兰阴性菌作用强，但对金黄色葡萄球菌作用较差。对衣原体和某些原虫也有作用。

【应用】　用于各种动物敏感菌所致的全身感染，如马腺疫、坏死杆菌病、牛传染性腐蹄病、猪萎缩性鼻炎、副伤寒、球虫病、鸡卡氏住白细胞虫病，本药与血浆蛋白结合率低，能通过血脑屏障进入脑脊液，常作为治疗脑部细菌感染的首选药。也用于防治混合感染。

【注意】①本品内服易吸收，代谢的乙酰化物易在肾脏析出，可引起血尿、结晶尿等。②注射液遇酸可析出结晶，不能与四环素、卡那霉素、林可霉素等配伍应用，也不宜用5%葡萄糖溶液稀释。③肾毒性较大，与呋塞米等利尿药合用增加肾毒性。④常与抗菌增效剂制成复方制剂，增强抗菌效果，用于家畜敏感菌及猪弓形虫感染。

【用法】一次肌肉注射，家畜50～100mg/kg体重，1～2次/d，连用2～3d。一次内服，家畜首次量140～200mg/kg体重，维持量70～100mg/kg体重，2次/d，连用3～5d。一次混饲，猪15～30mg/kg饲料，连用5d，鸡25～30mg/kg饲料，连用10d。混饮，鸡80～160mg/L水，连用5～7d。

磺胺二甲基嘧啶（SM₂）

【概述】白色或微黄色结晶或粉末，无臭，味微苦，几乎不溶于水，易溶于稀酸或稀碱溶液，其钠盐易溶于水，常制成片剂、注射液。

【作用】本品抗菌谱与磺胺嘧啶相似，抗菌作用稍弱于磺胺嘧啶，乙酰化率、不良反应少，对球虫和弓形虫也有抑制作用。

【应用】用于敏感病原体引起的感染，如巴氏杆菌病、乳腺炎、子宫内膜炎、兔和禽球虫病、猪弓形虫病等。

【注意】①本品体内乙酰化率低，不易引起肾脏损害。②对鸡小肠球虫比盲肠球虫更为有效，若要控制盲肠球虫，必须提高其浓度。③长期连续饲喂，除明显影响增重外，可阻碍维生素K的合成，使血凝时间延长，甚至出现出血病变。④产蛋鸡禁用。

【用法】一次内服，家畜首次量140～200mg/kg体重，维持量70～100mg/kg体重，2次/d，连用3～5d。一次肌肉注射，家畜50～100mg/kg体重，1～2次/d，连用2～3d。

磺胺间甲氧嘧啶（SMM）

【概述】白色或类白色的结晶性粉末，无臭，几乎无味，不溶于水，易溶于稀盐酸或氢氧化钠溶液，其钠盐易溶于水，常制成片剂、注射液。

【作用】本品为抗菌作用最强的磺胺药，与抗菌增效剂合用抗菌效果显著增强，可治疗各种全身和局部感染，对金黄色葡萄球菌、化脓性链球菌、肺炎链球菌等大多数革兰阳性菌及大肠杆菌、沙门菌、流感嗜血杆菌、克雷伯氏杆菌等革兰阴性菌有较强的抑制作用，对球虫、弓形虫、住白细胞虫等也有显著作用。

【应用】用于敏感病原体引起的感染，如呼吸道、消化道、泌尿道感染及禽和兔的球虫病、猪弓形虫病、住白细胞虫病等，对猪萎缩性鼻炎也有一定防治作用。

【注意】 ①本品体内乙酰化率低，不易引起肾脏损害。②细菌产生耐药性较慢。

【用法】 一次内服，家畜首次量 50～100mg/kg 体重，维持量 25～50mg/kg 体重，2 次 /d，连用 3～5d。一次静脉注射，家畜 50mg/kg 体重，1～2 次 /d，连用 2～3d。

磺胺对甲氧嘧啶（磺胺 -5- 甲氧嘧啶，SMD）

【概述】 白色或微黄色粉末，无臭，味苦，几乎不溶于水，微溶于酸，易溶于碱，其钠盐易溶于水，常制成片剂、预混剂、注射液。

【作用】 本品抗菌谱广，对非产酶金黄色葡萄球菌、化脓性链球菌、肺炎链球菌、沙门菌、大肠杆菌等革兰阳性菌及革兰阴性菌有较好的抗菌作用，其抗菌作用比磺胺嘧啶强，与磺胺间甲氧嘧啶相似，但较弱，比较适用于泌尿道感染。本品对球虫也有一定的抑制作用。

【应用】 用于敏感病原体引起的泌尿道、呼吸道、消化道、生殖道、皮肤感染及弓形虫病、球虫病。

【注意】 ①本品体内乙酰化率低，不易引起肾脏损害。②常与抗菌增效剂制成复方片剂、预混剂使用。

【用法】 一次肌肉注射，家畜 15～20mg/kg 体重，1～2 次 /d，连用 2～3d。一次内服，家畜，首次量 50～100mg/kg 体重，维持量 25～50mg/kg 体重，2 次 /d，连用 3～5d。混饲，猪、禽 1000g/1000kg 饲料。

磺胺甲恶唑（新诺明，SMZ）

【概述】 白色结晶性粉末，无臭，味微苦，不溶于水，常制成片剂。

【作用】 本品抗菌谱与磺胺嘧啶相似，但抗菌作用较强，对大多数革兰阳性菌和革兰阴性菌都有抑制作用。内服后吸收和排泄慢。主要用于严重的呼吸道和泌尿道感染，与 TMP 配用，抗菌效力可增强数倍至数十倍。

【应用】 用于敏感菌引起的泌尿道、呼吸道、消化道及局部软组织或创面感染等。

【注意】 本品体内乙酰化率高，易引起肾脏损害。

【用法】 一次内服，家畜，首次量 50～100mg/kg 体重，维持量 25～50mg/kg 体重，2 次 /d，连用 3～5d。

（2）肠道感染用磺胺药

磺胺脒（SG）

【概述】 白色针状结晶粉末，无臭，无味，不溶于水，常制成片剂。

【作用】 本品抗菌作用与其他磺胺类药物相似，内服几乎不吸收，肠内浓度高，适用于肠道感染，如肠炎、白痢和球虫病。

【应用】 用于治疗各种细菌性痢疾、肠炎。

【注意】 ①本品不易吸收，但新生仔畜的肠内吸收率高于幼畜。②成年反刍动物少用，因瘤胃内容物可使之稀释而降低药效。

【用法】 内服，一次量，家畜，首次量100～200mg/kg体重，2次/d，连用3～5d。

（3）外用磺胺药

磺胺嘧啶银（SD-Ag）

【概述】 白色或类白色结晶粉末，不溶于水，遇光或遇热易变质，应避光、密封在阴凉处保存，常制成粉剂。

【作用】 本品具有磺胺嘧啶的抗菌作用与银盐的收敛作用。对绿脓杆菌和大肠杆菌作用强，对创面可使其干燥、结痂和早期愈合。

【应用】 用于预防烧伤后感染，且有收敛创面和促进愈合的作用。对已发生的感染则疗效较差。

【注意】 本品用于治疗局部创伤时，应彻底清除创面的坏死组织和脓汁，以免影响治疗效果。

【用法】 外用，撒布于创面或配成2%混悬液敷于创面。

二、抗菌增效剂

抗菌增效剂是一类广谱抗菌药物，曾称为磺胺增效剂，由于它能增强多种抗生素的疗效，故现称抗菌增效剂。目前国内常用的有甲氧苄啶（TMP）、二甲氧苄啶（DVD）等。

1. 概述

抗菌谱与磺胺类药物相似，能增强磺胺类药物及多种抗生素的疗效，其增效机制是磺胺类药物抑制二氢叶酸合成酶，抗菌增效剂抑制二氢叶酸还原酶，两者合用可使细菌的叶酸代谢受到双重阻断作用，从而妨碍菌体核酸合成。两者合用可使其抗菌效力增强几倍乃至几十倍，由抑菌作用变为杀菌作用，从而扩大磺胺药的抗菌范围。抗菌增效剂与四环素、青霉素、庆大霉素、卡那霉素等合用也有增效作用。

2. 临床常用药物

甲氧苄啶（TMP）

【概述】 白色或淡黄色结晶粉末，无臭，味苦，几乎不溶于水，常制成粉剂、片剂、预混剂、注射液。

【作用】 本品为广谱抗菌剂，与磺胺类药物相似，对化脓链球菌、大肠杆菌、变形杆菌等革兰阳性菌和革兰阴性菌抑制作用，对铜绿假单胞菌、结核杆菌、猪丹毒杆菌、钩端螺旋体不敏感。内服吸收迅速而完全，1～2h血药浓度达高峰。本品脂溶性较高，广泛分布于各组织和体液之中，并超过血中药物浓度，血浆蛋白结合率 30%~40%。其半衰期存在较大种属差异：马 4.20，水牛 3.14，黄牛 1.37，奶山羊 0.94，猪 1.43，鸡、鸭约 2。主要从尿中排出，3d 内约排出剂量的 80%，其中 6%~15% 以原形排出。尚有少量从胆汁、唾液和粪便中排出。

【应用】 本品一般不单独使用，常与磺胺类药物组成复方制剂用于由链球菌、葡萄球菌及某些革兰阴性菌等引起的呼吸道、泌尿道和软组织的感染。

【注意】 ①本品易产生耐药性，不宜单独使用。②大剂量长期使用会引起骨髓造血功能抑制，孕畜和初生仔畜的叶酸摄取障碍。③与磺胺类药物制成的刺激性较强的复方注射液应作深部肌肉注射。④蛋鸡产蛋期禁用，猪宰前 5d、肉鸡宰前 10d 停止给药。

【用法】 复方磺胺嘧啶预混剂：一次混饲，猪 15~30mg/kg 饲料（以磺胺嘧啶计），鸡 25~30mg/kg 饲料，2 次 /d，连用 5d。

二甲氧苄啶（敌菌净，DVD）

【概述】 白色或微黄色结晶性粉末，无臭，味微苦，在水中不溶，常制成片剂、预混剂。

【作用】 本品为动物专用抗菌剂，抗菌作用较弱，与磺胺类药物及抗生素合用可增强抗菌与抗球虫的作用，且抗球虫作用比 TMP 强。

【应用】 用于防治禽、兔球虫病及畜禽肠道感染等，单用也具有防治球虫病的作用。

【注意】 ①本品内服吸收较少，常作肠道抗菌增效剂。②本品为碱性，更适合于作为磺胺类药物的增效剂。③常以 1：5 比例与 SQ 等合用。④长期大剂量使用会引起骨髓造血功能抑制。

【用法】 常按组成的具体复方制剂计算使用剂量。

三、硝基呋喃类

硝基呋喃类是人工合成的黄色结晶性粉末，微溶于水。临床常用的有：呋喃唑酮、呋喃妥因。为广谱抗菌药。对多数革兰阳性菌、革兰阴性菌、某些真菌和原虫有杀灭作用。其中对大肠杆菌、沙门菌的作用较强；对产气杆菌、变形杆菌、绿脓杆菌、结核杆菌的作用较差。细菌对本类药物不易产生耐药性，与其他抗菌药之间无交叉耐药性，且其抗菌效力不受血液、脓汁、组织分解产物的影响。多数硝基呋喃类可经肠道吸收，但难于维持有效血药浓度，故不宜用于全身感染。呋喃唑酮内服吸收很少，肠道内浓度较高，主要用于肠道感染。呋喃妥因内服吸收迅速而完全，在肠道内不能维持有效抑菌浓度。进入血液后，几乎全部与血清蛋白结合，失去抗菌活性。

本类药物毒性和副作用较大，为了预防本类药物的毒性反应，必须严格掌握用药浓度及剂量，用药时间以不超过 2 周为宜。当发生中毒时，除立即停药外；可用葡萄糖、维生素 B_1 及维生素 C 等进行辅助治疗。

呋喃唑酮

【概述】　黄色结晶性粉末，无臭，味苦，极微溶于水与乙醇，遇碱分解，在光线下渐变色，常制成片剂、预混剂。

【作用】　本品内服难吸收，肠道内浓度高，对消化道的多数细菌，如大肠杆菌、葡萄球菌、沙门菌、志贺杆菌、部分变形杆菌、产气杆菌、霍乱弧菌等有抗菌作用，此外对梨形鞭毛虫、滴虫也有抑制作用。

【应用】　用于消化道感染，如菌痢、肠炎，也可用于伤寒、副伤寒、梨形鞭毛虫病和阴道滴虫病，对胃炎和胃、十二指肠溃疡有治疗作用。

【注意】　①长期使用可引起出血综合征。②连续喂用时，猪不超过 7d，禽不超过 10d，宰前 7d 停止给药。

【用法】　一次内服，驹、犊、猪 10～12mg/kg 体重，2 次 /d，连用 5～7d。混饲，猪 400～600mg/1000kg 饲料，禽 200～400mg/1000kg 饲料。

呋喃妥因

【概述】　鲜黄色结晶性粉末，无臭，味苦，遇光色渐变深，在乙醇中极微溶解，在水中几乎不溶，常制成肠溶片。

【作用】　本品抗菌谱广，内服后易被吸收，40%～50% 以原形由尿排出，血中有效浓度低，尿中有效浓度高，对葡萄球菌、肠球菌、大肠杆菌、痢疾杆菌、伤寒杆菌等有良好的抗菌作用，对变形杆菌、克雷白杆菌、肠杆菌属、沙雷杆菌等作用较弱，对铜绿假单胞菌无效。

【应用】　用于敏感菌所致的泌尿系统感染，如肾盂肾炎、膀胱炎、尿道炎等。

【注意】　①本品毒性较大，雏禽特别敏感，易中毒。②犊牛和仔猪也较敏感，大剂量或长期应用，可抑制造血系统功能，使白细胞和红细胞生成减少，并可抑制犊牛胃黏膜细胞的分泌功能，减弱瘤胃和肠管的蠕动，以及使反刍动物瘤胃的菌群失调等。

【用法】　一次内服，家畜 6～7.5mg/kg 体重，2 次 /d。

四、喹噁啉类

本类药物为合成抗菌药，均属喹噁啉 –N–1，4– 二氧化物的衍生物，应用于畜禽的主要有喹烯酮、乙酰甲喹和喹乙醇。

喹烯酮

【概述】　本品是我国在国际上首创的一类新兽药，是一种安全、环保健康、高效新型的饲料添加剂，黄色结晶性或无定性粉末，无臭，不溶于水，常制成预混剂。

【作用】 本品具有促进生长以及提高饲料利用率的作用，对多种肠道致病菌，特别是革兰阴性菌具有显著的抑制作用，且保持有益菌群，可明显降低畜禽腹泻发生率。

【应用】 用于仔猪、肉鸡、肉鸭的促生长，防治幼畜、幼禽肠道感染。

【注意】 ①本品在猪体内残留极少，无休药期。②蛋鸡产蛋期慎用。

【用法】 混饲，猪、禽、仔猪、雏鸡 50～75g/1000kg 饲料。

乙酰甲喹（痢菌净）

【概述】 鲜黄色结晶或黄色粉末；无臭，味微苦，在水、甲醇中微溶，常制成粉剂、片剂、注射剂。

【作用】 内服和肌注给药均易吸收，猪肌注后约 10min 即可分布于全身各组织，体内消除快，消除半衰期约 2h，给药后 8h 血液中已测不到药物。在体内破坏少，约 75% 以原形从尿中排出，故尿中浓度高。

【应用】 用于猪痢疾、仔猪下痢、犊牛腹泻、犊牛伤寒及禽霍乱、雏鸡白痢等治疗，对仔猪黄白痢有效，尤其对密螺旋体所致猪血痢及细菌性肠炎有独特疗效。

【注意】 ①大剂量或长期使用易引起皮疹及白细胞减少，停药后即可恢复正常。②使用剂量一般不得超过推荐剂量的 2 倍，否则易引起不良反应，甚至死亡，家禽对此敏感，尤其鸭。

【用法】 一次内服，猪、牛、鸡 5～10mg/kg 体重，2 次/d，连用 3d。一次肌肉注射，禽 2.5mg/kg 体重，猪、犊牛 2.5～5mg/kg 体重，2 次/d，连用 3d。

喹乙醇

【概述】 浅黄色结晶性粉末，无臭，味苦，溶于热水，微溶于冷水，在乙醇中几乎不溶，常制成预混剂。

【作用】 本品对革兰阴性菌如巴氏杆菌、大肠杆菌、鸡白痢沙门菌、变形杆菌等有抑制作用；对革兰阳性菌如金黄色葡萄球菌、链球菌等也有一定的抑制作用。主要用于促进畜禽生长，有时也用于治疗禽霍乱、肠道感染及预防仔猪腹泻等。内服吸收迅速，生物利用度较高，鸡、犬、猪内服的生物利用度为 53%、90% 及 100%。本品为抗菌促生长剂，具有促进蛋白同化作用，能提高饲料转化率，使猪增重加快。

【应用】 用于猪的促生长，也用于仔猪黄白痢、马、猪胃肠炎的防治。

【注意】 ①本品仅能用于育成猪（<35kg）的促生长，禁用于家禽，应用时要严格按《中华人民共和国兽药典》推荐的剂量，切勿随意加大剂量。②宰前

35d 停止给药。

【用法】　混饲，促进猪生长 2 月龄以内 50g/1000kg 饲料、2 ~ 4 月龄 15 ~ 50g/1000kg 饲料，治疗 50 ~ 100g/1000kg 饲料。

五、喹诺酮类

喹诺酮类是指一类具有 4- 喹诺酮环结构的药物。1962 年首先应用于临床的第一代喹诺酮类是萘啶酸；第二代的代表药物是 1974 年合成的吡哌酸；1979 年合成了第三代的第一个药物诺氟沙星，由于它具有 6- 氟 -7- 哌嗪 -4 喹诺酮环结构，又称为氟喹诺酮类药物。近十几年来，这类药物的研究进展十分迅速，临床常用有：诺氟沙星、培氟沙星、氧氟沙星、环丙沙星、洛美沙星、恩诺沙星、达氟沙星、二氟沙星、单诺沙星、沙拉沙星等。这类药物具有抗菌谱广，杀菌力强，吸收快和体内分布广泛，抗菌作用独特，与其他抗菌药无交叉耐药性，使用方便，不良反应小等特点。

1. 概述

（1）抗菌谱　氟喹诺酮类为广谱杀菌性抗菌药。对革兰阳性菌、阴性菌、霉形体、某些厌氧菌均有效。例如对大肠杆菌、沙门菌、巴氏杆菌、克雷伯氏菌、变形杆菌、绿脓杆菌、嗜血杆菌、波氏杆菌、丹毒杆菌、金黄色葡萄球菌、链球菌、化脓棒状杆菌、霉形体等均敏感。对耐甲氧苯青霉素的金黄色葡萄球菌、耐磺胺 +TMP 的细菌、耐庆大霉素的绿脓杆菌、耐泰乐菌素或泰妙菌素的霉形体也有效。

（2）作用机制　能抑制细菌脱氧核糖核酸（DNA）回旋酶，干扰 DNA 复制而产生杀菌作用。DNA 回旋酶由 2 个 A 亚单位及 2 个 B 亚单位组成，能将染色体正超螺旋的一条单链切开、移位、封闭，形成负超螺旋结构。氟喹诺酮类可与 DNA 和 DNA 回旋酶形成复合物，进而抑制 A 亚单位，只有少数药物还作用于 B 亚单位，结果不能形成负螺旋结构，阻断 DNA 复制，导致细菌死亡。由于细菌细胞的 DNA 呈裸露状态（原核细胞），而畜禽细胞的 DNA 呈包被状态（真核细胞），故这类药物易进入菌体直接与 DNA 相接触而呈选择性作用。动物细胞内有与细菌 DNA 回旋酶功能相似的酶，称为拓扑异构酶 Ⅱ，治疗量的氟喹诺酮类对此酶无明显影响。但应该注意的是，利福平（RNA 合成抑制剂）、氯霉素（蛋白质合成抑制剂）均可导致氟喹诺酮类药物作用的降低。因此，氟喹诺酮类药物最好不要与利福平、氯霉素联合应用。

（3）耐药性　随着氟喹诺酮类的广泛应用，耐药菌株逐渐增加。细菌产生耐药性的机制主要是由于 DNA 回旋酶 A 亚单位多肽编码基因的突变，使药物失去作用靶点；此外，药物尚可引起细菌膜孔道蛋白改变，阻碍药物进入菌体内，还能通过排出系统将药物排出。至于是否存在质粒介导的耐药性，尚无定论。由于氟喹诺酮类药物的作用机理不同于其他抗生素或合成抗菌药，因此与许多药物间无交叉耐药现象。临床分离的耐药菌株对氟喹诺酮类药物仍常显现敏感，尤其是对多重耐药的肠杆菌科细菌，本类药物仍具有高度抗菌活性。但要注意，本类药物之间存在交叉耐药性。

（4）不良反应　喹诺酮类应用时仍存在许多不足：①对幼年动物可引起软骨组织损害，药物可分泌于乳汁，哺乳期需注意。②可引起中枢神经系统不良反应，不宜用于有中枢神经系统病史的患畜，尤其是有癫痫病史的患畜。③可抑制茶碱类、咖啡因和口服抗凝血药在肝脏中代谢，使其浓度升高引起不良反应。④与制酸药的同时应用，可形成络合物而减少其自肠道吸收，应避免合用。

2. 常用药物及应用

诺氟沙星（氟哌酸）

【概述】　类白色至淡黄色结晶性粉末，无臭，味微苦，在水或乙醇中极微溶解；在醋酸、盐酸或氢氧化钠溶液中易溶，常制成溶液、可溶性粉、片剂、注射液。

【作用】　本品为广谱杀菌药。对革兰阴性菌如大肠杆菌、沙门菌、巴氏杆菌及绿脓杆菌的作用较强；对革兰阳性菌有效；对霉形体也有一定的作用；对大多数厌氧菌不敏感。本品内服及肌注吸收均较迅速，$1 \sim 2h$ 达到血药峰浓度，但吸收不完全。内服给药的生物利用度：鸡 $57\% \sim 61\%$，犬 35%。肌注的生物利用度：鸡 69%，猪 52%。血浆蛋白结合利用度低，约 $10\% \sim 15\%$。在动物体内分布广泛。内服剂量的 $1/3$ 经尿排出，其中 80% 为原形药物。半衰期较长，在鸡、兔和犬体内分别是 $3.7 \sim 12.1$、8.8 及 $6.3h$。有效血浆浓度维持时间较长。

【应用】　用于敏感菌引起的消化系统、呼吸系统、泌尿道感染及支原体感染的治疗，如鸡大肠杆菌病、鸡白痢、禽巴氏杆菌病、鸡慢性呼吸道病、仔猪黄痢、仔猪白痢等。

【注意】　①盐酸诺氟沙星注射液肌肉注射有一过性刺激。②细菌对本品有明显的耐药现象。③氨茶碱及咖啡因代谢途径与本品类似，其代谢均可被抑制。

【用法】　混饮，鸡 $50 \sim 100mg/L$ 水，连用 $3 \sim 5d$。一次内服，猪、犬 $10 \sim 20mg/kg$ 体重。一次肌肉注射，猪 $10mg/kg$ 体重，2 次 $/d$，连用 $3 \sim 5d$。

环丙沙星

【概述】　其盐酸盐和乳酸盐为淡黄色结晶性粉末，易溶于水，常制成可溶性粉、注射液、预混剂。

【作用】　属广谱杀菌药。对革兰阴性菌的抗菌活性是目前应用的氟喹诺酮类中较强的一种；对革兰阳性菌的作用也较强。此外，对厌氧菌、绿脓杆菌也有较强的抗菌作用。内服、肌注吸收迅速，生物利用度种属间差异大。主要通过肾脏排泄，猪和犊牛从尿中排出的原形药物分别为给药剂量的 47.3% 及 45.6%。血浆蛋白结合率猪为 23.6%，牛为 70.0%。

【应用】 用于全身各系统的感染，对消化道、呼吸道、泌尿生殖道、皮肤软组织感染及支原体感染等均有良好效果。

【注意】 ①本品与氨基糖苷类抗生素、磺胺类药物合用对大肠杆菌或葡萄球菌有协同作用，但增加肾毒性作用，仅限于重症及耐药时应用。②犬、猫大剂量使用可出现中枢神经反应，雏鸡出现强直和痉挛。

【用法】 一次内服，猪、犬 5 ~ 15mg/kg 体重，2 次 /d。混饮，禽 40 ~ 80mg/L 水，2 次 /d，连用 3d。一次肌肉注射，家畜 2.5mg/kg 体重，家禽 5mg/kg 体重，2 次 /d。一次静脉注射，家畜 2mg/kg 体重，2 次 /d，连用 2 ~ 3d。

恩诺沙星

【概述】 黄色或淡橙黄色结晶性粉末，无臭，味微苦，微溶于水，在醋酸、盐酸或氢氧化钠溶液中易溶，其盐酸盐及乳酸盐均易溶于水，常制成可溶性粉、溶液、注射液、片剂。

【作用】 本品为动物专用的广谱杀菌药，对支原体有特效。其抗支原体的效力比泰乐菌素和泰妙菌素强。对耐泰乐菌素、泰妙菌素的支原体，本品也有效。内服和肌注的吸收迅速和较完全，0.5 ~ 2h 血药浓度达高峰。畜禽应用恩诺沙星后，除了中枢神经系统外，几乎所有组织的药物浓度都高于血浆，这有利于全身组织感染和深部组织感染的治疗。通过肾和非肾代谢方式进行消除，15% ~ 50% 的药物以原形通过尿排泄（肾小管分泌和肾小球的滤过作用）。恩诺沙星在动物体内的代谢主要是脱去乙基而成为环丙沙星。

【应用】 ①牛：犊牛大肠杆菌性腹泻、大肠杆菌性败血症、溶血性巴氏杆菌 - 牛支原体引起的呼吸道感染、舍饲牛的斑疹伤寒、犊牛鼠伤寒沙门菌感染及急性、隐性乳腺炎等。由于成年牛内服给药的生物利用度低，须采用注射给药。②猪：链球菌病、仔猪黄痢和白痢、大肠杆菌性肠毒血症（水肿病）、沙门菌病、传染性胸膜肺炎、乳腺炎、子宫炎、无乳综合征、支原体性肺炎等。③家禽：各种支原体感染（败血支原体、滑液囊支原体、火鸡支原体和衣阿华支原体）；大肠杆菌、鼠伤寒沙门菌和副鸡嗜血杆菌感染；鸡白痢沙门菌、亚利桑那沙门菌、多杀性巴氏杆菌、丹毒杆菌、葡萄球菌、链球菌感染等。④犬、猫：皮肤、消化道、呼吸道及泌尿生殖系统等由细菌或支原体引起的感染，如犬的外耳炎、化脓性皮炎、克霉伯氏菌引起的创伤感染和生殖道感染等。

【注意】 ①本品临床应用可影响幼龄动物关节软骨发育，且成年牛不宜内服，马肌肉注射有一过性刺激性。②偶发结晶尿和诱导癫痫发作，可引起消化系统出现呕吐、腹痛、腹胀，皮肤出现红斑、瘙痒、荨麻疹及光敏反应等。③与氨基糖苷类、广谱青霉素有协同作用，与利福平、氟苯尼考有拮抗作用。④不宜与含钙、镁、铁等多价金属离子药物或饲料合用，以防影响吸收。

【用法】 混饮，禽 50～75mg/L 水，连用 3～5d。一次内服，犊、羔、仔猪、犬、猫 2.5～5mg/kg 体重，禽 5～7.5mg/kg 体重，2 次 /d，连用 3～5d。一次肌肉注射，牛、羊、猪 2.5mg/kg 体重，犬、猫、兔、禽 2.5～5mg/kg 体重，1～2 次 /d，连用 2～3d。

六、硝基咪唑类

5- 硝基咪唑类是指一组具有抗原虫和抗菌活性的药物，同时也具有很强的抗厌氧菌的作用。在兽医临床常用的为甲硝唑、地美硝唑等。

甲硝唑（灭滴灵）

【概述】 白色或微黄色的结晶或结晶性粉末，有微臭，味苦而略咸。在乙醇中略溶，在水中微溶，常制成片剂、注射液。

【作用】 本品对大多数专性厌氧菌具有较强的作用，包括拟杆菌属、梭状芽孢杆菌属、产气荚膜梭菌、粪链球菌等；此外，还有抗滴虫和阿米巴原虫的作用。但对需氧菌或兼性厌氧菌则无效。本品内服吸收迅速，但程度不一致，其生物利用度为 60%～100%，在 1～2h 达血药峰浓度。能广泛分布全身组织，进入血脑屏障，在脓肿及脓胸部位可达到有效浓度。血浆蛋白结合率低于 20%。在体内生物转化后，其代谢产物与原形药自肾脏与胆汁排出。犬、马的半衰期为 4.5h 及 1.5～3.3h。

【应用】 用于防治厌氧菌引起的感染，如呼吸道、消化道、腹腔及盆腔感染、皮肤软组织、骨和骨关节等部位的感染，也可用于治疗牛的毛滴虫病，动物的贾第鞭毛虫病、火鸡的组织滴虫病及禽的毛滴虫病等。

【注意】 ①本品大剂量使用对某些动物有致癌、致畸作用，妊娠期或哺乳期动物慎用。剂量过大，可出现以震颤、抽搐、共济失调、惊厥等为特征的神经系统紊乱症状。②本品仅作治疗药物使用，禁用于所有食品动物的促生长作用。

【用法】 一次内服，牛 60mg/kg 体重，犬 25mg/kg 体重，1～2 次 /d，连用 3～5d。混饮，禽 500mg/L 水，连用 7d。静脉滴注，牛 75mg/kg 体重，马 20mg/kg 体重，1 次 /d，连用 3d。

地美硝唑（二甲硝咪唑）

【概述】 类白色或微黄色粉末，无臭或几乎无臭，溶于乙醇、稀碱和稀酸，不溶于水，常制成预混剂。

【作用】 本品具有广谱抗菌和抗原虫作用。不仅能抗厌氧菌、大肠弧菌、链球菌、葡萄球菌和密螺旋体，且能抗组织滴虫、纤毛虫、阿米巴原虫等。

【应用】 用于猪密螺旋体性痢疾、火鸡组织滴虫病、禽弧菌性肝炎、禽的毛滴虫病和全身的厌氧菌感染。另外，还可作为生长促进剂，用于促进猪、鸡的生产及提高饲料转化率。

【注意】　①鸡对本品较为敏感，大剂量可引起平衡失调，肝肾功能损害。②蛋鸡产蛋期禁用。③猪、肉鸡宰前3d停止给药。

【用法】　混饲，猪200～500g/1000kg饲料，鸡80～500g/1000kg饲料。连续用药，禽不得超过10d。宰前3d猪、肉鸡停止给药。

任务四　抗病毒药

【案例导入】

崔某饲养了一只拉布拉多犬，2岁，36kg，几天前淋雨后食欲下降，39.5℃，流脓性鼻液，咳嗽，眼屎较多，支气管啰音，经犬副流感快速诊断试剂盒检测为阳性。确定该犬为副流感感染，请问该选择何种药物？如何使用？

【学习目标】

掌握常用抗病毒药的药理作用、临床应用、使用注意事项和用法用量。

【技能目标】

掌握不同抗病毒药在食用性动物与非食用性动物中的应用。

【知识准备】

病毒是最小的病原微生物，无完整的细胞结构，由DNA或RNA组成核心，外包蛋白外壳（分别称DNA或RNA病毒），需寄生于宿主细胞内，并利用宿主细胞的代谢系统生存、增殖。目前应用的抗病毒药主要通过干扰病毒吸附于细胞，阻止病毒进入宿主细胞、抑制病毒核酸复制、抑制病毒蛋白质合成、诱导宿主细胞产生抗病毒蛋白等多途径发挥效应。目前常用的抗病毒药有金刚烷胺、吗啉胍、利巴韦林与干扰素等。许多中草药，如穿心莲、板蓝根、大青叶等也可用于某些病毒感染性疾病的防治。

金刚烷胺

【概述】　本品盐酸盐为白色闪光结晶或结晶性粉末，无臭，味苦，易溶于水或乙醇，常用剂型有片剂。

【作用】　本品主要通过干扰病毒进入宿主细胞，并抑制病毒脱壳及核酸的释放，从而抑制病毒的增殖。其抗病毒谱较窄，对亚洲甲型流感病毒选择性高，对丙型流感病毒、仙台病毒和假性狂犬病毒的复制也有抑制作用，对鸡传染性支气管炎、鸡传染性喉气管炎、法氏囊病等病毒病无效。

【应用】 用于禽流感、猪传染性胃肠炎的防治，与抗菌药物合用，控制继发性细菌感染，可提高疗效。

【注意】 ①体外和临床应用期均可诱导耐药毒株的产生。②禽产蛋期不宜使用，宰前停药 5d。

【用法】 混饲，禽 100 ~ 200g/1000kg 饲料。混饮，禽 50 ~ 100mg/L 水。一次内服，鸡 10 ~ 25mg/kg 体重，2 次 /d。

利巴韦林（病毒唑、三氮唑核苷、威乐星）

【概述】 白色结晶性粉末，无臭，无味，易溶于水，性质稳定。常用剂型有注射剂、片剂、口服液、气雾剂等。

【作用】 本品为广谱抗病毒药，对 DNA 病毒及 RNA 病毒均有抑制作用，对流感病毒、副流感病毒、腺病毒、疱疹病毒、痘病毒、轮状病毒等较敏感。

【应用】 用于防治禽流感、鸡传染性支气管炎、鸡传染性喉气管炎、猪传染性胃肠炎等病毒性疾病。

【注意】 ①本品可引起动物厌食、胃肠功能紊乱、腹泻、体重下降。②可引起动物骨髓抑制和贫血。

【用法】 一次肌肉注射，犬、猫 5mg/kg 体重，2 次 /d，连用 3 ~ 5d。

黄芪多糖（APS）

【概述】 本品是由黄芪的干燥根茎提取、浓缩、纯化而成的水溶性杂多糖，为棕黄色细腻粉末，味微甜，具引湿性，常用剂型有注射液、可溶性粉。

【作用】 本品为免疫活性物质，对机体的细胞免疫和体液免疫有重要调节作用，能诱导机体产生干扰素，激活淋巴细胞因子，强化机体免疫功能。

【应用】 用于提高未成年畜禽的抗病力，提高畜禽免疫后的抗体水平。

【注意】 家畜休药期 28d，蛋禽 7d。

【用法】 一次肌肉或皮下注射，马、牛、羊、猪 2 ~ 4mg/kg 体重，家禽 5 ~ 20mg/kg 体重，1 次 /d，连用 2 ~ 3d。混饲，畜禽 300 ~ 500g/1000kg 饲料，预防量减半，连用 5 ~ 7d。

任务五 抗微生物药的合理应用

【案例导入】

2015 年 12 月某日，黄某饲养一头 3 岁公黄牛前来就诊。主诉：该牛 3d 前被雨淋湿，晚上出现采食减少，次日清晨伴有咳嗽，经当地兽医治疗不见好转，故前来求治。临床检查：体温 39.4℃，脉搏 78 次 /min，呼吸 36 次 /min，营养中等，精神欠佳，食欲、反刍减少，表现有频繁的喘息，咳嗽干、短，并有低头伸颈的表现，咳嗽时从鼻孔流出浆液性鼻液。肺泡呼吸音增强，可听到干啰音。经诊断为急性支气管炎，如何选择两种以上的药物进行联合用药？如何使用？

【任务目标】

掌握常用抗微生物药物合理使用的原则及使用方法。

【技能目标】

通过管碟法体外测定不同药物对同一菌种的抗菌活性，以观察抗菌药物作用效果。

【知识准备】

抗微生物药是目前兽医临床使用最广泛和最重要的药物。但目前不合理使用尤其是滥用的现象较为严重，不仅造成药品的浪费，而且导致畜禽不良反应增多、细菌耐药性的产生和兽药残留等，给兽医工作、公共卫生及人民健康带来不良的后果。因此，为了充分发挥抗菌药的疗效，降低药物对畜禽的毒副反应，减少细菌耐药性的产生，必须切实合理使用抗微生物药物。

一、正确诊断、准确选药

只有明确病原，掌握不同抗菌药物的抗菌谱，才能选择对病原菌敏感的药物。细菌的分离鉴定和药敏试验是合理选择抗菌药的重要手段。要尽可能避免针对无指征或指征不明显使用抗菌药，例如各种病毒性感染不宜用抗菌药，对真菌性感染也不宜选用一般的抗菌药，因为目前多数抗菌药对病毒和真菌无作用。畜禽活菌（疫）菌接种期间（一周内）停用抗菌药。

二、制定合适的给药方案

抗菌药在机体内要发挥杀灭或抑制病原菌的作用，必须在靶组织或器官内达到有效的浓度，并能维持一定的时间。因此，必须有合适的剂量、间隔时间及疗程；同时，血中有效浓度维持时间受药物在体内的吸收、分布、代谢和排泄的影响。因此，应在考虑各药的药物动力学、药效学特征的基础上，结合畜禽的病情、体况，制定合适的给药方案，包括药物品种、给药途径、剂量、间隔时间及疗程等。此外，兽医临床药理学提倡按药物动力学参数制定给药方案，特别是对使用毒性较大，用药时间较长的药物，最好能通过血药浓度监测，作为用药的参考，以保证药物的疗效，减少不良反应的发生。

三、防止产生耐药性

随着抗菌药物的广泛应用，细菌耐药性的问题也日益严重，其中以金黄色葡萄球菌、大肠杆菌、绿脓杆菌、痢疾杆菌及结核杆菌最易产生耐药性。为了防止耐药菌株的产生，应注意以下几点：①严格掌握适应症，不滥用抗菌药物。可以不用的尽量不用，禁止将兽医临床治疗用的或人畜共用的抗菌药作为动物促生长剂使用。用单一抗菌药物有效的就不采用联合用药。②严格掌握用药指征，剂量要够，疗程要恰当。③尽可能避免局部用药，并杜绝不必要的预防应用。④病因不明者，不要轻易使用抗菌药。⑤发现耐药菌株感染，应改用对病原菌敏感的药物或采取联合用药。⑥尽量减少长期用药，局部地区不要长期固定使用某一类或某几种药物，要有计划地分期、分批交替使用不同类或不同作用机理的抗菌药。

四、正确的联合应用

联合应用抗菌药物的目的是扩大抗菌谱、增强疗效、减少用量、降低或避免毒副作用，减少或延缓耐药菌株的产生。临床中根据抗菌药物的抗菌机制和性质，将其分为四大类：Ⅰ类为繁殖期或速效杀菌剂，如青霉素类、头孢菌素类；Ⅱ类为静止期或慢效杀菌剂，如氨基糖苷类、多黏菌素类（对静止期或繁殖期细菌均有杀菌活性）；Ⅲ类为速效抑菌剂，如四环素类、氯霉素类、大环内酯类；Ⅳ类为慢效抑菌剂，如磺胺类等。Ⅰ类与Ⅱ类合用一般可获得增强作用，如青霉素 G 和链霉素合用。Ⅰ类与Ⅲ类合用出现拮抗作用。例如，四环素与青霉素 G 合用出现拮抗。Ⅰ类与Ⅳ类合用，可能无明显影响，但在治疗脑膜炎时，合用可提高疗效，如青霉素 G 与 SD 合用。其他类合用多出现相加或无关作用。还应注意，作用机制相同的同一类药物的疗效并不增强，而可能相互增加毒性，如氨基糖苷类之间合用能增加对第八对脑神经的毒性；氯霉素、大环内酯类、林可霉素类，因作用机制相似，均竞争细菌同一靶位，而出现拮抗作用。此外，联合用药时应注意药物之间的理化性质、药物动力学和药效学之间的相互作用与配伍禁忌。

五、采取综合治疗措施

机体的免疫力是协同抗菌药的重要因素，外因通过内因而起作用，在治疗中过分强调抗菌药的功效而忽视机体内在因素，往往是导致治疗失败的重要原因之一。因此，在使用抗菌药物的同时，根据病畜的种属、年龄、生理、病理状况，采取综合治疗措施，增强抗病能力，如纠正机体酸碱平衡失调，补充能量、扩充血容量等辅助治疗，促进疾病康复。

【技能训练】　应用管碟法测定抗菌药物的抑菌效果

1．准备工作

培养 16～18h 的金黄色葡萄球菌菌液肉汤、大肠杆菌 O78 菌液、青霉素 G 钠、恩诺沙星、硫酸庆大霉素、氟苯尼考、生化培养箱、电热蒸汽灭菌器、水浴锅、灭菌肉汤琼脂培养基、酒精灯、平皿、吸管、牛津杯（标准不锈钢管）、镊子、滴管、记号笔、L 形玻璃棒、游标卡尺等。

2．训练方法

（1）药液的配制与肉汤营养琼脂平板的制备

①按要求准确称取一定量的抗菌药物，用无菌蒸馏水配制成所需浓度的药液。

②将灭菌肉汤琼脂培养基熔化后取 15mL 倒入灭菌培养皿内，放置一定时间凝固，作为底层培养基。

（2）用无菌吸管吸取试验菌的培养液 0.1mL，滴在平皿底层培养基上，用无菌 L 形玻璃棒将菌液涂匀。

（3）在平皿底部做好相应标记，用无菌镊子在每个平皿中等距离放置 4 个牛津杯。

（4）用滴管分别将药液滴加到牛津杯中，以滴满为度，盖上平皿盖。然后将滴加药液的平皿放置在玻璃板上，再水平送入恒温箱内，37℃下培养 16～24h。

（5）用游标卡尺测量抑菌圈直径，判定抗菌药物抗菌作用的强弱。

3．归纳总结

本次实验应在无菌条件下操作，试验完毕后及时灭菌处理，防止散毒。牛津杯放入培养基表面时，既要确保牛津杯底端与培养基表面紧密接触，以防药液从接触面漏出，又要防止牛津杯陷入平皿底部。加入牛津杯的药液量应相同。

4．实验报告

表 2-3　　　　　　　　　　管碟法测定抗菌药物的抑菌效果

菌种	药物	浓度 /（μg/mL 或 IU/mL）	抑菌圈直径 /mm	判定结果
金黄色葡萄球菌	青霉素 G 钠			
	恩诺沙星			
	硫酸庆大霉素			
	氟苯尼考			
大肠杆菌	青霉素 G 钠			
	恩诺沙星			
	硫酸庆大霉素			
	氟苯尼考			

记录实验结果（表 2-3），比较不同药物对同一菌种的抗菌效果。抗菌药物的抑菌效果判定标准：抑菌圈直径 <9mm，敏感性为耐药；抑菌圈直径 9～11mm，敏感性为低度敏感；抑菌圈直径 12～17mm，敏感性为中度敏感；抑菌圈直径 >18mm，敏感性为高度敏感。

课后练习

一、选择题

1. 细菌对磺胺类易产生耐药性，下列（　　）细菌对磺胺药最易产生耐药性。
   A. 钩端螺旋体　　　　　　　B. 葡萄球菌　　　　　　　　C. 链球菌
   D. 巴氏杆菌　　　　　　　　E. 芽孢杆菌

2. 下列磺胺类药物属于肠道难吸收的药物是（　　）
   A. 磺胺脒　　　　　　　　　B. 磺胺噻唑　　　　　　　　C. 磺胺嘧啶
   D. 磺胺甲噁唑　　　　　　　E. 磺胺喹噁啉

3. 肠道易吸收的磺胺药物磺胺噻唑的英文代号是（　　）
   A. SM、SG　　B. ST　　C. SD　　D. SMZ　　E. SQ

4. 能增强磺胺药和多种抗生素抗菌活性的一类药物，称为抗菌增效剂。属于动物专用品种的磺胺增效剂是（　　）
   A. 甲氧苄啶　　　　　　　　B. 磺胺二甲基嘧啶
   C. 磺胺间甲氧嘧啶　　　　　D. 磺胺对甲氧嘧啶
   E. 二甲氧苄啶

5. 广谱抗菌药喹烯酮主要对动物的哪个系统的致病菌作用较强？（　　）
   A. 肠道致病菌　　　　　　　B. 呼吸道致病菌　　　　　　C. 循环系统致病菌
   D. 生殖系统致病菌　　　　　E. 神经系统致病菌

6. 耐 β- 内酰胺酶青霉素，对耐药青霉素的菌株有效，尤其对耐药金黄色葡萄球菌有很强的杀菌作用，被称为"抗葡萄球菌青霉素"的抗生素是（　　）
   A. 阿莫西林　　　　　　　　B. 苯唑西林　　　　　　　　C. 氯唑西林
   D. 苄星青霉素　　　　　　　E. 氨苄西林

7. 属于第四代头孢菌素类的药物是（　　）
   A. 头孢氨苄　　　　　　　　B. 苯唑西林　　　　　　　　C. 头孢噻呋
   D. 头孢喹肟　　　　　　　　E. 氨苄西林

8. 常用来作为解剖尸体或生物标本固定液和防腐剂的药品是（　　）
   A. 甲酚　　B. 新洁尔灭　　C. 利凡诺　　D. 酒精　　　E. 福尔马林

9. （　　）俗称酒精。
   A. 甲醛　　B. 苯酚　　　C. 甲酚　　D. 乙醇　　　E. 碘

10. 下列哪种抗生素长期使用会损害前庭神经和听神经，引起药物性耳聋（　　　）
    A. 红霉素　　B. 土霉素　　C. 链霉素　　D. 青霉素　　E. 泰乐菌素

11. 治疗耐青霉素金黄色葡萄球菌引起的奶牛乳房炎时，用于乳房注入的药物应是（　　　）
    A. 泰万菌素　　　　　　B. 苯唑西林　　　　　　C. 黏菌素
    D. 氨苄青霉素　　　　　E. 灰黄霉素

12. 犬，8月龄，患大肠杆菌病，兽医采用肌肉注射复方磺胺嘧啶钠注射液，剂量为每千克体重 20mg 磺胺嘧啶钠和 4mg 甲氧苄啶的用药方案，该联合用药最有可能发生的相互作用是（　　　）
    A. 配伍禁忌　　　　　　B. 协同作用　　　　　　C. 相加作用
    D. 拮抗作用　　　　　　E. 无关作用

13. 给犬内服磺胺类药物时，同时使用 $NaHCO_3$ 的目的是（　　　）
    A. 增加抗菌作用　　　　B. 加快药物的吸收　　　C. 加快药物的代谢
    D. 防止结晶尿的形成　　E. 防止药物排泄过快

14. 可用于仔猪黄痢、白痢的抗生素是（　　　）
    A. 青霉素 G　　　　　　B. 邻氯青霉素　　　　　C. 双氯青霉素
    D. 新霉素　　　　　　　E. 环丙沙星

15. 青霉素类抗生素的抗菌作用机制是抑制细菌（　　　）
    A. 叶酸的合成　　　　　B. 蛋白质的合成　　　　C. 细胞壁的合成
    D. 细胞膜的合成　　　　E. DNA 回旋酶的合成

16. 氨基糖苷类抗生素主要用于（　　　）引起的疾病。
    A. 革兰阳性菌　　　　　B. 病毒　　　　　　　　C. 革兰阴性菌
    D. 真菌　　　　　　　　E. 支原体

17. 抢救青霉素过敏性休克的首选药物是（　　　）
    A. 去甲肾上腺素　　　　B. 肾上腺素　　　　　　C. 多巴胺
    D. 肾上腺皮质激素　　　E. 抗组胺药

18. 治疗结核病的首选药物是（　　　）
    A. 卡那霉素　　　　　　B. 强力霉素　　　　　　C. 土霉素
    D. 链霉素　　　　　　　E. 四环素

19. 能引起二重感染的药物是（　　　）
    A. 土霉素　　　　　　　B. 环丙沙星　　　　　　C. 青霉素
    D. 妥布霉素　　　　　　E. 庆大霉素

20. 喹诺酮类药物的抗菌机制是（　　　）
    A. 影响 RNA 的合成　　　B. 抑制细胞壁
    C. 抑制蛋白质的合成　　　D. 影响叶酸代谢
    E. 抑制脱氧核糖核酸回旋酶

二、简答题

1. 举例说明，防腐药的作用机制是什么？你熟知有哪些防腐药？
2. 举例说明，抗生素的作用机制是什么？你熟知有哪些抗生素药？
3. 举例说明，合成药的作用机制是什么？你熟知有哪些合成药？
4. 举例说明，抗病毒药的作用机制是什么？你熟知有哪些抗病毒药？
5. 简述抗生素药物合理使用的原则。

PROJECT 3 | 项目三

抗寄生虫药物

∴ **认知与解读** ∴

　　寄生虫病是目前危害人类和动物最严重的疾病之一，且很多寄生虫都属于人畜共患病。开展寄生虫病的防治既可以保护人类和动物的健康，又可以促进畜牧业的可持续发展战略。抗寄生虫药物是指用来驱除和杀灭动物体内外寄生虫的药物。根据药物的抗虫作用和寄生虫的分类，将抗寄生虫药物分为抗蠕虫药、抗原虫药和杀虫药。

任务一 抗蠕虫药

【案例导入】

在甘南地区的张某有一放牧羊群，入秋后部分羊出现消瘦、可视黏膜苍白、额下水肿等症状，粪检可见黄褐色有卵盖的虫卵，确诊感染歧腔吸虫病。请问该选择何种药物？如何使用？

【任务目标】

掌握常用抗蠕虫药的药理作用、临床应用、使用注意事项和用法用量。

【技能目标】

通过试验掌握敌百虫的驱虫作用和用法用量，观察其使用的副作用。

【知识准备】

抗蠕虫药物指对寄生在动物体内的蠕虫具有驱除、杀灭或抑制其活性的药物。根据动物体内寄生蠕虫的品种不同，将抗蠕虫药相应分为抗线虫药、抗绦虫药、抗吸虫药和抗血吸虫药。这种分类也不是绝对的，有的药物兼有多种作用，比如说阿苯达唑对线虫、吸虫、绦虫都具有驱除作用。

一、抗线虫药

阿苯达唑（丙硫苯咪唑、抗蠕敏）

【概述】 白色或类白色粉末，无臭无味，不溶于水。

【作用】 抑制虫体内的酶而干扰能量代谢，对线虫、吸虫、绦虫都具有驱除作用。

【应用】 可驱除牛、羊肝片形吸虫、莫尼茨绦虫、血矛线虫、奥斯特线虫；驱除马副蛔虫、大圆形线虫、小圆形线虫；驱除猪肺线虫、蛔虫、毛首线虫、食道口线虫；驱除犬蛔虫、钩虫、绦虫，猫克氏肺线虫；驱除鸡蛔虫、刺利绦虫、鹅棘口吸虫、裂口吸虫、剑带绦虫。

【注意】 ①马较敏感，不能连续大剂量使用；牛、羊妊娠45d内禁用，因其具有胚胎毒性和致畸胎作用，但无致突变和致癌作用；产奶期禁用。②休药期牛14d，羊4d，猪7d，禽4d。

【用法】 一次内服，牛、羊 10～15mg/kg 体重，马、猪 5～10mg/kg 体重，犬 25～50mg/kg 体重，禽 10～20mg/kg 体重。

芬苯达唑（硫苯咪唑）

【概述】 白色或类白色粉末，无臭无味，不溶于水，可溶于二甲基亚砜和冰醋酸溶液。

【作用】 本品为广谱、高效、低毒的新型苯并咪唑类驱虫药。其不仅对动物胃肠道线虫成虫、幼虫有高度驱虫活性，还对网尾线虫、片形吸虫和绦虫有较好驱虫效果。

【应用】 可驱除牛、羊毛圆线虫、仰口线虫、食道口线虫、血矛线虫、奥斯特线虫等；驱除马副蛔虫、圆形线虫、尖尾线虫等；驱除猪红色猪圆线虫、蛔虫、毛首线虫、食道口线虫；驱除犬、猫蛔虫、钩虫、毛首线虫、猫胃虫；驱除鸡蛔虫、绦虫毛细线虫；驱除野生动物蛔虫、钩虫线虫、带状绦虫等。

【注意】 ①马属动物应用本品时不能合用敌百虫，否则毒性增强。②瘤胃内给药驱虫效果好，连续低剂量应用的驱除效果优于一次性给药。③休药期牛、羊14d，猪3d，弃奶期5d。

【用法】 一次内服，牛、羊、马、猪5~7.5mg/kg体重，犬、猫25~50mg/kg体重，禽10~50mg/kg体重。

伊维菌素

【概述】 白色或淡黄色结晶性粉末，特难溶于水，易溶于甲醛、乙醇等有机溶剂。

【作用】 本品为新型、高效、广谱、低毒大环内酯抗生素类驱虫药。促进线虫神经元及节肢动物肌肉内的抑制性神经递质γ-氨基丁酸（GABA）的释放，GABA作用于突触前神经末梢，从而减少兴奋性递质释放，最终导致虫体麻痹死亡排出体外。但吸虫和绦虫不以GABA为神经递质，故不产生驱虫作用。

【应用】 可驱除马、牛、羊、猪胃肠道线虫、肺线虫寄生节肢昆虫；驱除犬的肠道线虫、耳螨、疥螨、心丝虫、微丝蚴；驱除家禽胃肠线虫和体外寄生虫。

【注意】 ①安全范围大，但大剂量可引起中毒，无特效解毒药。②仅限于内服或皮下注射，肌肉、静脉注射可引起中毒反应。③牧羊犬类品种使用后异常敏感，慎用。④对虾、鱼和水生生物有剧毒，切勿污染水源。⑤休药期牛、羊35d，猪28d，泌乳期禁用。

【用法】 一次皮下注射或内服，牛、羊、犬0.2mg/kg体重，猪0.3mg/kg体重。

阿维菌素

【概述】 本品为阿维链霉菌的天然发酵产物，白色或淡黄色粉末，几乎不溶于水。

【作用】 本品为我国首先研究的兽用驱虫药，是一种新型、广谱、高效、安全的抗体内外寄生虫药，作用同伊维菌素。

【应用】 可驱除马、牛、羊、猪奥氏奥斯特线虫、柏氏血矛线虫、艾氏毛圆线虫、古柏线虫、辐射食道口线虫、夏柏特线虫、胎生网尾线虫，水牛蝇等双翅类昆虫。

【注意】 ①本品毒性比伊维菌素大，性质不稳定，对光敏感，迅速氧化灭活，需注意储存使用条件。②牧羊犬类品种使用后异常敏感，慎用。③对虾、鱼和水生生物有剧毒，切勿污染水源。④休药期注射和内服羊 35d、猪 28d，透皮剂牛、猪 42d，泌乳期禁用。

【用法】 一次内服，羊、猪 0.3mg/kg 体重；一次皮下注射，牛、羊 0.2mg/kg 体重，猪 0.3mg/kg 体重。背部浇泼、耳根部涂敷，牛、猪、犬、兔 0.5mg/kg 体重（按有效成分计）。

多拉菌素

【概述】 本品为阿维链霉菌新菌株发酵而来，浅黄褐色粉末，难溶于水。

【作用】 本品为新型、广谱抗寄生虫药，其作用同伊维菌素，血药浓度和血浆半衰期均比伊维菌素高或延迟 2 倍。

【应用】 可驱除马奥氏奥斯特线虫、血矛线虫、毛圆线虫、古柏线虫、仰口线虫、食道口线虫、牛眼虫，疥螨、痒螨、血虱、牛皮蝇等多种节肢类动物；驱除猪蛔虫、兰氏类圆线虫、红色猪圆线虫、肺线虫、猪肾虫等。

【注意】 ①本品性质不稳定，光照可迅速分解灭活，残留药物对鱼类和水生生物有毒，切勿污染水源。②牛应用多拉菌素泼浇剂后，6d 不能淋雨。③休药期牛 35d、猪 22d。

【用法】 一次皮下或肌肉注射，牛 0.2mg/kg 体重，猪 0.3mg/kg 体重；背部浇泼，牛 0.5mg/kg 体重。

左旋咪唑（左咪唑）

【概述】 白色结晶，为噻咪唑的左旋异构体。易溶于水，但在碱性水溶液中易水解失效。

【作用】 本品为广谱、高效、低毒的驱线虫药。抑制虫体延胡素酸还原酶的活性，形成稳定的 S—S 链，从而影响能量的产生。还可使虫体处于静息状态的神经肌肉去极化，引起肌肉持续收缩而导致麻痹，加之药物的拟胆碱作用，使麻痹的虫体迅速排出体外。

【应用】 可驱除各种动物体内的胃肠道线虫病、肺线虫病；驱除牛、禽眼虫；驱除猪肾虫和猪鞭虫；驱除犬、猫的蛔虫、钩虫和心丝虫。还可用于免疫功能抑制的动物和提高疫苗的免疫效果。

【注意】 ①左旋咪唑安全范围窄，注射给药易发生中毒死亡，所以单胃动物除了驱肺丝虫用注射法以外，其余的驱虫都用内服给药。②马和骆驼对左旋咪唑比较敏感，马慎用、骆驼禁用。③局部注射时盐酸左旋咪唑对局部组织刺激性较强、反应严重；磷酸左旋咪唑刺激性稍弱，常用于皮下、肌肉注射。④应用左旋咪唑出现中毒时与有机磷中毒症状相似，可用阿托品解救。⑤休药期，内服：牛2d，羊3d，猪3d，禽28d；注射：牛14d，羊28d，猪28d，泌乳期禁用。

【用法】 一次皮下、肌肉注射或内服，牛、羊、猪7.5mg/kg体重，犬、猫10mg/kg体重，禽25mg/kg体重。

噻嘧啶

【概述】 常用双羟萘酸盐，制成双羟萘酸噻嘧啶片，为淡黄色粉末，无臭无味，几乎不溶于水。

【作用】 本品为广谱、高效、低毒的胃肠线虫驱虫药。其可使虫体肌肉收缩引起麻痹死亡，与乙酰胆碱作用相似，乙酰胆碱的作用是可逆的，而噻嘧啶作用更强且不可逆。

【应用】 可驱除马的副蛔虫、圆形线虫、胎生普氏线虫和蛲虫；驱除猪蛔虫和食道口线虫；驱除牛羊捻转血矛线虫、奥斯特线虫、毛圆线虫、仰口线虫和细颈线虫；驱除犬猫钩虫和蛔虫。

【注意】 ①本品对宿主具有较强的烟碱样作用，所以忌与安定药、肌松药、其他拟胆碱药、抗胆碱酯酶药合用。与左旋咪唑、乙胺嗪合用时能使其毒性增强，应慎用。与哌嗪有拮抗作用，故不能配伍应用。②本品对马未进行药物残留量的研究，所以食用马禁用。③休药期：肉牛14d，猪1d，妊娠期和虚弱动物禁用。

【用法】 一次内服，马6.6mg/kg体重，犬、猫5~10mg/kg体重。

敌百虫

【概述】 白色晶粉或粉末，在空气中易潮解。易溶于水，水溶液呈酸性反应，性质不稳定，宜新鲜配制。在碱性水溶液中易转化成敌敌畏而使毒性增强。

【作用】 敌百虫为广谱驱虫药，可驱线虫和吸虫。其能与虫体的胆碱酯酶结合使乙酰胆碱大量蓄积，导致虫体神经肌肉兴奋、痉挛、麻痹直至死亡。

【应用】 可驱除马副蛔虫、尖尾线虫、胃蝇蛆；驱除猪蛔虫、食道口线虫；驱除牛羊血矛线虫、食道口线虫、毛圆线虫、蛔虫、牛皮胃蝇蛆和羊鼻蝇蛆；驱除犬、猫蛔虫、钩口线虫、毛首线虫、螨、蜱、蚤和虱等。

【注意】 ①敌百虫安全范围较小，应用过量易引起中毒。中毒是由于胆碱酯酶被抑制，使体内乙酰胆碱蓄积而出现胆碱能神经兴奋性增高症状，中毒时可用阿托品和碘解磷定解救。犬、猪、马使用较安全，牛羊较敏感宜慎用。家禽最敏感不宜应用。②为防肉食品中出现药物残留，乳牛不宜应用。③休药期28d，妊娠期禁用。

【用法】　一次内服，马 30 ~ 50mg/kg 体重，绵羊、猪 80 ~ 100mg/kg 体重，山羊 50 ~ 70mg/kg 体重，牛 20 ~ 40mg/kg 体重。外用，配成 1% ~ 3% 溶液喷洒于动物局部体表，治疗体虱疥螨，0.1% ~ 0.5% 喷洒于环境，杀灭蝇、蚊、虱、蚤等。药浴，0.5% 溶液适用于疥螨、0.2% 溶液适用于痒螨病。涂擦，2% 溶液涂擦牛的背部，治疗牛皮蝇蛆。喷淋，0.25% ~ 1% 药液高压喷雾。

二、抗绦虫药

氯硝柳胺（灭绦灵）

【概述】　浅黄色结晶性粉末，无臭无味，不溶于水，置于空气中易呈黄色。

【作用】　本品具有驱绦虫谱广、效果好、毒性低、使用安全等优点。其通过抑制虫体线粒体内的氧化磷酸化过程而阻断绦虫的三羧酸循环，使乳酸蓄积起杀绦作用。

【应用】　可驱除马的裸头绦虫；驱除牛、羊的莫尼茨绦虫、无卵黄腺绦虫和条纹绦虫，牛羊鹿的隧状绦虫；驱除犬、猫的豆状带绦虫、腹孔绦虫、泡状带绦虫和带状绦虫；驱除禽的棘利绦虫和漏斗带绦虫；还可杀灭钉螺、血吸虫尾蚴、毛蚴。

【注意】　①本品安全范围较广，多数动物使用安全，但犬、猫较敏感，两倍治疗量会出现暂时性下痢。②鱼类敏感，易中毒致死。③动物在给药前禁食 1d。④休药期：牛、羊 28d，泌乳期禁用。

【用法】　一次内服，牛 40 ~ 60mg/kg 体重，羊 60 ~ 70mg/kg 体重，马 200 ~ 300mg/kg 体重，犬、猫 80 ~ 100mg/kg 体重，禽 50 ~ 60mg/kg 体重。

硫双二氯酚（别丁）

【概述】　白色或类白色粉末，无臭，不溶于水，易溶于稀碱溶液中。

【作用】　本品对动物多种绦虫和吸虫均有驱虫效果。其可能是降低虫体的糖分解和氧化代谢，特别是抑制琥珀酸脱氢酶，阻断了虫体能量的获得。

【应用】　可驱除牛、羊肝片形吸虫、前后盘吸虫和莫尼茨绦虫；驱除猪的姜片吸虫；驱除马的裸头绦虫、埃及复盘吸虫；驱除犬猫多种带绦虫和肺吸虫，驱除禽的赖利绦虫、漏斗带绦虫和致疡棘壳绦虫。

【注意】　①本品安全范围较小，多数动物用药后均出现短暂性腹泻，但多在 2d 左右自行恢复，故虚弱、下痢动物不宜应用。马属动物较敏感，应慎用。②不能与六氯对二甲苯、吐酒石、六氯乙烷、吐根碱联合应用，可使毒性增强。③不能与乙醇或其他增加溶解度的溶酶体进行配制，可引起中毒死亡。

【用法】　一次内服，牛 40 ~ 60mg/kg 体重，羊、猪 75 ~ 100mg/kg 体重，马 10 ~ 20mg 体重，犬、猫 200mg/kg 体重，鸡 100 ~ 200mg/kg 体重。

三、抗吸虫药

硝氯酚

【概述】　黄色结晶性粉末，无臭，不溶于水，易溶于氢氧化钠或碳酸钠溶液。

【作用】　本品对肝片形吸虫有很好的驱除效果，具有高效、低毒等特点。其通过抑制虫体琥珀酸脱氢酶从而影响虫体的能量代谢而发挥驱虫作用。

【应用】　可驱除牛、羊、猪的肝片形吸虫。

【注意】　①本品治疗量较安全，过量引起的中毒，可选用安钠咖、维生素C、毒毛旋花子苷等治疗，禁用钙剂静注。②黄牛对本品较耐受，羊较敏感，使用时需根据体重精确计量，以防中毒。③休药期 28d。

【用法】　一次内服，黄牛 3～7mg/kg 体重，水牛 1～3mg/kg 体重，猪 3～6mg/kg 体重，羊 3～4mg/kg 体重。一次皮下、肌肉注射牛羊 0.6～1mg/kg 体重。

碘醚柳胺

【概述】　白灰白色至棕色粉末，不溶于水。

【作用】　本品为世界各国广泛使用的抗牛羊片形吸虫药。有人认为其是通过对氧化磷酸化的解偶联作用而影响虫体 ATP 的产生。

【应用】　可驱除牛、羊肝片吸虫、大片吸虫、血矛线虫、仰口线虫、羊鼻蝇蛆。

【注意】　①为彻底驱除未成熟虫体，通常在用药 3 周后再重复用药一次。②休药期：牛、羊 60d，泌乳期禁用。

【用法】　一次内服，牛、羊 7～12mg/kg 体重。

三氯苯达唑

【概述】　白色或类白色粉末，不溶于水，易溶于甲醇。

【作用】　本品为新型的苯并咪唑类专用于抗片形吸虫的驱虫药。其主要经体表吸收，干扰虫体的微管结构和功能，抑制虫体水解蛋白酶的释放。

【应用】　可驱除牛、绵羊、山羊、鹿、马肝片形吸虫。

【注意】　①治疗急性肝片形吸虫病，通常在用药 5 周后再重复用药一次。②本品对鱼类毒性较大，残留药物容器切勿污染水源。③休药期：牛、羊 28d，泌乳期禁用。

【用法】　一次内服，牛 12mg/kg 体重，羊、鹿 10mg/kg 体重。

四、抗血吸虫药

吡喹酮

【概述】　白色或类白色结晶性粉末，无臭，味苦，不溶于水和乙醚，易溶于氯仿。

【作用】 本品为世界各国已广泛应用且较理想的新型广谱的抗血吸虫药、抗吸虫药和抗绦虫药。其可使宿主体内血吸虫产生痉挛性麻痹脱落，向肝脏移行，在肝组织中死亡。

【应用】 可驱除牛、羊、猪细颈囊尾蚴和血吸虫，羊的大多数绦虫和茅形双腔吸虫；驱除犬猫豆状带绦虫、复孔绦虫、肺颈带绦虫、乔伊绦虫和卫氏肺吸虫，驱除禽的有轮赖利绦虫、漏斗带绦虫和节片戴文绦虫。

【注意】 ①本品毒性低，应用安全，但高剂量应用时可使动物血清谷丙转氨酶轻度升高，心、肝、肾功能不全的动物慎用。②治疗血吸虫时，部分牛会出现体温升高、肌震颤和瘤胃臌胀等反应。③大剂量皮下注射时会出现局部刺激反应。犬、猫的全身反应主要表现为疼痛、呕吐、流涎、腹泻、无力和昏睡等现象，多能耐过。④休药期 28d，弃奶期 7d，泌乳期禁用。

【用法】 一次内服，牛、羊、猪 10～35mg/kg 体重，犬、猫 2.5～5mg/kg 体重，禽 10～20mg/kg 体重。一次皮下、肌肉注射，犬、猫 5.68mg/kg 体重。

硝硫氰醚

【概述】 浅黄色微细结晶性粉末，不溶于水，微溶于乙醇，溶于丙酮和二甲基亚砜。

【作用】 本品为新型广谱驱虫药。其能抑制虫体的功能并产生形态的变化，使虫体向肝脏移行，被吞噬细胞包围消灭。

【应用】 可驱除耕牛血吸虫、肝片吸虫、弓首蛔虫、各种带绦虫、猪姜片吸虫、犬复孔绦虫钩口线虫。

【注意】 ①本品颗粒越细作用越强，对胃肠道有刺激性。治疗耕牛血吸虫和牛肝片吸虫时必须用第三胃注射，且药物配成 3% 油溶液。②大部分动物静脉注射后，会出现不同程度的咳嗽、呼吸加深加快、步态不稳、失明以及消化功能障碍等不良反应，一般 6～20h 内可恢复正常。

【用法】 一次皮下注射或内服，牛 30～40mg/kg 体重，猪 15～20mg/kg 体重，犬、猫 50mg/kg 体重，禽 50～70mg/kg 体重。第三胃注射，牛 15～20mg/kg 体重。

【技能训练】 观察敌百虫驱虫

1. 准备工作

病猪（经粪检，确定感染蛔虫的猪）、电子秤、兽用敌百虫粉、饲料、阿托品注射液、碘解磷定注射液

2. 训练方法

对病猪称重，清晨停止饲喂。取敌百虫粉按 120mg/kg 对病猪用少量精料进行混饲投药。半小时后按常规饲喂，观察病猪的反应和排虫情况。

3. 归纳总结

一般多在混饲后 2h 左右开始排出虫体，4h 左右药效消失。如出现副作用时通常不需要处理，但出现中毒现象时应予以抢救，使用阿托品和碘解磷定进行抢救。

4. 实验报告

记录投药后猪是否有呕吐、拉稀、流涎或口吐白沫、肌肉震颤等情况；排出虫体的数量和蠕动情况（表 3-1）。分析敌百虫的驱除作用和副作用产生的原因。

表 3-1　　　　　　　　　　　　敌百虫驱虫实验结果

猪体重	给药方法与剂量	给药后是否拉稀	排虫时间	排虫数量

任务二　抗原虫药

【案例导入】

某饲养场的孔雀精神沉郁、羽毛松乱、两翅下垂、闭眼嗜睡、冠髯发黑。剖检见肝肿胀，表面有大小不等近似圆形黄绿色坏死灶；两侧盲肠肿胀，肠壁增厚，黏膜有出血性溃疡，肠腔充满干酪样肠芯或坏疽块，肠管异常膨大。确诊感染柔嫩艾美耳球虫病。请问该选择何种药物？如何使用？

【学习目标】

掌握常用抗原虫药的药理作用、临床应用、使用注意事项和用法用量。

【技能目标】

掌握肉鸡在不同饲养阶段感染球虫病时，抗球虫药物的选择与应用。

【知识准备】

抗原虫药物指对寄生在动物体内的单细胞原生物（原虫）具有杀灭或抑制作用的药物。根据动物体内寄生原虫的品种不同，将抗原虫药相应分为抗球虫药、抗锥虫药和抗梨形虫药。此类寄生虫疾病对动物的危害性极大，可造成动物大面积死亡的现象，而阻碍畜牧业的发展。

一、抗球虫药

在动物球虫病中，以鸡、兔、牛和羊的球虫病危害最大，不仅流行广，而且死亡率高，现阶段球虫病主要还是靠药物进行预防，从而极大程度减少因球虫病造成的损失。

莫能菌素（瘤胃素）

【概述】 是从肉桂链霉菌培养液中提取的单价聚醚离子载体类抗生素，其钠盐为白色粉末，不溶于水，易溶于甲醇、乙醇和氯仿。

【作用】 本品为聚醚类抗生素的代表性药物，广泛在世界各国用于鸡的抗球虫。其通过干扰球虫子孢子的 Na^+、K^+ 离子的正常渗透，使子孢子吸水肿胀和空泡化；由于兴奋 Na^+、K^+ 泵，使 ATP 消耗增加，最终球虫因能量耗尽、过度肿胀而死亡。

【应用】 可驱除鸡的柔嫩、毒害、堆型、巨型、布氏和变位艾美耳球虫，用于鸡球虫病的预防；驱除牛羊雅氏、阿撒地艾美耳球虫；其对产气荚膜芽孢梭菌有抑杀作用，可防止坏死性肠炎发生；还可促进肉牛生长。

【注意】 ①本品对马属动物毒性大，禁用；对 10 周以上火鸡、珍珠鸡及鸟类较敏感不宜应用。②禁与泰妙菌素、泰乐菌素、竹桃霉素及其他抗球虫药等配伍，合用后使毒性增强。③工作人员在拌料时，应防止本品与皮肤和眼睛接触。④休药期，肉鸡、牛 5d，产蛋期禁用，16 周龄以上鸡禁用。

【用法】 混饲，每 1000kg 饲料，禽 90～110g，兔 20～40g，犊牛 17～30g，肉牛、羔羊 5～30g。

盐霉素（沙利霉素）

【概述】 从白色链霉菌培养液中提取的单价聚醚离子载体类抗生素，其钠盐为白色或淡黄色结晶性粉末，微有特异臭味，不溶于水，易溶于甲醇、乙醇、丙酮、乙醚和氯仿。

【作用】 本品抗虫谱广，其抗球虫作用同莫能菌素。

【应用】 可驱除鸡的柔嫩、毒害、堆型、巨型、布氏和变位艾美耳球虫，用于鸡球虫病的预防；可促进猪生长。

【注意】 ①本品配伍禁忌与莫能菌素相似。安全范围较窄，应严格控制混饲浓度，浓度过大可引起采食量下降、体重减轻、共济失调和腿无力。②马属动物、成年火鸡和鸭对本品较敏感，禁用。③休药期禽 5d，产蛋期禁用。

【用法】 混饲，每 1000kg 饲料，禽 60g，鹌鹑 50g，猪 25～75g。

那拉菌素（甲基盐霉素）

【概述】 是从金色链霉菌培养液中提取的单价聚醚离子载体类抗生素，为白色或淡黄色结晶性粉末，不溶于水，易溶于甲醇、乙醇、氯仿、苯和乙酸乙酯。

【作用】 本品抗虫谱广，其抗球虫作用同莫能菌素。

【应用】 可预防肉鸡的毒害、堆型、巨型和布氏艾美耳球虫。

【注意】 ①本品毒性大，安全范围较窄，应严格控制混饲浓度。②马属动物较敏感，应禁用。火鸡和鸟类对本品较敏感不宜应用。对鱼类毒性较大，喂药鸡粪及残留药物的用具不可污染水源。③休药期肉鸡5d。

【用法】 混饲，每1000kg饲料，肉禽60~80g。

马杜霉素（马度米星）

【概述】 是从马杜拉放线菌培养液中提取的单价糖苷聚醚离子载体类抗生素，其铵盐为白色或类白色结晶性粉末，微臭，不溶于水，易溶于甲醇、乙醇和氯仿。

【作用】 本品是目前抗球虫作用最强、用药浓度最低的抗球虫药，其抗球虫作用同莫能菌素，抗球虫效果优于莫能菌素、盐霉素等抗球虫药。

【应用】 可驱除肉鸡球虫病。

【注意】 ①本品毒性较大，除肉鸡外，禁用于其他动物。②本品安全范围较窄，用药时必须使药料均匀搅拌，否则会引起中毒死亡。③休药期肉鸡5d，产蛋期禁用。

【用法】 混饲，每1000kg饲料，肉鸡5g。

尼卡巴嗪

【概述】 黄色或黄绿色粉末，无臭，稍具异味，难溶于水，常制成预混剂。

【作用】 本品作用峰期在第2代裂殖体，感染后48h用药，能完全抑制球虫发育，72h用药，抑制效果明显降低。

【应用】 可驱除鸡盲肠球虫（柔嫩艾美耳球虫）和堆型、巨型、毒害、布氏艾美耳球虫（小肠球虫），推荐剂量不影响机体对球虫产生免疫力。

【注意】 ①本品可使产蛋率、受精率和蛋的品质下降，产蛋期禁用。②高温季节，室温超过40℃时，可增加雏鸡死亡率，应慎用。③预防用药过程中，若鸡群大量接触感染性卵囊而爆发球虫病时，应迅速改用其他更有效的药物治疗。④休药期肉鸡4d。

【用法】 混饲，每1000kg饲料，禽125g。

氨丙啉

【概述】 白色或类白色粉末，无臭，易溶于水。

【作用】 本品传统广谱的抗球虫药。其是干扰虫体硫胺素（维生素B_1）的代谢，对硫胺素有拮抗作用，药量过大或长期使用，可引起雏鸡患维生素B_1缺乏症。作用峰期是阻止第1代裂殖体形成裂殖子，对球虫有性周期和孢子形成的卵囊也有抑杀作用。

【应用】 可驱除禽、牛、羊、水貂的球虫，对鸡柔嫩和堆型艾美耳球虫作用最强。

【注意】 ①本品虽性质稳定，可与多种维生素、矿物质和抗菌药合用，但在仔鸡饲料中仍缓慢分解，宜现用现配。②休药期鸡3d。产蛋期禁用。

【用法】 混饲，每1000kg饲料，家禽125g。混饮，每1000L饮水，家禽60～240g。

常山酮

【概述】 从植物常山中提取的一种生物碱，为白色或淡灰色结晶性粉末，性质稳定，常制成预混剂。

【作用】 本品为较新型的广谱抗球虫药，对球虫子孢子、第1代、第2代裂殖体均有明显抑杀作用。

【应用】 可驱除禽的多种球虫；驱除牛泰勒虫以及绵羊、山羊的泰勒虫。

【注意】 ①本品安全范围窄，治疗量对鸡、火鸡、兔等较安全，但能抑制水禽生长应禁用，对珍珠鸡敏感，应禁用。②连续应用本品易产生耐药现象。③休药期肉鸡5d，火鸡7d，产蛋期禁用，水生动物禁用。

【用法】 混饲，每1000kg饲料，禽3g。

地克珠利

【概述】 类白色或淡黄色粉末，几乎无臭，难溶于水。

【作用】 本品为新型、高效、低毒抗球虫药，抗球虫峰期可能在子孢子和第一代裂殖体早期阶段。其对球虫的防治效果优于莫能菌素等离子载体类抗球虫药。

【应用】 可驱除鸡的柔嫩、毒害、堆型、巨型和布氏艾美耳球虫；驱除兔肝脏球虫和肠球虫。

【注意】 ①本品长期使用易产生耐药性，连用不得超多6个月，需进行轮换用药。②本品作用半衰期短，停药1d后作用基本消失，须连续用药以防球虫病再度爆发。③用药浓度较低，用时必须使充分拌匀药料。饮水液需现用现配，否则影响疗效。④休药期鸡5d，产蛋期禁用。

【用法】 混饲，每1000kg饲料，禽1g（按原料药计）。混饮，每1L饮水，禽0.5～1mg（按原料药计）。

氯羟吡啶

【概述】 白色或类白色粉末，无臭，不溶于水。

【作用】 本品抗虫谱较广。作用峰期主要在子孢子发育阶段，能使子孢子在上皮细胞内停止发育长达60d，对第2代裂殖生殖，配子生殖和孢子形成均有抑制作用。

【应用】 可预防禽、兔球虫，特别对鸡柔嫩艾美耳球虫作用最强。

【注意】 ①本品对球虫仅有抑制作用，停药后子孢子能重新生长，须连续用药。②多数球虫对本品可能已产生耐药性，一旦发现应及时更换其他药物。③休药期鸡、兔5d，产蛋期禁用。

【用法】　混饲，每1000kg饲料，禽125g，兔200g。

托曲珠利

【概述】　为三嗪酮化合物，白色或类白色结晶粉末，难溶于水。

【作用】　本品为新型广谱抗球虫药，其可干扰球虫细胞核分裂和线粒体，影响虫体的呼吸和代谢功能，使细胞内质网膨大，发生严重的空胞化而杀灭球虫。作用峰期是球虫裂殖生殖和配子生殖阶段。

【应用】　可驱除家禽、羊球虫；驱除兔的肝球虫和肠球虫。

【注意】　①本品连续应用易产生耐药性，甚至存在交叉耐药性，所以连用不得超过6个月。②饮水液需现用现配，否则疗效降低。③休药期肉鸡19d。

【用法】　混饮，每1L饮水，禽25mg。

二、抗锥虫药

我国危害动物的主要锥虫有马、牛、骆驼的伊氏锥虫和马媾疫锥虫。防治锥虫病除了应用抗锥虫药以外，还应消灭其中间宿主。

三氮脒（贝尼尔）

【概述】　黄色或橙色结晶性粉末，无臭，易溶于水。

【作用】　本品属于广谱抗血液原虫药，对梨形虫、锥虫和边虫均有杀灭作用。其可选择性阻断锥虫动基体DNA的合成或复制，并与核产生不可逆的结合，使虫体动基体消失，不能分裂繁殖而发挥抗虫作用。

【应用】　可驱除牛双牙巴贝斯虫、边虫，水牛伊氏锥虫；驱除马弩巴贝斯虫、马媾疫；驱除犬的巴贝斯虫。

【注意】　①本品安全范围较窄，毒性较大，治疗量时动物会出现起卧不安、频频排尿、肌肉震颤等不良反应。注射液对局部组织刺激性较强，宜分点深部肌肉注射。②骆驼对本品敏感，不宜应用；马较敏感，大剂量应用宜慎重；水牛较黄牛敏感，连续应用时易出现毒性反应。大剂量应用可使奶牛产奶量降低。③休药期28d，弃奶期7d。

【用法】　一次深部肌肉注射，牛、羊3～5mg/kg体重，马3～4mg/kg体重，犬3.5mg/kg体重，临用前用灭菌用水配成5%～7%灭菌溶液。

苏拉明（萘磺苯酰脲）

【概述】　白色、微粉红色或带乳酪色粉末，味涩微苦，易溶于水。

【作用】　本品为传统的、毒性较小的抗锥虫药。其能阻止虫体正常代谢，导致分裂和繁殖受阻，而使虫体溶解死亡。

【应用】 可驱除马、牛、骆驼和犬的伊氏锥虫，驱除牛泰勒虫和边虫。

【注意】 ①本品对牛、骆驼的毒性反应较小，用药后仅出现肌震颤、步态异常、精神委顿等轻微反应。但对严重感染的马属动物，会出现发热、跛行、水肿、步行困难甚至倒地不起。②预防可采用一般治疗量皮下或肌肉注射，治疗须采用静脉注射。

【用法】 一次皮下、肌肉和静脉注射，牛 15～20mg/kg 体重，马 10～15mg/kg 体重，骆驼 8.5～17mg/kg 体重，临用前配成 10% 灭菌水溶液。

喹嘧胺

【概述】 有甲硫喹嘧胺和喹嘧氯胺两种，白色或微黄色结晶性粉末，无臭味苦，前者易溶于水，后者难溶于水。

【作用】 本品为传统应用的抗锥虫药。其对锥虫无直接溶解作用，而是通过影响虫体的代谢抑制其生长繁殖。

【应用】 可驱除牛、马、骆驼伊氏锥虫、马媾疫锥虫、刚果锥虫、活跃锥虫。甲硫喹嘧胺用于治疗锥虫病，而喹嘧氯胺用于预防。

【注意】 ①本品应用时常出现毒性反应，尤以马属动物最敏感，通常注射后15min～2h，动物会出现兴奋不安、呼吸急促、肌肉震颤、腹痛、频排粪尿、心率增加、全身出汗等不良反应，一般在 3～5h 消失。②本品有刺激性，皮下或肌肉注射时局部会出现肿胀和硬结，大剂量时，应分点注射，严禁静脉注射。现用现配。

【用法】 一次皮下、肌肉注射，牛、马、骆驼 4～5mg/kg 体重。临用前配成10% 灭菌水悬液。

三、抗梨形虫药

双脒苯脲

【概述】 本品为双脒唑啉苯基脲，常用其二盐酸盐和二丙酸盐，均为无色粉末，易溶于水。

【作用】 本品为兼有预防和治疗作用的新型抗梨形虫药物。其治疗效果和安全范围均优于三氮脒，毒性较其他抗梨形虫药小，但治疗量时仍有半数动物出现类似抗胆碱酯酶作用的不良反应，小剂量阿托品能缓解症状。

【应用】 可驱除牛、马、犬的巴贝斯虫，牛边虫。

【注意】 ①禁止静脉注射，可引起动物强烈反应甚至致死。②大剂量注射时，对局部组织有刺激性。马较敏感，驴、骡更敏感，高剂量应用时需慎重。

【用法】 一次皮下、肌肉注射，牛 1～2mg/kg 体重（锥虫病时 3mg/kg 体重），马 2.2～5mg/kg 体重，犬 6mg/kg 体重。

硫酸喹啉脲（阿卡普林）

【概述】 黄色或浅绿黄色粉末，易溶于水。

【作用】 本品为传统应用的抗梨形虫药。其对动物的巴贝斯虫均有特效。

【应用】 可驱除牛、马、羊、猪、犬巴贝斯虫，驽巴贝斯虫，牛双芽巴贝斯虫和泰勒虫。

【注意】 ①本品毒性较大，动物用药后会出现站立不安、流涎、出汗、肌肉震颤、血压下降、脉搏增加和呼吸困难等不良反应，30min 左右即自行恢复。为减轻不良反应可分次应用药物或用药前注射小剂量阿托品、肾上腺素。②大剂量应用后会发生血压骤降而导致休克死亡。

【用法】 一次皮下注射，牛 1mg/kg 体重，马 0.6～1mg/kg 体重，猪、羊 2mg/kg 体重，犬 0.25mg/kg 体重。

任务三　杀虫药

【案例导入】

某牛场近期部分病牛出现剧痒、皮肤损伤、脱毛、结痂、增厚，严重者出现皮肤龟裂及其全身消瘦等症状，后在病健交界处的皮肤采集病料，显微镜下诊断为感染疥螨病。请问该选择何种药物？如何使用？

【任务目标】

掌握常用杀虫药的药理作用、临床应用、使用注意事项和用法用量。

【知识准备】

杀虫药物指对寄生在动物体外的寄生虫具有杀灭作用的药物。常见的体外寄生虫有螨、蜱、虱、蚤、蝇、蚊、库蠓等节肢动物，它们不仅可以引起动物感染体外寄生虫病，还可传播许多传染病及人畜共患病，因此应用杀虫药来防治动物体外寄生虫病对保护动物和人的健康、降低体外寄生虫病造成的经济损失具有重要意义。我国目前应用的杀虫药主要是有机磷类、拟菊酯类和双甲脒等其他类。通常有机磷类杀虫药对人、动物毒性较大，如发生中毒时可用阿托品和胆碱酯酶复活剂（氯磷定、解磷定）进行解救。

一、有机磷类

本类药物为传统杀虫药，广泛应用于动物体外寄生虫病，具有杀虫谱广、杀虫作用强、残效期短和易降解对环境污染小等特点，大多数兼有触毒、胃毒和内吸毒。本类药物主要是通过抑制虫体胆碱酯酶的活性，使胆碱酯酶失去水解乙酰胆碱的活性，导致乙酰胆碱在虫体内蓄积，造成虫体神经系统过度兴奋，最终引起虫体肢体震颤、痉挛、麻痹而死亡。

敌敌畏

【概述】 带有芳香气味的无色透明油状液体，有挥发性，在强碱和热水中易水解，在酸性溶液中较稳定。

【作用】 本品是一种高效、速效和广谱的杀虫剂，其杀虫力比敌百虫强8～10倍，对人和动物毒性较大且高于敌百虫，易被皮肤吸收而引起中毒。

【应用】 可驱除动物体外多种寄生虫（螨、蜱、蚤、虱、蝇、蚊等）、马胃蝇、羊鼻蝇蚴；还可用于环境、厩舍消毒。

【注意】 ①本品加水稀释后易分解，宜现配现用，原液及乳油应避光密闭保存。②喷洒药液时应避免污染饮水、饲料、饲槽、用具及动物体表。③对人畜毒性较大，易从消化道、呼吸道及皮肤等途径吸收而中毒。中毒表现主要有瞳孔缩小、流涎、腹痛、频排稀便和呼吸困难等。④禽、鱼、蜜蜂对本品敏感，应慎用。妊娠动物禁用，患心脏病、胃肠炎的动物禁用。

【用法】 喷洒或涂擦：配成0.1%～0.5%溶液喷洒空间、地面和墙壁，每100m²面积约1L，在畜禽粪便上喷洒0.5%药液可以杀灭蝇蛆。喷雾：配成1%溶液喷雾于动物头、背、四肢、体侧、被毛，不能湿及皮肤，可杀灭牛体表的蝇、蚊，每头牛每天用量不得超过60mL。

二嗪农

【概述】 无色油状液体，有淡酯香味，微溶于水，性质不很稳定，在水和酸碱溶液中迅速水解。

【作用】 本品为新型的有机磷杀虫剂、杀螨剂，具有触杀、胃毒、熏蒸和较弱的内吸作用。对各种螨类、蝇、虱、蜱均有良好杀灭效果，喷洒后在皮肤、被毛上的附着力强，能维持长期的杀虫作用，一次用药的有效期可达6～8周。

【应用】 可驱除动物体表寄生的疥螨、痒螨、蜱、虱等。

【注意】 ①本品对动物毒性较小，但对禽、猫、蜜蜂较敏感，毒性较大。②药浴时必须精确计量药液浓度，动物应全身浸泡1min为宜。为提高对猪疥螨病的疗效，可用软刷助洗。③休药期牛、羊、猪14d，弃奶期3d。

【用法】 药浴，每1000L水，绵羊初次浸泡用250g（25%二嗪农溶液），补充药液添加750g；牛初次浸泡用625g，补充药液添加1000g。喷淋，每1000mL水，牛、羊600mg，猪250mg。

辛硫磷

【概述】 无色或浅黄色油状液体，微溶于水，在中性和酸性溶液中稳定，在碱性溶液中分解较快，对光稳定性较差。

【作用】 本品为合成的有机磷杀虫药，具有高效、低毒、广谱、杀虫残效期长等特点，对害虫有强触杀及胃毒作用，对蚊、蝇、虱、螨的速杀作用仅次于敌敌畏和胺菊酯，强于马拉硫磷、倍硫磷等。对人、畜的毒性较低。

【应用】 可驱除动物体表寄生虫病，如羊螨病、猪疥螨病；也用于杀灭周围环境的蚊、蝇、臭虫、蟑螂等。

【注意】 本品光稳定性差，应避光密封保存，室外使用残效期较短。

【用法】 辛硫磷乳油，药浴配成 0.05% 乳液，喷洒配成 0.1% 乳液；复方辛硫磷胺菊酯乳油，喷雾，加煤油按 1:80 稀释灭蚊蝇。

皮蝇磷

【概述】 白色结晶，微溶于水，在中性或酸性介质中稳定，在碱性中迅速分解失效。

【作用】 本品为选择性杀虫药，对双翅目害虫有特效。经内服或喷洒于皮肤上通过内吸作用，进入机体而杀灭牛皮蝇蚴。

【应用】 可驱除牛皮蝇蚴、牛瘤蝇蚴、纹皮蝇蚴、羊锥蝇蛆、虱、蜱、螨、蝇、蟑螂等。

【注意】 ①本品对人和动物毒性较低，但对植物具严重药害，不能用作杀灭农作物害虫。②在宿主体内残留期长，在蛋或乳中残留期可达 10d 以上，牛泌乳期禁用，肉牛休药期 10d。

【用法】 一次内服，牛 100mg/kg 体重。喷洒、喷淋，加水稀释成 0.25%～0.5% 溶液。

蝇毒磷

【概述】 微黄或白色结晶粉末，难溶于水，略溶于乙醇、丙酮和芳香溶媒，在碱性环境中会逐渐水解，但在正常保存和使用条件下较稳定。

【作用】 本品为有机磷类杀虫药中惟一应用于乳牛的杀虫药。外用后，动物体表保留药效期限与药液浓度、气候环境、动物种类等因素有关。一般牛体表药效可保持 1～2 周，绵羊体表可保持约半年之久，所以在一定期限内可防止再感染。

【应用】 可驱除牛皮蝇蛆、蜱、螨、蚤、蝇等体外寄生虫。

【注意】 禁止与其他有机磷类、胆碱酯酶抑制剂配伍。

【用法】 泼淋或药浴，稀释成 0.02%～0.05% 乳液。

马拉硫磷

【概述】 淡黄色油状液体，微溶于水，遇酸性或碱性物质均易分解失效。

【作用】 本品为一种较早应用的有机磷类杀虫剂，其在虫体内被氧化为马拉氧磷，不能水解失活对虫体产生毒害作用。

【应用】 可驱除动物体表寄生的牛皮蝇、牛虻、羊痒螨、猪疥螨和蚤、蝇、蚊、臭虫、蟑螂等卫生害虫。

【注意】 ①本品对蜜蜂有剧毒，对鱼类毒性也较大。对眼睛、皮肤有刺激性。1月龄内的动物禁用。②为增加水溶液的稳定性和去除药物的臭味，可在50%马拉硫磷乳油100mL中添加过氧化苯甲酰1g，充分溶液可到达良好效果。③动物体表用马拉硫磷数小时内应避开阳光照射和风吹，必要时隔2～3周重复用药一次。

【用法】 喷淋或药浴，稀释成0.2%～0.3%水溶液。喷洒体表，稀释成0.5%溶液。泼洒厩舍、池塘、环境，稀释成0.2%～0.5%溶液，泼洒2g/m²。

二、拟菊酯类

拟菊酯是根据除虫菊酯的化学结构人工合成的一类杀虫药，具有高效、杀虫谱广、低毒、低残留等特点。本类药物主要是作用于昆虫神经系统，通过特异性受体或溶解于膜内而改变神经突触膜对离子的通透性，选择性作用于膜上的钠通道，延迟离子通道的关闭，使Na^+持续内流，引起其过度兴奋、痉挛，最终麻痹而死亡。

溴氰菊酯

【概述】 白色结晶粉末，难溶于水，在阳光酸性和中性溶液中稳定，遇碱迅速分解。

【作用】 本品杀虫范围广，对多种有害昆虫有杀灭作用，具有杀虫效力强、速效、低毒、低残留等优点。

【应用】 可驱除动物体外寄生虫病以及杀灭环境、仓库等卫生昆虫。

【注意】 ①本品对人畜毒性虽小，但对皮肤、黏膜、眼睛、呼吸道有较强的刺激性，特别对大面积皮肤病或有组织损伤者，影响更为严重，用时注意防护。②本品急性中毒无特殊解毒药，误服中毒时可用4%碳酸氢钠溶液洗胃。③本品对鱼有剧毒，使用时勿将残液倒入鱼塘。蜜蜂、家蚕较敏感。④休药期羊7d，猪21d。

【用法】 药浴、喷淋，5%溴氰菊酯乳油，每1000L中加100～300mL。

氰戊菊酯

【概述】 本品为淡黄色黏稠液体，难溶于水，耐光性较强，在酸性中稳定，碱性中逐渐分解。

【作用】　本品对动物的多种外寄生虫及吸血昆虫有较好的杀灭作用，其杀虫力强、效果确切。以触杀为主，兼有胃毒和驱避作用，有害昆虫接触后，药物可迅速进入虫体的神经系统，表现强烈兴奋、抖动，致使全身麻痹、瘫痪，最后击倒而杀灭。

【应用】　可驱除动物体表寄生的蜱、虻、螨、虱和环境、厩舍的蝇、蚊等卫生害虫。

【注意】　①在配制溶液时，水温以 12℃为宜，如水温超过 25℃将会使药效下降，超过 50℃则会失效。避免使用碱性水配制，忌与碱性物质配伍。②治疗动物体外寄生虫病时，无论是喷淋、喷洒还是药浴，都应让动物的被毛、羽毛被药液充分浸透。③本品对蜜蜂、鱼虾、家蚕毒性较高，使用时不要污染河流、池塘、桑园、养蜂场所等。④休药期 28d。

【用法】　药浴、喷淋，每 1L 水，马、牛螨病 20mg，猪、羊、犬、兔、鸡螨病 80～200mg，牛、猪、兔、犬虱病 50mg，鸡虱及刺皮螨 40～50mg，杀灭蚤、蚊、蝇、牛虻 40～80mg。喷雾，稀释成 0.2% 浓度，鸡舍按 3～5mL/m^2，喷雾后密闭 4h 可杀灭鸡羽虱、蚊、蝇、蠓等害虫。

三、其他类

双甲脒

【概述】　白色或浅黄色结晶性粉末，无臭，不溶于水。

【作用】　本品为一接触性广谱杀虫剂，兼有胃毒和内吸作用。其通过干扰虫体神经系统使虫体兴奋性增强，口器部分失调而不能完全从动物皮肤拔出或拔出后掉落，并影响虫体的产卵和发育功能。

【应用】　可驱除牛、羊、猪、兔的体外寄生虫病，如疥螨、痒螨、蜂螨、蜱、虱等。

【注意】　①本品对皮肤有刺激作用，使用时应防止药液接触皮肤和眼睛。②马较敏感应慎用，对鱼有剧毒，勿将药液污染鱼塘、河流。③休药期牛、羊 21d，猪 8d，弃奶期 48h，羊泌乳期禁用。

【用法】　药浴、喷洒、涂擦，动物用 0.025%～0.05% 溶液。喷雾，每 1L 溶液中，蜜蜂 50mg。

非泼罗尼

【概述】　白色结晶性粉末，难溶于水，易溶于玉米油，性质稳定。

【作用】　本品是一具有优异防治效果的广谱杀虫剂。其可与昆虫中枢神经细胞膜上的 GABA 受体结合，阻止氯离子通道，干扰中枢神经系统的正常功能使昆虫死亡。

【应用】 可驱除犬、猫体表跳蚤、蜱虫及其他体表寄生虫。

【注意】 本品对人畜有中等毒性，对鱼高毒，使用时应该注意防止污染河流、湖泊、鱼塘。

【用法】 喷雾，犬、猫 3 ~ 6mL/kg 体重。

环丙氨嗪

【概述】 白色结晶性粉末，无臭，难溶于水，可溶于有机溶剂，遇光稳定。

【作用】 本品为昆虫生长调节剂，可抑制双翅目幼虫的蜕皮，特别是幼虫第 1 期蜕皮，使蝇蛆繁殖受阻，而致蝇死亡。

【应用】 可控制动物厩舍内蝇蛆的繁殖生长，杀灭粪池内蝇蛆，以保证环境卫生。

【注意】 ①本品对鸡基本无不良反应，但饲喂浓度过高也可能出现一定影响。药料浓度达 25mg/kg 时，可使饲料消耗量增加；500mg/kg 以上才能使饲料消耗量减少；1000mg/kg 以上长期喂养可能因摄食过少而死亡。②每公顷土地施用饲喂本品的鸡粪 1 ~ 2t 为宜，超过 9t 以上可能对植物生长不利。③休药期鸡 3d。

【用法】 环丙氨嗪预混剂混饲，每 1000kg 饲料，鸡 5g（按有效成分计）连用 4 ~ 6 周。环丙氨嗪可溶性粉，浇洒，每 20m³ 以 20g 溶于 15L 水中，浇洒于蝇蛆繁殖处。

课后练习

一、选择题

1. 对鹅蛔虫和绦虫均有驱除作用的药物是（   ）

　　A. 哌嗪　　B. 噻嘧啶　　C. 氯硝柳胺　　D. 阿苯达唑　　E. 伊维菌素

2. 对寄生于动物胃肠道内线虫无驱除作用的药物是（   ）

　　A. 莫能菌素　　　　　　B. 阿苯达唑　　　　　　C. 伊维菌素

　　D. 左咪唑　　　　　　　E. 别丁

3. （   ）无杀虫作用

　　A. 伊维菌素　　　　　　B. 敌百虫　　　　　　　C. 溴氰菊酯

　　D. 双甲脒　　　　　　　E. 氨丙啉

4. 鸡感染球虫出现临床症状选用（   ）治疗效果最好

　　A. 氯羟吡啶　　　　　　B. 马杜霉素　　　　　　C. 尼卡巴嗪

　　D. 磺胺嘧啶　　　　　　E. 吡喹酮

5. 地克珠利属（　　）药
　　A. 杀虫　　B. 抗线虫　　　C. 抗球虫　　　D. 抗吸虫　　　E. 抗绦虫

6. 对外寄生虫无杀灭作用的药物是（　　）
　　A. 阿维菌素　　　　　　　B. 敌百虫　　　　　　　　C. 溴氰菊酯
　　D. 苏拉明　　　　　　　　E. 伊维菌素

7. 双甲脒属（　　）药
　　A. 抗线虫　　B. 杀虫　　　C. 抗绦虫　　　D. 抗吸虫　　　E. 抗球虫

8. 不具有抗球虫作用的药物是（　　）
　　A. 氨丙啉　　B. 马杜霉素　　C. 尼卡巴嗪　　D. 伊维菌素　　E. 贝尼尔

9. 伊维菌素具有（　　）作用
　　A. 驱除动物体内线虫　　　B. 抗菌
　　C. 驱除动物体内绦虫　　　D. 抗球虫

10. 喹嘧胺具有（　　）作用
　　A. 抗菌　　　　　　　　　B. 抗球虫
　　C. 抗锥虫和抗梨形虫　　　D. 抗线虫
　　E. 消炎

二、简答题

1. 简述伊维菌素的驱虫机制与应用。
2. 简述阿苯达唑驱虫作用机制、驱虫谱及应用。

PROJECT 4 | 项目四

作用于外周神经系统的药物

∴ **认知与解读** ∴

外周神经系统包括脑神经和脊髓神经，发出大量神经纤维分布到动物全身各组织、器官中。外周神经系统可分为传入神经纤维和传出神经纤维两大类，其药物也分为传出神经系统药物与传入神经系统药物两类。传出神经系统药物根据其对突触传递过程可分为拟胆碱药、抗胆碱药、拟肾上腺素药和抗肾上腺素药四类。传入神经又称为感觉神经，作用于此部位的药物包括局部麻醉药、皮肤黏膜保护药和刺激药三类。

任务一　作用于传出神经的药物

【案例导入】

一病犬起初兴奋不安，肌肉痉挛，轻则震颤，重则抽搐，四肢肌肉阵挛时，病犬频频踏步，横卧时则做游泳动作。瞳孔缩小，严重时成线状。大量流涎、流泪，腹痛、肠音高朗、不断拉稀水，甚至排便失禁。怀疑为有机磷中毒，请问该选择何种药物？如何使用？

【任务目标】

掌握常用的作用于传出神经的药物的药理作用、临床应用、使用注意事项和用法用量。

【技能目标】

通过试验观察肾上腺素对普鲁卡因局部麻醉作用的影响。

【知识准备】

作用于传出神经药物的基本作用是直接作用于受体或通过影响递质的释放、储存和转化产生兴奋或抑制效应。

一、概述

1. 传出神经分类

（1）按解剖学分类　传出神经可分为植物性神经和运动神经两大类。前者主要支配心脏、平滑肌和腺体等效应器的活动，后者支配骨骼肌的运动。植物性神经有节前纤维和节后纤维之分。

（2）按递质分类　传出神经末梢释放的递质主要有乙酰胆碱（Ach）和去甲肾上腺素（NE）。它们通过作用突触后膜上相应的受体，影响下一级神经元或效应器细胞的活动，完成神经冲动的传递。根据递质的不同，传出神经可分为胆碱能神经和肾上腺素能神经。

①胆碱能神经：包括运动神经、植物性神经节前纤维、副交感神经节后纤维和极少数平滑肌交感神经节后纤维（如支配汗腺的交感神经节后纤维）。它们兴奋时释放的递质是乙酰胆碱。

②肾上腺素能神经：大部分交感神经节后纤维都属此类，它们兴奋时释放的递质是去甲肾上腺。

2. 传出神经的受体

传出神经的生理功能是通过递质与受体结合而产生效应的。它能选择性地与某些递质或药物结合，产生一定的生理或药理效应。受体可分为两大类，胆碱受体和肾上腺素受体。

（1）胆碱受体　指能与乙酰胆碱结合的受体。这种受体又可分为以下两类。

①毒蕈碱型胆碱受体：简称 M 胆碱受体或 M 受体。对毒蕈碱作用比较敏感，主要分布于副交感神经节后纤维和一小部分释放乙酰胆碱的交感神经节后纤维所支配的效应器细胞膜上。

②烟碱型胆碱受体：简称 N 胆碱受体或 N 受体。对烟碱的作用比较敏感，主要分布于植物神经节细胞膜和骨骼肌细胞膜上，一般将植物神经节细胞膜上的受体称为 N_1 受体，骨骼肌细胞膜上的受体称为 N_2 受体。

（2）肾上腺素受体　指能与去甲肾上腺素或肾上腺素结合的受体。此种受体也可分为以下两类。

①肾上腺素受体：简称 α 受体。主要分布于皮肤、黏膜、内脏的血管，虹膜辐射肌和腺体细胞等效应器细胞膜上及肾上腺素能神经末梢的突触前膜。

②肾上腺素受体：简称 β 受体。主要分布于心脏、血管、支气管等效应器细胞膜上。β 受体又可分为两种，即 β_1 和 β_2 受体。β_1 受体主要分布在心脏，β_2 受体主要分布在血管（骨骼肌、内脏、冠状动脉）和支气管。

3. 传出神经递质的作用

传出神经末梢释放的递质与受体结合后产生一定的生理效应，表现为以下几种作用。

（1）胆碱能神经递质的作用

①M 样作用（毒蕈碱样作用）：是兴奋 M 受体时所呈现的作用。表现为心脏抑制，血管扩张，多数平滑肌收缩，瞳孔缩小，腺体分泌增加等。

②N 样作用（烟碱样作用）：是兴奋 N 受体时所呈现的作用。表现为植物神经节兴奋，肾上腺髓质分泌增加，骨骼肌收缩等。

（2）肾上腺素能神经递质的作用

①M 样作用：是兴奋 M 受体所呈现的作用，表现为血管收缩，血压升高等。

②N 样作用：是兴奋 N 受体所呈现的作用，表现为心跳加快，心肌收缩力加强，平滑肌松弛，脂肪和糖原分解等。

4. 传出神经的生理功能

除骨骼肌受运动神经支配外，机体器官的功能一般都受交感神经和副交感神经的双重支配。虽然这两种神经的功能大多数是互相拮抗、互相制约的，但在中枢神经系统的调节下，两者的功能处于对立统一的状态，以保证机体更好地适应内外环境的变化和机体活动的需要。

5．传出神经系统药物的作用与分类

（1）传出神经系统药物的作用　作用于传出神经系统的药物，大多数是通过影响突触传递而产生效应，其基本作用是直接作用于受体或通过影响递质的代谢过程（正常情况，体内乙酰胆碱主要被胆碱酯酶分解而消除）而产生兴奋或抑制效应。

①直接作用于受体：药物直接与效应器细胞膜上的受体结合，产生两种效应：一种是产生与递质（乙酰胆碱或去甲肾上腺素）相似的作用，有拟胆碱药和拟肾上腺素药；另一种是产生与递质相反的作用，有抗胆碱药和抗肾上腺素药。

②影响递质的代谢过程：药物通过影响递质的释放和转化而产生作用。如新斯的明通过抑制胆碱酯酶的活性，减少乙酰胆碱的破坏而呈现拟胆碱作用；麻黄碱除直接作用于受体而产生效应外，还可通过促进去甲肾上腺素的释放而发挥拟肾上腺素作用。

（2）传出神经系统药物的分类　传出神经系统药物按其作用性质主要分为拟胆碱药、抗胆碱要和拟肾上腺素药等。

二、常用药物

1．拟胆碱药（胆碱受体激动药）

氨甲酰胆碱（碳酰胆碱、卡巴可）

【概述】　人工合成药，白色或淡黄色结晶粉末，有潮解性，其氯化物极易溶于水，难溶于乙醇，水溶液稳定，加热煮沸不被破坏。

【作用】　本品能直接兴奋M受体和N受体，且在体内不易被胆碱酯酶水解破坏，故作用强而持久。M受体兴奋时，表现为平滑肌收缩加强，腺体分泌增加，心率减慢，瞳孔缩小。N受体兴奋时，主要表现为植物性神经节兴奋，骨骼肌收缩加强。本品的主要特点是对平滑肌和腺体的兴奋作用强而持久，对骨骼肌作用不明显。

【应用】　用于瘤胃积食、前胃弛缓、肠臌气、大肠便秘及子宫弛缓、胎衣不下、子宫蓄脓等。

【注意】　①本品作用强烈，在治疗便秘时，应先给予盐类或油类泻药或大量饮水以软化粪便，然后每隔30~40min，分次小剂量给药。对成年马，宜每隔30~60min皮下注射本品1~2mg，幼马减至0.25~0.5mg。治疗牛前胃弛缓和积食时，也应先软化胃内容物，再用小剂量皮下注射，并根据具体情况决定是否重复给药。②本品禁用于老龄、瘦弱、妊娠、心肺疾患的动物及顽固性便秘、肠梗阻患畜。不可进行肌注或静注。③如发生中毒时可用阿托品解救。

【用法】 一次皮下注射，马、牛 1～2mg，猪、羊 0.25～0.5mg，犬 0.025～0.1mg。治疗前胃弛缓时，牛 0.4～0.6mg，羊 0.2～0.3mg。

毛果芸香碱

【概述】 本品是从毛果芸香叶中提取的一种生物碱，现已人工合成。其硝酸盐为白色结晶粉末，无臭，味苦，易溶于水，水溶液稳定。遇光易变质。

【作用】 本品能直接作用于 M 受体，呈现 M 样作用。对腺体、胃肠平滑肌及瞳孔括约肌的作用明显，而对心血管系统的作用较弱。对唾液腺、泪腺、支气管腺等腺体以及胃肠平滑肌有明显的兴奋作用，给马皮下注射后 3～5min 即开始出现作用，10min 后作用最明显，持续 1～3h。由于胃肠分泌增加，蠕动加快，可促进硬结粪块的排出。能使虹膜括约肌收缩，瞳孔缩小，眼内压降低。

【应用】 用于治疗不全阻塞性肠便秘、前胃弛缓、手术后肠麻痹、猪食道梗塞等。0.5%～2% 溶液作为缩瞳剂，与阿托品交替使用，治疗虹膜炎或青光眼，以防止虹膜与晶状体粘连。

【注意】 ①治疗马便秘时，用药前应大量灌水；补液，并注射安钠咖等强心剂，以防脱水或加重心力衰竭。②易引起呼吸困难和肺水肿，用药后应保持患畜安静，加强护理，必要时采取对症治疗，如注射氨茶碱以扩张支气管，注射氯化钙以制止渗出。③完全阻塞的肠便秘患畜禁用，体弱、妊娠、心肺疾患等动物禁用。④用药剂量过大时易发生中毒，中毒时可用阿托品解救。

【用法】 一次皮下注射，马、牛 30～300mg，猪 5～50mg，羊 10～50mg，犬 3～20mg。兴奋瘤胃，牛 40～60mg。

新斯的明（普罗色林、普洛斯的明）

【概述】 本品为人工合成药，白色结晶粉末，无臭，味稍苦，易溶于水，遇光易变成粉红色。应遮光密封保存。

【作用】 本品能可逆性地抑制胆碱酯酶的活性，使乙酰胆碱的分解破坏减少，乙酰胆碱在体内浓度增高，呈现拟胆碱样作用。表现对心血管系统、腺体及支气管平滑肌的作用较弱，而对胃肠、子宫、膀胱平滑肌的作用强。本品还能直接作用于骨骼肌运动终板的 N_2 受体，并能促进运动神经末梢释放乙酰胆碱，所以对骨骼肌的兴奋作用很强，能提高骨骼肌的收缩力。

【应用】 用于治疗重症肌无力，还可用于前胃弛缓、肠弛缓、便秘疝、手术后腹气胀、尿潴留及牛产后子宫复位不全等。

【注意】 ①腹膜炎、肠道或尿道机械性阻塞患畜及妊娠后期动物禁用。癫痫、哮喘动物慎用。②用药过量时，可肌注阿托品解救，也可静注硫酸镁以直接抑制骨骼肌的兴奋性。

【用法】 一次皮下或肌肉注射，马 4～10mg，牛 4～20mg，猪、羊 2～5mg，犬 0.25 ~ 1mg。

2．抗胆碱药（胆碱受体阻断药）

阿托品

【概述】　本品是从颠茄、曼陀罗或莨菪等茄科植物中提取的生物碱，现可人工合成，常用其硫酸盐，为白色结晶粉末，无臭，味极苦，极易溶于水，易溶于乙醇，水溶液久置或遇碱性物质可分解。遇光易变质。

【作用】　治疗量的阿托品能与乙酰胆碱竞争 M 胆碱受体，它与受体结合后，并不激动受体，而是阻断乙酰胆碱或拟胆碱药与 M 胆碱受体的结合，产生对抗乙酰胆碱的 M 样作用。较大剂量时，能兴奋大脑和延髓。超量使用时，能阻断神经节 N_1 受体的作用。因此，阿托品的作用与体内交感神经兴奋时呈现的生理机能大体相似。其主要作用有以下几个方面。

①松弛内脏平滑肌：对胃肠、支气管、输尿管、胆管、膀胱等平滑肌有松弛作用，但这一作用与剂量的大小和内脏平滑肌的功能状态有关。治疗量的阿托品对正常活动的平滑肌影响较小，而当平滑肌处于过度收缩和痉挛时，松弛作用就很明显。

②抑制腺体分泌：对多种腺体有抑制作用，能明显地抑制唾液腺和支气管腺等的分泌。用药后可引起口干舌燥、皮肤干燥、吞咽困难等症状。

③解毒作用：家畜发生有机磷中毒时，由于体内乙酰胆碱的大量堆积，而出现强烈的 M 样和 N 样作用。此时应用阿托品治疗，能迅速有效地解除 M 样作用的中毒症状。

④对心脏的作用：阿托品可引起心率加快，这是因为在生理情况下，迷走神经对心脏的抑制作用被阿托品解除所致。阿托品加快心率作用的强度取决于动物迷走神经的紧张度，如马、犬和猫等迷走神经紧张度高的动物，阿托品增加心率的作用很明显。

⑤改善微循环：大剂量的阿托品能使痉挛的血管平滑肌松弛，解除小动脉痉挛，便微循环血流通畅，组织得到正常的血液供应，从而改善全身血液循环。

⑥散瞳作用：阿托品可使虹膜括约肌松弛，使瞳孔散大。

⑦兴奋中枢神经：大剂量的阿托品有明显的中枢兴奋作用，除迷走和呼吸中枢外，也可兴奋大脑皮质运动区和感觉区，对治疗感染性休克和有机磷中毒有一定的意义。

【应用】　①治疗：用于肠痉挛、肠套叠、急性肠炎和毛粪石等病例，能缓解疼痛，调节肠蠕动。②解毒：用于解救有机磷中毒、拟胆碱药中毒及呈现胆碱能神经兴奋症状的中毒。③作为麻醉前给药：可在麻醉前 15 ~ 20min 皮下注射小剂量阿托品，能抑制呼吸道腺体分泌，防止呼吸道阻塞和吸入性肺炎及反射性的心跳停止。④抗休克：大剂量阿托品可用于失血性休克及感染中毒性休克，如中毒性菌痢、中毒性肺炎等并发的休克。⑤散瞳：用0.4%～1%溶液点眼，与毛果芸香碱交替使用，可防止急性炎症时晶状体、睫状体和虹膜粘连。

【注意】　①阿托品在治疗剂量时有口干、便秘、皮肤干燥等不良反应。一般停药后可逐渐消失。②本品剂量过大时，除出现胃肠蠕动停止、臌气、心动过速、体温升高外，还可出现一系列中枢兴奋症状，如狂躁不安、惊厥，继而由兴奋转入抑制，出现昏迷、呼吸麻痹等中枢中毒症状。解救时，多以对症治疗为主，如用镇静药或抗惊厥药来对抗中枢兴奋症状；应用毛果芸香碱、新斯的明或毒扁豆碱对抗其周围作用和部分中枢症状；必要时可用毛果芸香碱、新斯的明或毒扁豆碱等拟胆碱药解救。

【用法】　一次肌肉、皮下或静脉注射，麻醉前给药，马、牛、羊、猪、犬、猫0.02～0.05mg/kg体重。解除有机磷中毒，马、牛、猪、羊0.5～1mg，犬、猫0.1～0.15mg，禽0.1～0.2mg。马迷走神经兴奋性心律不齐，0.045mg。犬、猫心动过缓，0.02～0.04mg。

东莨菪碱（氢溴酸东莨菪碱）

【概述】　无色结晶或白色结晶性粉末，无臭，易溶于水，常制成注射液。

【作用】　本品作用与阿托品相似，对中枢的作用因剂量及动物种属的不同存在差异，如犬、猫用小剂量可出现中枢抑制作用，大剂量产生兴奋作用，表现不安和运动失调，而对马均产生明显的兴奋作用。其抗震颤作用是阿托品的10～20倍，散瞳和抑制腺体分泌作用较阿托品强。

【应用】　用于有机磷酸酯类中毒的解救，也可替代阿托品用于麻醉前给药。

【注意】　与阿托品相同。

【用法】　一次皮下注射，牛1～3mg，羊、猪0.2～0.5mg，犬0.1～0.3mg。

3. 拟肾上腺素药（肾上腺素受体激动药）

肾上腺素

【概述】　白色或类白色结晶粉，无臭，味苦，难溶于水，其性质不稳定，遇氧化物、碱性化合物、光、热、空气易氧化变质。临床常用其盐酸盐溶液，为无色澄明液体，不稳定，易被氧化，如颜色变黄时，则不可使用。

【作用】　本品能兴奋α受体和β受体。①对心脏的作用：肾上腺素能兴奋心脏的β受体而使心肌收缩力加强，传导加速，心率加快，心输出量增多，血压升高；还能扩张冠状血管，改善心肌供血。不利的是提高了心肌的代谢，使心肌耗氧量增加。②对血管的作用：肾上腺素对血管有收缩和舒张两种作用，这与体内各部位血管的受体种类不同有关。本品对以α受体占优势的皮肤、黏膜及内脏（如肾脏）的血管产生收缩作用，而对以β受体占优势的冠状血管和骨骼肌血管则有舒张作用。③对平滑肌的作用：能松弛支气管平滑肌，特别是在支气管痉挛时作用更为明显，对胃肠道和膀胱的平滑肌松弛作用较弱，对括约肌有收缩作用。

另外，肾上腺素还能兴奋呼吸中枢，减少支气管和消化腺的分泌，散大瞳孔，升高血糖等。

【应用】　①作为恢复心功能的急救药：常用于过敏性休克、溺水、传染病、药物中毒、手术意外及心脏传导阻滞等所引起的心跳微弱或骤停。心跳完全停止时，可采用心内注射，并配合有效的人工呼吸，心脏按摩等措施。②用于过敏性疾病：如过敏性休克、荨麻疹、支气管痉挛、蹄叶炎等。对免疫血清和疫苗引起的过敏性反应也有效。③与局部麻醉药配伍使用：延长麻醉时间，减少麻醉药的毒性反应。④外用作为局部止血药：当黏膜、子宫或手术部位出血时，可用纱布浸以 0.1% 的盐酸肾上腺素溶液填充出血处，以使局部血管收缩，制止出血。

【注意】　①心血管器质性病变及肺出血的患畜禁用。②使用时剂量过大或静注速度过快，可导致心律失常，甚至心室颤动，故应严格控制剂量。③忌用于水合氯醛中毒的病畜，也不宜与强心苷、钙剂等具有强心作用的药物并用。④急救时，可根据病情将 0.1% 的肾上腺素注射液作 10 倍稀释后静注，必要时可作心内注射。⑤一般过敏性疾病或病情不太紧急的急性心力衰竭，不必静注，可稀释后作皮下或肌肉注射。

【用法】　一次皮下、肌肉注射，马、牛 2～5mL，猪、羊 0.2～1.0mL，犬 0.1～0.5mL，猫 0.1～0.2mL（犬、猫需稀释 10 倍后注射）。一次静脉注射，马、牛 1～3mL，猪、羊 0.2～0.6mL，犬 0.1～0.3mL，猫 0.1～0.2mL（用时以生理盐水稀释 10 倍，心室内注射犬、猫用量及浓度同皮下注射）。

重酒石酸去甲肾上腺素

【概述】　白色或类白色结晶粉末，无臭，味苦，易溶于水。遇光和空气易变质，在碱性溶液中，迅速氧化变色而失效。应避光、密封保存。

【作用】　本品主要兴奋 α 受体，对心脏的 β 受体兴奋作用较弱。由于血管收缩，心收缩力增强，心输出量增加，故有较强的升压作用。

【应用】　用于治疗微循环血流灌注不足和有效血容量下降所致的休克，如失血性休克、创伤性休克及感染性休克等。

【注意】　①在临床中，使用本品抗休克，应先给动物输液或输血以补充血容量，改善微循环。②使用时剂量不宜过大，也不宜长期使用，以免造成血管强烈收缩、血管痉挛、微循环血流灌注不足而使休克恶化。③静脉滴注时防止药物外漏，以免引起局部组织坏死。

【用法】 一次静脉注射，马、牛 8～20mg，猪、羊 2～4mg。

异丙肾上腺素

【概述】 本品由人工合成，常用其盐酸盐和硫酸盐。盐酸盐为白色或类白色结晶粉末，无臭，味稍苦，遇光逐渐变色。易溶于水，水溶液在空气逐渐变色，遇碱变色更快。

【作用】 本品主要作用于 β 受体，对心血管系统具有兴奋心脏、增强心肌收缩力、加速房室传导、增加心输出量、扩张骨骼肌血管、解除休克时小动脉痉挛和改善微循环等作用；对支气管平滑肌有较强的松弛作用，作用迅速、短暂。

【应用】 用于支气管痉挛所致的哮喘发作；抢救心脏骤停、治疗房室阻滞等；也可用于抗休克（应先补足血容量）。

【注意】 ①剂量过大，特别是在缺氧情况下，易引起心律失常。②抗休克时，应事先补足血容量，否则可导致血压下降。③心肌炎及甲状腺功能亢进时禁用。

【用法】 一次静脉滴注，马、犬 1～4mg，猪、羊 0.2～0.4mg，用时加入 5% 葡萄糖 500mL 中；犬、猫 0.5mg，用时加入 5% 葡萄糖 250mL 中。

麻黄碱（麻黄素）

【概述】 本品是从麻黄科植物木贼麻黄的干燥草茎中提取的一种生物碱，也可人工合成。其盐酸盐为白色针状结晶粉末，无臭，苦味，易溶于水，遇光逐渐变黄。

【作用】 本品可直接兴奋 α 受体和 β 受体，也能促进肾上腺素能神经末梢释放去甲肾上腺素。本品特点是性质稳定，内服有效。其外周作用如兴奋心脏、收缩血管、升高血压、松弛平滑肌作用比肾上腺素弱，但持久。中枢兴奋作用较肾上腺素强。

【应用】 用于治疗支气管痉挛及荨麻疹等过敏性疾病，外用治疗鼻炎。

【注意】 ①由于本品能温和、持久地松弛支气管平滑肌，缓解支气管痉挛，因此常用于治疗哮喘，与苯海拉明配伍应用，效果更好。②本品短期内连续应用，易产生快速耐受性。

【用法】 一次皮下注射，马、牛 50～300mg，猪、羊 20～50mg，犬 10～30mg。

4. 抗肾上腺素药（肾上腺素受体阻断药）

酚妥拉明

【概述】 无色或微黄色的澄明液体。

【作用】 本品为 α 肾上腺素受体阻滞药，对 α_1 与 α_2 受体均有作用，能拮抗血液循环中肾上腺素和去甲肾上腺素的作用，使血管扩张而降低周围血管阻力。

本品可兴奋心脏，使心脏收缩力增强，心率加快，心输出量增加，可用于治疗心力衰竭。同时具有拟胆碱作用，使胃肠平滑肌张力增加。

【应用】 用于犬休克的治疗。

【注意】 应用时须补充血容量，最好与去甲肾上腺素同用。

【用法】 一次静脉滴注，犬、猫 5mg，以 5% 葡萄糖溶液 100mL 稀释滴注。

普萘洛尔（心得安）

【概述】 本品为等量的左旋和右旋异构体混合而得的消旋体，用其盐酸盐，白色结晶性粉末。

【作用】 本品有较强的 β 受体阻断作用，可阻断 β_1 受体抑制心脏收缩力与房室传导，减慢心率，循环血流量减少，降低血压，心肌耗氧率降低。阻断 β_2 受体，表现在支气管和血管收缩。

【应用】 用于抗心律失常。

【注意】 应用时须补充血容量，最好与去甲肾上腺素同用。

【用法】 一次内服，马 150～300mg/450kg 体重，犬 5～40mg，猫 2.5mg，3次/d。一次静脉滴注，马 5.6～17mg/100kg 体重，2次/d；犬 1～3mg；猫 0.25mg。

【技能训练】 观察肾上腺素对普鲁卡因局部麻醉作用的影响

1．准备工作

家兔 1 只、0.1% 盐酸肾上腺素注射液，2% 盐酸普鲁卡因注射液、注射器（1mL、5mL）、8 号针头、剪毛剪、镊子、酒精棉球、电子秤。

2．训练方法

（1）取家兔 1 只，称重，观察其正常活动，用针刺后肢，观察并记录有无疼痛反应。

（2）按 2mL/kg 体重，在两侧坐骨神经周围，分别注入 2% 盐酸普鲁卡因注射液和加有 0.1% 肾上腺素的普鲁卡因注射液。

（3）5min 后开始观察两后肢有无运动障碍，并用针刺两后肢，观察有无痛觉反应，以后每 10min 检查一次，观察两后肢恢复感觉的情况。

3．归纳总结

实验过程中使兔自然俯卧，在尾部坐骨嵴与股骨头之间摸到一凹陷处，即为坐骨神经部位，注射点需要准确把握。普鲁卡因与肾上腺素的比例，即每 10mL 2% 普鲁卡因注射液中加 0.1% 盐酸肾上腺素注射液 0.1mL。

4．实验报告

记录实验所观察的结果（表 4-1），家兔两后肢运动和感觉恢复时间为何不同？说明普鲁卡因与肾上腺素合用进行局部麻醉的临床意义。

表 4-1　　　　　　　　　　局部麻醉实验结果

药物	用药前反应	用药后反应 /min						
		5	10	20	30	40	50	60
普鲁卡因								
普鲁卡因 + 肾上腺素								

任务二　局部麻醉药

【案例导入】

一京巴犬，1 岁，体重 5kg，病犬主要表现出顽固性呕吐、腹泻、血便、腹痛等症状，腹部触诊时病犬表现敏感，在右下摸到坚实而有弹性的类似香肠样肿块，初步判定为肠套叠，对其进行手术治疗。请问该选择何种局部麻醉药物？如何使用？

【任务目标】

掌握常用局部麻醉药物的药理作用、临床应用、使用注意事项和用法用量。

【技能目标】

通过实验掌握不同局部麻醉药对兔角膜的麻醉作用强度，以便临床上合理选择局部麻醉药。

【知识准备】

一、概述

1. 概念

局部麻醉药简称局麻药，是指在低浓度时能选择性、可逆性地阻断神经干或神经末梢冲动传导，使其所支配的相应组织暂时失去痛觉的药物。

2. 作用特点

局部麻醉药在低浓度时就能阻断感觉神经冲动的传导。当浓度升高时，对神经组织的任何部位都有作用，但不同的神经纤维对局部麻醉药的敏感度不同。这与神经纤维的粗细、分布的深浅及有无髓鞘等有关。感觉神经纤维最细，多分布在表面，大多数无髓鞘，故容易被麻醉。而在感觉神经纤维中，痛觉神经纤维最细，故在感觉中痛觉最先消失，依次是冷、温、触、关节感觉和深压感觉，恢复时顺序相反。

3．作用机制

神经冲动的产生和传导有赖于神经细胞膜对离子通透性的一系列变化。在静息状态下，钙离子与细胞膜上的磷脂蛋白结合，阻止钠离子内流。当神经受到刺激兴奋时，钙离子离开结合点，钠离子信道开放，钠离子大量内流，产生动作电位，从而产生神经冲动与传导。局部麻醉药的作用在于它能与钙离子竞争，并牢固地占据神经细胞膜上的钙离子结合点，当神经兴奋到达时，局部麻醉药不能脱离结合点，因而阻碍了钠离子内流，动作电位不能产生（即膜稳定作用），神经传导阻断，产生局部麻醉作用。

4．麻醉方式

根据手术及用药目的的不同，局部麻醉药常采用以下给药方式。

（1）表面麻醉　将药液用于黏膜的表面，使黏膜下的感觉神经末梢被麻醉。可采用滴入、涂布或喷雾等方法，用于眼、鼻、口腔及泌尿道等手术的麻醉。要求药物的穿透力强，对黏膜无损害作用。可用丁卡因、利多卡因等。

（2）浸润麻醉　将药液注入皮下、肌肉、浆膜等处，使支配其部位的神经纤维和神经末梢被麻醉，阻断疼痛刺激向中枢传导。适用于脓肿切开等各种小手术。可选用毒性最小的普鲁卡因，其次是利多卡因等。

（3）传导麻醉　将药液注入神经干周围，便其所支配的区域产生麻醉。常用于剖腹术及跛行诊断等。可选用普鲁卡因、利多卡因。传导麻醉不会引起神经的永久性损伤，一般情况下用药后 1min 开始完全麻醉，持续约 1h。

（4）椎管内麻醉　将药液注入椎管中的麻醉方式。若将药液注入硬膜外腔（常在腰荐椎之间及荐尾椎之间的凹陷处），称硬膜外腔麻醉。此法临床多适用于牛的乳房、膀胱、阴茎麻醉以及难产的救助等。可选用的药物有普鲁卡因、利多卡因。若将药液注入蛛网膜下腔（腰荐椎之间的凹陷处，较前法刺入稍深些），称腰椎麻醉。此法家畜一般不采用。

（5）封闭疗法　将药液注入患部周围或与患部有关的神经通路上，以阻断病灶的不良冲动向中枢传导，从而减轻疼痛，缓解症状，改善神经营养。如将药液注入静脉内，使之作用于血管壁感受器，也可达到封闭的目的。临床主要用于治疗蜂窝织炎、疝痛、关节炎、烧伤、久治不愈的创伤、风湿病等。此外，还可进行四肢环状封闭和穴位封闭。

二、常用局部麻醉药

普鲁卡因（奴佛卡因）

【概述】　本品为对氨基苯甲酸二乙氨基乙酯。其盐酸盐为白色粉末。无臭，味微苦，有麻感，易溶于水，水溶液呈酸性反应，水溶液不太稳定，受外界条件影响，易水解和氧化，色渐变黄，在 pH 4.0 左右较为稳定。遇光、久储、受热后效力下降。

【作用】 本品麻醉力较强，毒性较低；穿透力较弱，不宜作表面麻醉；作用快，维持时间短，注射后 1～3min 内起效，维持时间 30～45min，若按十万分之一的比例加入盐酸肾上腺素（椎管内麻醉除外），可延长麻醉时间 1～1.5h；静滴低浓度时具有镇静、镇痛、解痉、止痒等作用。

【应用】 用于动物的浸润麻醉、传导麻醉、椎管内麻醉。在损伤、炎症及溃疡组织周围注入低浓度溶液，作封闭疗法。治疗马痉挛性腹痛、犬的痛痒症，以及某些过敏性疾病等。

【注意】 ①本品不可与磺胺类药物配伍用，因普鲁卡因在体内可分解出对氨基苯甲酸，对抗磺胺的抑菌作用。碱类、氧化剂易使本品分解，故不宜配合使用。②虽然本品毒性较低，但用量过大时，也可引起毒性反应，表现为中枢神经先兴奋后抑制，甚至造成呼吸麻痹等。如出现中毒症状，应立即对症治疗，兴奋期可给予小剂量的中枢抑制药，若转为抑制期则不可用兴奋药解救，只能采用人工呼吸等措施。

【用法】 浸润麻醉、封闭麻醉，0.25%～0.5% 的溶液；传导麻醉，小动物用 2% 的浓度，每个注射点为 2%～5% 溶液，马、牛 20～30mL，小动物 2～5mL。

利多卡因（昔罗卡因）

【概述】 其盐酸盐为白色结晶粉末，无臭，有苦麻味，易溶于水，水溶液稳定，可耐高压灭菌。

【作用】 本品组织穿透力强，可作表面麻醉；麻醉力强，作用快，维持时间长，可达 1.5～2h；弥散性广；毒性较普鲁卡因强 1.5h。另外，本品静脉注射还能抑制心室的自律性，缩短不应期。

【应用】 用于动物的表面麻醉、浸润麻醉、传导麻醉及硬膜外腔麻醉，也可用于窦性心动过速，治疗心律失常。

【注意】 ①本品用于表面麻醉时，必须严格控制剂量，防止中毒。②本品弥散性广，一般不做腰麻。

【用法】 表面麻醉用 2%～5% 溶液；浸润麻醉用 0.25%～5% 溶液；传导麻醉用 2% 溶液，每个注射点，马、牛 8～12mL，羊 3～4mL；硬膜外腔麻醉用 2% 溶液，马、牛 8～12mL，犬 1～10mL，猫 2mL。

丁卡因（地卡因）

【概述】 白色结晶粉末，无臭，味苦有麻感，有吸湿性，易溶于水。

【作用】 本品麻醉力和穿透力较普鲁卡因强 10 倍；作用迅速而持久，1～3min 起效，维持 2～3h；

【应用】　用于表面麻醉及硬膜外腔麻醉，如滴眼、喷喉、泌尿道黏膜麻醉等。

【注意】　由于毒性较大（约为普鲁卡因的 10 倍），注射后吸收又迅速，所以一般不宜作浸润麻醉相传导麻醉。

【用法】　表面麻醉，0.5%～1% 溶液用于眼科麻醉；1%～2% 溶液用于鼻、咽部喷雾；0.1%～0.5% 溶液用于泌尿道黏膜麻醉。应用时可加入 0.1% 盐酸肾上腺素溶液，以减少吸收毒性，延长局麻时间。硬脊膜外麻醉，用 0.2%～0.3% 等渗溶液。

【技能训练】　比较不同的局麻药对兔角膜麻醉的作用

1．准备工作

家兔、1% 盐酸丁卡因溶液、1% 盐酸普鲁卡因溶液、兔固定箱、剪刀、滴管。

2．训练方法

取家兔 1 只，用兔固定箱固定。剪去睫毛后，用兔须触及其角膜，测试其两眼的眨眼反射。然后用手指将下眼睑拉成杯状并压住鼻泪管，向左右两眼分别滴入 1% 盐酸丁卡因溶液、1% 盐酸普鲁卡因溶液各 2 滴。10min 后观察两眼的眨眼反射，比较两眼差别。

3．归纳总结

对兔左右眼分别滴入不同局麻药，比较其作用效果。刺激角膜用的兔须，前后及左右两眼应用同一根的同一端，刺激强度力求一致，且兔须不可触及眼睑，以免影响实验结果。实验过程中也可用同量利多卡因代替丁卡因。

4．实验报告

记录实验所观察的结果（表 4-2），分析两种不同的局麻药对兔角膜的局麻作用。

表 4-2　　　　　　　　　　　局麻药对兔角膜的麻醉作用

动物	眼	药物	眨眼反射
兔	左	1% 盐酸丁卡因	
	右	1% 盐酸普鲁卡因	

课后练习

一、选择题

1. 适用于表面麻醉的药物是（　　　　）

A．丁卡因　B．咖啡因　　C．戊巴比妥　D．普鲁卡因　E．硫喷妥钠

2. 促进唾液、胃肠消化腺分泌的药是（　　　）
   A. 阿托品　　　　　　　　B. 毛果芸香碱　　　　　　C. 士的宁
   D. 麻黄碱　　　　　　　　E. 新斯的明

3. 治疗重症肌无力，应首选（　　　）
   A. 毛果芸香碱　　　　　　B. 阿托品　　　　　　　　C. 琥珀胆碱
   D. 毒扁豆碱　　　　　　　E. 新斯的明

4. 解救筒箭毒碱中毒的药物是（　　　）
   A. 新斯的明　　　　　　　B. 氨甲酰胆碱　　　　　　C. 解磷定
   D. 阿托品　　　　　　　　E. 毛果芸香碱

5. 有支气管哮喘及机械性肠梗阻的患病动物应禁用（　　　）
   A. 阿托品　　　　　　　　B. 新斯的明　　　　　　　C. 山莨菪碱
   D. 东莨菪碱　　　　　　　E. 后马托品

6. 新斯的明的禁忌症是（　　　）
   A. 青光眼　　　　　　　　B. 阵发性室上性心动过速
   C. 重症肌无力　　　　　　D. 机械性肠梗阻
   E. 尿潴留

7. 治疗量的阿托品能引起（　　　）
   A. 胃肠平滑肌松弛　　　　B. 腺体分泌增加
   C. 瞳孔扩大，眼内压降低　D. 心率加快
   E. 中枢抑制，嗜睡

8. 阿托品用做全身麻醉前给药的目的是（　　　）
   A. 增强麻醉效果　　　　　B. 镇静　　　　　　　　　C. 预防心动过缓
   D. 减少呼吸道腺体分泌　　E. 辅助骨骼肌松弛

9. 溺水、麻醉意外引起的心脏骤停应选用（　　　）
   A. 去甲肾上腺素　　　　　B. 肾上腺素　　　　　　　C. 麻黄碱
   D. 多巴胺　　　　　　　　E. 地高辛

10. 救治过敏性休克首选的药物是（　　　）
   A. 肾上腺素　　　　　　　B. 多巴胺　　　　　　　　C. 异丙肾上腺素
   D. 去氧肾上腺素　　　　　E. 多巴酚丁胺

11. 微量肾上腺素与局麻药配伍的目的主要是（　　　）
   A. 防止过敏性休克
   B. 中枢镇静作用
   C. 局部血管收缩，促进止血
   D. 延长局麻药作用时间及防止吸收中毒
   E. 防止出现低血压

12. 控制支气管哮喘急性发作宜选用（　　　）
   A. 麻黄碱　　　　　　　　B. 异丙肾上腺素　　　　　C. 多巴胺
   D. 间羟胺　　　　　　　　E. 地高辛

13. 下列属竞争性 α 受体阻断药的是（　　）
    A. 酚妥拉明　　　　　　　B. 间羟胺　　　　　　　　C. 酚苄明
    D. 甲氧明　　　　　　　　E. 新斯的明
14. 适用于腹部和下肢手术的麻醉方式是（　　）
    A. 表面麻醉　　　　　　　B. 蛛网膜下隙麻醉（腰麻）
    C. 浸润麻醉　　　　　　　D. 传导麻醉
    E. 封闭疗法
15. 下列局部麻醉方法中，不能用普鲁卡因的是（　　）
    A. 浸润麻醉　　　　　　　B. 传导麻醉
    C. 蛛网膜下隙麻醉　　　　D. 硬膜外麻醉
    E. 封闭疗法

二、简答题

1. 简述阿托品的临床作用。
2. 列举肾上腺素的作用，并说出其作用机制。
3. 列举出局部麻醉药的应用形式。

PROJECT 5 | 项目五

作用于中枢神经系统的药物

∴ **认知与解读** ∴

　　用于中枢神经系统的药物分为两大类，即中枢兴奋药和中枢抑制药。中枢抑制药又分为全身麻醉药、化学保定药、镇静药、安定药与抗惊厥药。

任务一　中枢兴奋药

【案例导入】

一犬由于长时间拴在太阳下暴晒，食欲下降、体温达 41.5℃，喘气、心跳过速，出现昏迷症状，经诊断为中暑，应该使用哪种药物解救？

【任务目标】

掌握常用中枢兴奋药的药理作用、临床应用、使用注意事项和用法用量。

【知识准备】

一、概述

中枢兴奋药是能提高中枢神经系统功能活动的药物。其作用的强弱、范围与药物的剂量和中枢神经系统功能状态有关。如咖啡因剂量过大时，兴奋可扩散到延髓甚至脊髓，产生过度兴奋甚至惊厥，继而转化为中枢抑制，且这种抑制不能再被中枢神经兴奋所对抗，此时可危及动物的生命。多数中枢神经兴奋药的治疗量与中毒量比较接近，作用时间较短，常需反复用药。因此，中枢兴奋药绝大多数属毒剧药物，故在使用时要针对中枢抑制症状选择适当药物，严格控制剂量和给药间隔时间，以免发生中毒。

根据中枢兴奋药的主要作用部位和效用，常分为下列三类。

1. 大脑精神兴奋药

除提高大脑皮层高级神经活动外，也对抗皮层下中枢的抑郁（如咖啡因类）。

2. 延脑呼吸兴奋药

主要兴奋延脑呼吸中枢及血管运动中枢，常用于呼吸衰竭的急救（如尼可刹米、回苏灵、戊四氮、多沙普仑等）。

3. 脊髓反射兴奋药

易化脊髓传导，提高反射功能，解除脊髓反射低落症状（如士的宁、一叶萩碱）。

二、常用药物

咖啡因

【概述】　本品是从茶叶或咖啡豆中提取的一种生物碱，也能人工合成。白色或微带黄绿色、有丝状的针状结晶。味苦，难溶于冷水，能溶于热水。

【作用】　咖啡因有兴奋中枢神经、增强心肌收缩力、松弛平滑肌和轻度的利尿作用。作用机制主要是抑制体内磷酸二酯酶的活性，减少磷酸二酯酶对环磷酸腺苷（cAMP）的降解，提高细胞内 cAMP 的含量。而 cAMP 在组织细胞内参与多种生化过程，从而产生广泛的生理效应。

①对中枢神经的作用：咖啡因对中枢神经各部分都有兴奋作用。以大脑皮层最敏感。小剂量就能兴奋大脑皮层，家畜表现精神活泼，使役能力和耐力增强。较大剂量能兴奋延脑呼吸中枢和血管运动中枢，呼吸加深加快，换气增加，血压升高，当呼吸中枢抑制时这种作用更为明显，中毒剂量时可兴奋脊髓，便反射增强，产生强直性惊厥，导致中枢神经麻痹。

②对心血管系统的作用：本品对心血管系统的作用受多种因素的影响，总的来说，对于心脏，较小剂量时兴奋迷走神经中枢，使心率减慢。治疗量时，直接兴奋心肌的作用占优势，心率、心肌收缩力和心输出量均增高。对于血管，较小剂量时兴奋血管运动中枢，使血管收缩。治疗量时，直接使血管平滑肌松弛，使冠状血管、肺血管、肾血管和全身血管均有不同程度的扩张。

③利尿作用：通过抑制肾小管对钠离子和水的重吸收，扩张肾血管及强心的结果，使肾功能加强，尿量增多。

④其他作用：可增强骨骼肌的收缩，提高肌肉的工作能力和减轻疲劳，能松弛支气管平滑肌和胆管平滑肌，有轻微的止喘和利胆作用。通过影响糖和脂肪代谢，升高血糖和血中脂肪酸。

【应用】 ①作中枢兴奋药：用于重病、中枢抑制药过量、过度劳役引起的精神沉郁、血管运动中枢和呼吸中枢衰竭，剧烈腹痛（主要用作保护体力），牛产后麻痹和肌红蛋白尿症。②作强心药：用于高热、中毒、中暑（日射病、热射病）等引起的急性心力衰竭。③作利尿药：用于心、肝和肾病引起的水肿。④中毒与解救。

【注意】 ①本品为限剧药。剂量过大可引起心跳和呼吸疾速、体温升高、流涎、呕吐、腹痛，甚至发生强直性痉挛而死亡。中毒时可用溴化物、水合氯醛或硫喷妥钠等解救。②本品忌用于代偿性心力衰竭和器质性心功能失常、末梢性血管麻痹以及大动物心动过速（每分钟搏动 100 次以上）的病畜。

【用法】 一次内服，马、牛 2～5g，羊、猪 0.3～1g。

尼可刹米（可拉明、二乙烟酰胺）

【概述】 无色或淡黄色油状液体，放置冷处即成结晶，有微臭，味苦，有引湿性，并与水、醇任意混合，溶液变黄后不可用，应遮光、密封保存。

【作用】 本品为呼吸中枢兴奋药，能直接兴奋延脑呼吸中枢并通过刺激主动脉体和颈动脉体的化学感受器而反射性地兴奋呼吸中枢，当呼吸中枢处于抑制状态时作用更明显。对大脑、心血管运动中枢和脊髓的作用微弱。

【应用】　用于麻醉药中毒和严重疾病引起的呼吸中枢和循环衰竭。也可解救一氧化碳中毒、溺水和新生幼畜窒息等。

【注意】　①剂量过大已接近惊厥剂量时可致血压升高，心率失常，肌肉震颤。②兴奋作用后，常出现中枢神经系统抑制。

【用法】　一次皮下、肌肉或静脉注射，马、牛 2.5~5g，羊 0.25~1g，犬 0.125~0.5g。

士的宁（番木鳖碱）

【概述】　本品为马钱科植物马钱的种子中提取的生物碱，不溶于水，其盐酸盐或硝酸盐为无色结晶性粉末，味极苦，易溶于水。应遮光、密闭保存。

【作用】　本品可兴奋中枢神经各个部位。特别是对脊髓有高度选择性，能提高脊髓的反射机能，使已降低的反射功能得以恢复，并能增强听觉、味觉、视觉和触觉的敏感性，提高骨骼肌的张力。

【应用】　用于治疗直肠、膀胱括约肌的不全麻痹，因挫伤引起的臀部、尾部与四肢的不全麻痹以及颜面神经麻痹，猪、牛产后麻痹等，也可用于治疗公畜性功能减退和非损伤性阴茎下垂等。

【注意】　①孕畜及中枢神经系统兴奋症状的患畜忌用。②吗啡中毒时禁用。③长期使用易引起蓄积中毒，故反复给药时应酌情减量。④本品安全范围小，剂量稍大即可引起脊髓中枢过度兴奋而产生中毒。中毒初期，对声、光敏感，全身震颤，四肢僵硬，牙关紧闭，继而可因极小的刺激引起全身骨骼肌强直性收缩。由于背部伸肌比屈肌收缩力强而呈现"角弓反张"姿势，此种强直状态呈间歇性发作，在肌肉松弛期间，任何轻微刺激，立即恢复强直状态。如此反复发作，动物因喉气管痉挛和呼吸中枢麻痹窒息死亡。解救时，应使动物绝对安静，静注水合氯醛或苯巴比妥钠，若痉挛再次出现，应重复给药。

【用法】　一次皮下注射，马、牛 15~30mg，羊、猪 2~4mg，犬 0.5~0.8mg。

任务二　全身麻醉药

【案例导入】

一萨摩耶犬，5 岁，雄性，26.5kg，近期排尿时间较长，每次呈现排尿动作却尿不出来，排尿时断断续续，通过临床及实验室检查诊断为膀胱结石，需要手术进行治疗，请问该选用哪种麻醉药？如何使用？使用时需要注意什么？

【任务目标】

掌握常用全身麻醉药的药理作用、临床应用、使用注意事项和用法用量。

【技能目标】

通过试验观察水合氯醛的麻醉作用及主要体征变化，了解氯丙嗪的增强麻醉作用。

【知识准备】

一、概述

1. 概念与分类

（1）概念　全身麻醉药简称全麻药，指能引起中枢神经系统部分功能暂停，表现为意识与感觉特别是痛觉消失，反射与肌肉张力部分或完全消失，但仍保持延脑生命中枢功能的药物。主要用于外科手术。

中枢神经系统各个部位对麻醉药有不同的敏感性，随血药浓度升高，依次出现不同程度的抑制。其作用的顺序是大脑皮层、间脑、中脑、桥脑、脊髓，最后是延脑。麻醉结束后，血药浓度下降，中枢神经系统各个部位依相反顺序恢复其兴奋性。

（2）分类　全麻药可分为吸入麻醉药（如乙醚、氟烷、氧化亚氮）和非吸入麻醉药（水合氯醛、氯胺酮、硫喷妥钠等）两大类。吸入性全麻药使用时比较复杂且需一定设备，基层难以实行，兽医临床多用非吸入性麻醉药。

2. 麻醉机制

目前为止全麻药作用的机制尚未完全定论，其学说有以下几种。

（1）脂溶性学说　认为全麻药的脂溶性与麻醉强度有密切关系，脂溶性高的药物如乙醚容易进入富有类脂质的神经细胞，并与其中的类脂质成分发生物理性结合，从而干扰了整个细胞的功能。但此类学说，对许多非脂溶性全麻药（如水合氯醛）则难以解释。

（2）脑干网状激活系统抑制学说　认为脑干网状结构是维持苏醒状态的重要部位，脑干网状结构是由多种神经元突触传导系统组成，由此与大脑皮层进行上、下行性激活系统联系。全身麻醉药对上行激活系统具有选择性抑制作用，使外周传入冲动受到阻抑并产生麻醉现象。

（3）神经突触学说　认为麻醉药进入以双层脂质分子为基础的膜结构时，吸附于疏水部分，使膜膨胀增厚，影响钠、钾离子信道，受体或酶等的构象发生变化，影响神经冲动在突触的传递而产生麻醉。

3．麻醉分期

为了掌握麻醉深度，取得外科麻醉的效果，防止麻醉时发生事故，常根据动物在麻醉过程中的表现将其分为三个时期。

（1）第一期（诱导期）　是麻醉的最初期，动物表现不随意运动性兴奋、挣扎、嘶鸣、呼吸不规则、脉搏频数、血压升高、瞳孔扩大、肌肉紧张，各种反射都存在。

（2）第二期（麻醉期）　又分为浅麻期和深麻期。

①浅麻期：动物的痛觉、意识完全消失。肌肉松弛，呼吸浅而均匀，瞳孔逐渐缩小，痛觉反射消失，角膜和跖反射仍存在，但较迟钝。一般手术可在此期进行或配合局部麻醉药进行大手术。

②深麻期：麻醉继续深入，动物出现以腹式呼吸为主的呼吸式，角膜和跖反射也消失，舌脱出不能回缩，由于深麻期不易控制而易转入延脑麻痹期，使动物发生危险，故常避免进入此期。

（3）第三期　麻醉由深麻期继续深入，动物瞳孔扩大，呼吸困难，呈现陈－施二氏呼吸，心跳微弱而逐渐停止，最后麻痹死亡，称延脑麻痹期。如动物逐渐苏醒而恢复，称苏醒期。苏醒过程中，动物虽然醒觉，但站立不稳，易于跌撞，应加以防护。

4．麻醉方式

为了克服全麻药的不足，增强麻醉效果，常采用联合给药或辅以其他药物的方式。

（1）麻醉前给药　在麻醉前给予某种药物，以减少全麻药的毒副作用和用量，扩大安全范围。如在麻醉前给予阿托品，以防止在麻醉中唾液和支气管腺分泌过多而引起异物性肺炎，并可阻断迷走神经对心脏的影响，防止心率减慢或骤停。

（2）混合麻醉　将数种麻醉药混合在一起进行麻醉，取长补短，往往可以达到较为安全可靠的麻醉效果。如水合氯醛＋酒精、水合氯醛＋硫酸镁等。

（3）配合麻醉　是以某种全麻药为主，配合局部麻醉药进行的麻醉。如先用水合氯醛达到浅麻，然后在术部使用局部麻醉药普鲁卡因等，这种方式安全范围大，用途广，临床常用。

5．应用麻醉药的注意事项

（1）麻醉前　麻醉前要仔细检查动物体况，对过于衰弱、消瘦或有严重心血管疾病或呼吸系统、肝脏疾病的病畜及怀孕母畜，不宜进行全身麻醉。

（2）麻醉过程中　在麻醉过程中，要不断观察动物呼吸和瞳孔的变化情况，检查脉搏数和心搏的强弱、节律，以免麻醉过深。如发现瞳孔异常，应立即停止麻醉并进行对症处理。如打开口腔、引出舌头、进行人工呼吸或注射中枢兴奋药等。

（3）准确选用全麻药 要根据动物种类和手术需要选择适宜的全麻药和麻醉方式。一般马属动物和猪对全麻药较能耐受，但巴比妥类易引起马产生明显的兴奋过程，反刍动物在麻醉前宜停饲12h以上，且不宜单用水合氯醛作全身麻醉，多以水合氯醛与普鲁卡因进行配合麻醉。

二、常用药物

1. 吸入麻醉

吸入性麻醉药是一类挥发性的液体或气体。前者如乙醚、氟烷、异氟烷、恩氟烷和七氟烷等，后者如氧化亚氮。由呼吸道吸收进入体内，麻醉深度可通过对吸入气体中的药物浓度（分压）的调节加以控制，并可连续维持，满足手术的需要。

氟烷

【概述】 无色透明液体，性质较稳定，无引燃性，无爆炸性。在光作用下缓慢分解，应避光保存。本品能与乙醇、氯仿、乙醚或非挥发性油类任意混合，在水中微溶。

【作用】 本品为最常用的吸入性麻醉剂，麻醉作用强，为氯仿的2倍，乙醚的4倍。其镇痛和肌肉松弛作用较差。麻醉加深时，对呼吸中枢、血管运动中枢、心肌有抑制作用，可引起血压下降、心率减慢、心输出量减少。

【应用】 用于大、小动物的全身麻醉或基础麻醉。用于大动物时，一般先用巴比妥类麻醉剂或吩噻嗪类镇静剂。另外还可用于猴子和猩猩的保定。

【注意】 ①注射本麻醉剂时，不能并用肾上腺素或去甲肾上腺素，也不可并用六甲双铵，因能诱发心率紊乱，或者降低动物的血压。②本品能抑制子宫平滑肌的张力，影响催产药的作用，抑制新生动物呼吸，不宜用于剖腹产手术。③麻醉时，给药速度不宜过快。

【用法】 多半密闭式麻醉方法给药。大动物先用硫喷妥钠做静脉诱导麻醉，在开始麻醉的第1h内，马35~40mL/450kg体重，牛25~30mL/450kg体重。小动物可先用基础麻醉，再用2%~5%浓度的氟烷维持。

2. 非吸入麻醉

非吸入性全麻药，又称静脉麻醉药。通常是一些水溶性的化合物，大部分是盐类。由静脉注射进入血液，药物随血液循环进入神经中枢后产生作用。

特点：①无吸入性全麻药的呼吸抑制、黏膜刺激等副作用。②由于为注射给药，麻醉的深浅层度不易控制。

氯胺酮（开他敏）

【概述】　白色结晶性粉末，能溶于水，水溶液呈酸性，微溶于乙醇。应遮光、密闭保存。

【作用】　本品可选择性地阻断痛觉冲动向丘脑和皮层传导，主要作用部位可能在丘脑而不抑制整个中枢神经。动物意识模糊，但痛觉完全消失，使感觉与意识分离。与其他全麻药不同的是：在麻醉期间，动物睁眼凝视或眼球转动，咳嗽与吞咽反射仍然存在，骨骼肌张力增加，呈木僵状态。本品毒性小，常用量对心血管系统无明显作用。有些动物在静注此品后，心率和心输出量略有增加，血压稍微升高，个别动物在恢复期可能出现阵挛性惊厥。

【应用】　常用于马、牛、猪、羊以及多种野生动物的基础麻醉药和镇静性化学保定药。

【注意】　①马属动物应用本品会引起心跳加快，血压升高，宜缓慢静脉注射，且应并用氯丙嗪。②反刍动物应用前应停食 0.5 ~ 1d，并注射阿托品以防支气管分泌物增多而造成异物性肺炎。③动物苏醒后不易自行站立，呈反复起卧，需注意护理。④若大剂量快速静脉注射，可能引起暂时性呼吸减慢。

【用法】　麻醉，一次静脉注射，马 1mg/kg 体重，牛、羊 2mg/kg 体重；镇静性保定，肌肉注射，一次量，猪 12 ~ 20mg/kg 体重，羊 20 ~ 40mg/kg 体重，犬 5 ~ 7mg/kg 体重，猫 8 ~ 13mg/kg 体重，禽 30 ~ 60mg/kg 体重，鹿 10mg/kg 体重。

硫喷妥钠

【概述】　淡黄色结晶性粉末，易潮解，易溶于水，水溶液不稳定。本品的粉针剂潮解后易变质而增加毒性，故其安瓿有裂痕或粉末不易溶解时，即不宜使用。

【作用】　本品的麻醉诱导期短，仅持续 0.5 ~ 3min，因此，本品可单独用作全麻药外，还可作为诱导麻醉药使用，即先以本药获得麻醉后，再改用水合氯醛或其他麻醉药来维持麻醉深度。

【应用】　用于各种动物的诱导麻醉和基础麻醉。

【注意】　①本品能使反刍兽大量分泌唾液，故必须在麻醉前先注射阿托品。它还有较强的抗惊厥作用，也可用作抗惊厥药，对抗中枢兴奋药中毒、破伤风、脑炎所引起的惊厥。②心功能不良的病畜禁用，肝肾功能不全的慎用。

【用法】　一次静脉注射，马、牛、羊、猪 10 ~ 15mg/kg 体重，犬、猫 20 ~ 25mg/kg 体重。

水合氯醛

【概述】　白色或无色透明的结晶，有刺激性臭味，味微苦，有挥发性和引湿性，久置空气中或遇光可缓慢分解，加热或遇碱则易分解，水中极易溶。应遮光、密封保存。

【作用】 本品吸收后能抑制中枢神经系统的功能。小剂量产生镇静、催眠作用，大剂量可产生抗惊厥和麻醉作用。由于其安全范围窄，故不是一个理想的麻醉药。特别是对反刍动物，由于其庞大的瘤胃压迫胸腔，且水合氯醛能引起支气管腺大量分泌，易致呼吸抑制，故一般不宜用于反刍动物。临床多与酒精或硫酸镁合用或以本品造成浅麻醉，局部配合普鲁卡因。

较小剂量的水合氯醛，能减弱中枢神经的兴奋过程，抑制痛觉中枢，松弛平滑肌和骨骼肌。具有镇静、镇痛和解痉作用。

【应用】 ①作麻醉药。主要适应于马属动物和猪。用于牛时，为减少其副作用，在麻醉前15min给予阿托品。②作镇静、解痉和抗惊厥药。用于过度兴奋、痉挛性疝痛、痉挛性咳嗽、子宫、阴道和直肠脱出的整复，肠阻塞、胃扩张、消化道和膀胱括约肌痉挛以及破伤风、士的宁中毒引起的惊厥发作等。

【注意】 ①本品刺激性大，静注时不可漏出血管，内服或灌注时，宜用10%的淀粉浆配成5%~10%的浓度应用；②本品能抑制体温中枢，使体温下降1~3℃，故在寒冷季节应注意保温；③静注时，先注入2/3的剂量，余下1/3剂量应缓慢注入，待动物出现后躯摇摆、站立不稳时，即可停止注射并助其缓慢倒卧；有严重心、肝、肾脏疾病的病畜禁用。

【用法】 一次内服，马、牛10~25g，猪、羊2~4g，犬0.3~1g。一次静脉注射，马0.08~0.2g/kg体重，牛、猪0.13~0.18g/kg体重，骆驼0.1g/kg体重。

【技能训练】 观察水合氯醛的全身麻醉作用及氯丙嗪增强麻醉的作用

1. 准备工作

家兔3只、10%水合氯醛、2.5%氯丙嗪、家兔固定器、5mL注射器2支、针头3个、电子秤、体温计、剪毛剪、手术镊、酒精棉球。

2. 训练方法

（1）取兔3只，称重，编号，观测正常情况，如呼吸、脉搏、体温、痛觉反射、翻正反射、瞳孔、角膜反射、骨骼肌紧张度等。

（2）分别给各兔注射药物。甲兔耳静脉注射全麻醉量的水合氯醛，即1.2mL/kg体重的10%水合氯醛；乙兔耳静脉注射半麻醉量的水合氯醛，即0.6mL/kg体重的10%水合氯醛；丙兔先耳静脉注射0.12mL/kg体重的2.5%氯丙嗪，后耳静脉注射半麻醉量的10%水合氯醛。

（3）分别观察各兔的反应及体征变化。

3. 归纳总结

实验过程中必须仔细观察给药前后家兔的临床表现，记录麻醉维持时间，同时还要注意家兔体温的变化。准确控制水合氯醛与氯丙嗪的剂量。

4．实验报告

记录实验所观察的结果（表5-1），并分析全身麻醉时，为什么要观察体征？氯丙嗪作麻醉前给药有什么好处？

表 5-1　　　　　　　　　　全身麻醉实验结果

兔号	体重	药物	麻醉时间		用药前			用药后		
			出现时间	麻醉时间	痛觉反射	角膜反射	肌肉紧张度	痛觉反射	角膜反射	肌肉紧张度
甲		全量水合氯醛								
乙		半量水合氯醛								
丙		氯丙嗪＋半量水合氯醛								

任务三　镇静药、保定药与抗惊厥药

【案例导入】

某动物园两只老虎打架，其中一只在左臀部有直径约为 10cm 的撕伤，现要对其进行外伤治疗，治疗前需对其进行保定，可以选用哪种保定药？如何使用？注意什么？

【任务目标】

掌握常用镇静药、保定药与抗惊厥药物的药理作用、临床应用、使用注意事项和用法用量。

【技能目标】

通过试验观察地西泮的抗惊厥作用，掌握其临床应用。

【知识准备】

一、镇静药

镇静药是指对中枢神经系统具有轻度抑制作用，从而起到减轻或消除动物狂躁不安、使其恢复安静的一类药物。主要用于兴奋不安或具有攻击行为的动物或患畜，使其安静，便于工作和治疗。这类药物在大剂量时还能缓解中枢病理性过度兴奋症状，具有抗惊厥作用。

临床常用的另一类中枢抑制药是安定药，如吩噻嗪类（如氯丙嗪等）、苯二氮卓类（如地西泮等）。这类药物大剂量时也具有抗惊厥作用。

有些全身麻醉药在低剂量时有镇静作用，在较高剂量时有催眠作用，这类药被称为镇静催眠药（如水合氯醛）。当给予足够剂量时，能诱导全身麻醉

盐酸氯丙嗪（冬眠灵、氯普马嗪）

【概述】 白色或乳白色结晶性粉末，有微臭，味极苦，有引湿性，易溶于水和乙醇，水溶液呈酸性反应。遇光变为紫蓝色，应遮光、密封保存。

【作用】 氯丙嗪作用广泛，对中枢神经、植物神经和内分泌系统都有一定作用。

①对中枢抑制的作用：能使精神不安或狂躁的动物转入安定和嗜睡状态，使性情凶猛的动物变得较驯服和易于接近，呈现安定作用。此时，动物对各种刺激尚有感觉且易被惊醒，但反应迟钝。加大剂量时不引起麻醉，但可产生强直性昏厥现象。本品有一定的镇痛作用。与其他中枢抑制药如水合氯醛、硫酸镁注射液等配用，可增强和延长药效。

②止吐作用：小剂量时能抑制延髓的化学催吐区，大剂量能直接抑制延脑的呕吐中枢。但对刺激消化道或前庭器官反射性兴奋呕吐中枢引起的呕吐无效。

③降温作用：能抑制体温调节中枢，降低基础代谢，使体温下降 1～2℃，与一般解热药不同，本品能使正常体温降低。

④对植物神经的作用：氯丙嗪能阻断肾上腺素受体，使小血管扩张，应避免与肾上腺素合用。对 M– 胆碱受体的阻断作用较弱，但长期大量应用时，可出现口腔干燥、便秘等副作用。

⑤对内分泌的作用：本品可抑制下丘脑多种释放因子和抑制因子的分泌，从而影响腺垂体的分泌功能。例如，大量的氯丙嗪能抑制促卵泡激素和促黄体激素的释放，引起性功能紊乱，出现性周期抑制和排卵障碍。

【应用】 ①镇静安定：用于有攻击行为的猫、犬和野生动物，使其安定、驯服。缓解大家畜因脑炎、破伤风引起的过度兴奋以及作为食道梗塞、痉挛疝的辅助治疗药。②麻醉前给药：麻醉前 3min～1.5h 肌注，能显著增强全麻药的作用，延长麻醉时间和减少毒性，使麻醉药用量减少近一半。③镇痛、降温和抗休克：可用于外科小手术以镇痛，对于严重外伤、烧伤、骨折等，使用本品有止痛和防止发生休克的作用。高温季节运输畜禽时，应用本品可减少应激反应，提高动物的耐受能力，降低死亡率。

【注意】 治疗量时对大多数动物一般无毒副作用。给犬注射剂量过大时，可

引起心律不齐。马用药后表现为数分钟安静，随即兴奋，动作不协调前冲或两足起立，常易摔倒。故马不宜使用。应用过量时，其他动物也可发生中毒，表现为心率加快、呼吸浅表、肌肉震颤、血压下降，甚至发生休克。可用强心药进行解救，但不宜用肾上腺素。

【用法】　一次内服，3mg/kg 体重。一次肌肉注射，马、牛 0.5~1mg/kg 体重，猪、羊 1~2mg/kg 体重，犬、猫 1~3mg/kg 体重。一次静脉注射，0.5~1mg/kg 体重。

地西泮（安定）

【概述】　白色或类白色结晶性粉末，无臭，味微苦，微溶于水，溶于乙醇。

【作用】　本品抑制大脑皮层、丘脑、边缘系统，具有安定、镇静、催眠、骨骼肌松弛、抗惊厥、抗癫痫以及增强麻醉药的作用。小于镇静剂量的地西泮，可明显缓解狂躁不安等症状。较大剂量时，可产生镇静、中枢性肌松作用。能使兴奋不安的动物安静，使有攻击性、狂躁的动物变得驯服，易于接近和管理。还具有较好的抗癫痫作用，对癫痫持续状态疗效显著，但对癫痫小发作效果较差。抗惊厥作用强，能对抗电惊厥、戊四氮与士的宁中毒所引起的惊厥。

【应用】　用于各种动物镇静、保定、癫痫发作、基础麻醉及术前给药。

【注意】　①本品有便秘等副作用，大剂量可致共济失调。②肝、肾功能障碍的患畜慎用，孕畜忌用。③静脉注射宜缓慢，易造成心血管和呼吸抑制。

【用法】　一次内服，犬 5~10mg，猫 2~5mg；一次肌肉、静脉注射，马 0.1~0.15mg/kg 体重，牛、羊、猪 0.5~1mg/kg 体重，犬、猫 0.6~1.2mg/kg 体重。

二、化学保定药

化学保定药指能在不影响动物意识和感觉的情况下，使之安静、嗜睡和肌肉松弛，停止抗拒和挣扎，达到类似保定效果的药物。这类药物近年来发展较快，在动物园、经济饲养场中野生动物的锯茸、繁殖配种、诊治疾病和野外野生动物的捕捉，马、牛等大家畜的运输、人工授精、诊疗检查等工作中，都有重要的实用价值。也可作为麻醉的辅助药而用于全身麻醉。目前，国内兽医临床常用的有赛拉唑、赛拉嗪及其制剂。

赛拉唑（二甲苯胺噻唑、静松灵）

【概述】　白色结晶，难溶于水，易溶于有机溶剂。

【作用】　本品为我国合成的中枢性制动药，具有安定、镇痛、催眠与肌肉松弛作用。其作用强度、持续时间与剂量有关。剂量大则作用强，持续时间长。肌注后约 2min 动物出现精神沉郁、活动减少、头颈下垂、两眼半闭、站立不稳以至倒卧。此外，动物全身肌肉松弛，针刺反应迟钝。用药过程中动物无兴奋表现。对反刍动物，除可引起心律减慢及轻度流涎外，其他副作用少。

【应用】　①作镇静保定药：使狂躁兴奋难于控制的动物安定，便于诊疗和进行外科操作，也常用于捕捉野生动物和制服动物园内凶禽猛兽的控制。小剂量用于动物运输、换药以及进行穿鼻、子宫脱出时的整复、食管梗塞等小手术。②作配合麻醉药：与普鲁卡因配合使用，用于锯角、锯茸、去势和剖腹产等手术。

【注意】　①为避免本品对心、肺的抑制和减少腺体分泌，可在用药前给以小剂量阿托品；②牛大剂量应用时，应先停饲数小时，卧倒后宜将头部放低，以免唾液和瘤胃液进入肺内，并应防止瘤胃膨胀；③妊娠后期不宜应用本品。

【用法】　一次肌肉注射，马 1~2mg/kg 体重，牛 0.1~0.3mg/kg 体重，羊 1~3mg/kg 体重，猪 2~3mg/kg 体重，犬、猫 1~2mg/kg 体重。

三、抗惊厥药

抗惊厥药是指能对抗或缓解中枢神经因病变而造成的过度兴奋状态，从而消除或缓解全身骨骼肌不自主地强烈收缩的一类药物。常用药物有硫酸镁注射液、巴比妥类药、水合氯醛、地西泮等。

硫酸镁注射

【概述】　无色的澄明液体，系硫酸镁的灭菌水溶液。

【作用】　硫酸镁注射给药主要发挥镁离子的作用。镁为动物机体必需元素之一，对神经冲动传导及神经肌肉应激性的维持均起重要作用，也是机体多种酶的辅助因子，参与蛋白质、脂肪和糖等许多物质的生化代谢过程。当血浆中镁离子浓度过低时，神经及肌肉组织的兴奋性升高。注射硫酸镁可使血中镁离子浓度升高，出现中枢神经抑制作用；镁离子可拮抗钙离子的作用，可减少运动神经末梢乙酰胆碱的释放，在神经肌肉接头阻断神经冲动的传导而使骨骼肌松弛。此外，过量的镁离子还可直接松弛内脏平滑肌和扩张外周血管，使血压降低。故硫酸镁注射给药能产生较强的抗惊厥、解痉和降低血压作用。

【应用】　用于缓解破伤风、癫痫及中枢兴奋药中毒引起的惊厥，还可用于治疗膈肌、胆管痉挛。

【注意】　①静脉注射速度过快或过量可导致血镁过高，引起血压剧降，呼吸抑制，心动过缓，神经肌肉兴奋传导阻滞，甚至死亡，故静脉注射宜缓慢。若发生呼吸麻痹等中毒现象，则应立即静脉注射 5% 氯化钙解救。②患有肾脏功能不全、严重心血管疾病、呼吸系统疾病的患畜慎用或不用。③本品与硫酸多黏菌素、硫酸链霉素、葡萄糖酸钙、盐酸普鲁卡因、四环素、青霉素等药物存在配伍禁忌。

【用法】　一次内服，犬 5～10mg，猫 2～5mg。一次静脉、肌肉注射，马 0.1～0.15mg/kg 体重，牛、羊、猪 0.5～1mg/kg 体重，犬、猫 0.6～1.2mg/kg 体重。

苯巴比妥

【概述】　白色有光泽的结晶粉末；无臭，味微苦；饱和水溶液显酸性反应。本品在乙醇或乙醚中溶解，在氯仿中略溶，在水中极微溶解；在氢氧化钠或碳酸钠溶液中溶解。

【作用】　为长效巴比妥类药物，其中枢抑制作用随剂量而异，具有镇静、惊厥作用（在低于催眠剂量时即有抗惊厥作用），也可抗癫痫。其抗癫痫作用自癫痫发作起都有效。本品能提高癫痫发作的阈值，减少病灶部位异常兴奋向周围神经元扩散。对癫痫大发作及癫痫持续状态有良效，但对癫痫小发作疗效差，且单用本药治疗时还能使发作加重。

　本品对丘脑新皮层通路无抑制作用，故镇痛作用弱。但能增强解热镇痛药的作用。

【应用】　用于缓解脑炎、破伤风等疾病引起的中枢兴奋及惊厥，解救中枢兴奋药（如士的宁）中毒，犬、猫的镇静和癫痫的治疗。

【注意】　①肝肾功能不全、支气管哮喘或呼吸抑制的患畜禁用。严重贫血、心脏疾病，孕畜慎用。②中毒时可用安钠咖、戊四氮、尼可刹米等中枢兴奋药解救。③内服本品中毒的初期，可先用 1∶2000 的高锰酸钾洗胃，再用硫酸钠（忌用硫酸镁）导泻，并结合用碳酸氢钠碱化尿液以加速药物排泄。

【用法】　一次内服，犬、猫 6～12mg/kg 体重。

【技能训练】　观察地西泮抗药物惊厥作用的效果

1. 准备工作

家兔 2 只、5mL 注射器 3 支、0.5% 地西泮溶液、25% 尼可刹米溶液、0.9% 氯化钠注射液、电子秤、酒精棉球、手术镊。

2. 训练方法

（1）取家兔 2 只，称重编号。

（2）两兔均由耳静脉注射 25% 尼可刹米溶液 0.5mL/kg 体重，待家兔出现惊厥（躁动、角弓反张等）后，甲兔立即由耳静脉注射 0.5% 地西泮溶液 5mg/kg 体重，乙兔耳静脉注射等容量 0.9% 氯化钠注射液，观察两兔惊厥有何不同。

3. 归纳总结

通过对两只家兔人工制造惊厥反应，然后分别注射地西泮和氯化钠观察注射后的家兔抗惊厥作用。选取实验动物需为同一饲养条件下饲养的家兔。

4．实验报告

记录实验所观察的结果（表 5-2），分析地西泮的抗惊厥作用机制。

表 5-2　　　　　　　　　地西泮抗药物惊厥作用的效果

兔号	体重 /kg	25% 尼可刹米 /mL	药物及剂量 /mL	结果
甲			0.5% 地西泮溶液	
乙			0.9% 氯化钠注射液	

任务四　镇痛药

【案例导入】

王某饲养一只贵宾犬，近期该犬不能爬楼梯，跳沙发也比较困难，抱时常突然尖叫，吃食减少，发烧，经诊断为风湿病。请问该选择何种药物？如何使用？

【任务目标】

掌握常用镇痛药物的药理作用、临床应用、使用注意事项和用法用量。

【知识准备】

临床上缓解疼痛的药物，按其作用机制、缓解疼痛的强度和临床用途可分为两类：一类是能选择性地作用于中枢神经系统，缓解疼痛作用较强，用于剧痛的一类药物，称为镇痛药；另一类作用部位不在中枢神经系统，缓解疼痛作用较弱，多用于钝痛，同时还具有解热消炎作用，即解热镇痛抗炎药，临床多用于肌肉痛、关节痛、神经痛等慢性疼痛。

镇痛药可选择性地消除或缓解痛觉，减轻由疼痛引起的紧张、烦躁不安等，使疼痛易于耐受，但对其他感觉无影响并保持意识清醒。由于反复应用在人易成瘾，故又称麻醉性镇痛药或成瘾性镇痛药。此类药物多数属于阿片类生物碱，如吗啡、可待因等，也有一些是人工合成代用品，如哌替啶等，属必须依法管制的药物之一。

盐酸吗啡

【概述】　白色、有丝光的针状结晶与结晶性粉末；无臭，遇光易变质。本品在水中溶解，在乙醇中略溶，在氯仿或乙醚中几乎不溶。

【作用】　对中枢神经系统的作用：①镇痛：为阿片受体激动剂，可以与中枢不同部位的阿片受体结合，使传递痛觉的 P 物质减少，产生强大的中枢性镇痛作用。镇痛范围广，对各种痛觉都有效。②呼吸抑制：治疗量能抑制呼吸中枢，降低呼吸中枢对二氧化碳的敏感性，使呼吸频率减慢，过大剂量可致呼吸衰竭死亡。急性中毒常引起呼吸中枢麻痹、呼吸停止而致死。③镇咳：能抑制咳嗽中枢，产生较强的镇咳作用。④其他：兴奋延脑催吐化学感受区，引起恶心、呕吐；还可使瞳孔缩小。

对消化系统的作用：小剂量吗啡可导致马、牛便秘；大剂量能使消化液分泌增多，胃肠蠕动加强。因能使平滑肌张力升高，故不能用于缓解平滑肌张力升高所致的疝痛。可引起犬便秘。

【应用】　用于犬、猫镇痛药和犬的麻醉前给药。吗啡对各种疼痛都有效，但易成瘾，且价格贵，一般仅用于其他镇痛药无效时的急性锐痛如严重创伤、烧伤等。

【注意】　①胃扩张、肠阻塞及臌胀者禁用，肝、肾功能异常者慎用。②对牛、羊、猫易引起强烈兴奋，须慎用。③幼畜对本品敏感，慎用或不用。④过量中毒时，宜首选纳洛酮、丙烯吗啡等特异性拮抗剂治疗。

【用法】　一次皮下注射，镇痛，马、牛、猪 0.1mg/kg 体重；麻醉，犬 1~2mg/kg 体重。

哌替啶（度冷丁）

【概述】　白色结晶性粉末；无臭或几乎无臭。本品在水或乙醇中易解，在氯仿中溶解，在乙醚中几乎不溶。遇碱、碘及硫喷妥钠发生沉淀。久置变为浅红色，不可供注射用，应遮光密封保存。

【作用】　对中枢神经系统的作用：①其镇痛作用为吗啡的 1/10~1/8，维持时间也较短。哌替啶通过与中枢系统内的 μ 型阿片受体特异性结合而产生镇痛作用。对大多数剧痛，如急性创伤、手术后及内脏疾病引起的疼痛均有效。②与吗啡等效剂量时，对呼吸中枢有相同程度的抑制作用，但作用时间短。③对催吐化学感受区也有兴奋作用，易引起恶心、呕吐。

对胃肠平滑肌的作用：对胃肠平滑肌有类似阿托品样作用，强度为阿托品的 1/20~1/10，能解除平滑肌痉挛。在消化道发生痉挛时，可同时起镇静和解痉作用。

【应用】　用于缓解创伤性疼痛和某些内脏疾患的剧痛；也可用于犬、猫、猪等麻醉前给药。

【注意】　①具有心血管抑制作用，易致血压下降。②可导致猫过度兴奋。③过量中毒可致呼吸抑制、惊厥、心动过速、瞳孔散大等。

【用法】　一次皮下、肌肉注射，马、牛、羊、猪 2~4mg/kg 体重，犬、猫 5~10mg/kg 体重。

课后练习

一、选择题

1. 咖啡因的药理作用不包括（　　　）
    A. 扩张血管　　　　　　　　B. 抑制呼吸　　　　　　　　C. 松弛平滑肌
    D. 增强心肌收缩力　　　　　E. 兴奋中枢神经系统
2. 全身麻醉前使用阿托品的目的是（　　　）
    A. 减轻疼痛　　　　　　　　B. 消除恐惧　　　　　　　　C. 松弛肌肉
    D. 减少唾液分泌　　　　　　E. 减少麻药用量
3. 对犬进行诱导麻醉时，首选的药物是（　　　）
    A. 硫喷妥钠　　　　　　　　B. 戊巴比妥钠　　　　　　　C. 氯胺酮
    D. 异氟烷　　　　　　　　　E. 水合氯醛
4. 选择兴奋大脑皮层的药物为（　　　）
    A. 戊四氮　　B. 士的宁　　C. 尼可刹米　　D. 吗啡　　　E. 咖啡因
5. 麻醉药中毒催醒解救药是（　　　）
    A. 士的宁　　B. 盐酸哌替啶　C. 氨茶碱　　　D. 咖啡因　　E. 尼可刹米
6. 一奶牛产后出现后躯的不全麻痹，应使用的中枢神经兴奋药为（　　　）
    A. 尼可刹米　　　　　　　　B. 回苏灵　　　　　　　　　C. 咖啡因
    D. 士的宁　　　　　　　　　E. 戊四氮
7. 可用于中枢镇静的药物是（　　　）
    A. 甘露醇　　B. 安体舒通　C. 氯丙嗪　　　D. 阿托品　　E. 地西泮
8. 小剂量氯丙嗪镇吐作用的部位是（　　　）
    A. 呕吐中枢　　　　　　　　B. 结节－漏斗通路　　　　　C. 黑质－纹状体通路
    D. 延髓催吐化学感受区　　　E. 中脑边缘系统
9. 可用于强化麻醉的药物是（　　　）
    A. 阿托品　　B. 地西泮　　C. 硫喷妥钠　　D. 普鲁卡因　　E. 氯丙嗪
10. 硫酸镁抗惊厥的作用机制是（　　　）
    A. 特异性地竞争 Ca^{2+} 受点，拮抗 Ca^{2+} 的作用
    B. 阻碍高频异常放电的神经元的 Na^+ 通道
    C. 作用同苯二氮卓类
    D. 抑制中枢多突触反应，减弱易化，增强抑制
    E. 以上都不是

二、简答题

1. 为何临床常用复合麻醉的方法？复合麻醉有哪些方法？
2. 简述吸入麻醉药的作用机制。

PROJECT 6 | 项目六

作用于内脏系统的药物

∴ **认知与解读** ∴

　　内脏系统疾病在兽医临床上不容忽视。随着社会科技的发展，动物的内脏系统疾病也在不断地日渐发展，且很多都属于人畜共患病。积极有效地开展内脏系统疾病的治疗可提高动物的健康和促进养殖业的发展。作用于内脏系统的药物是指用来治疗血液循环、呼吸、消化和泌尿生殖系统疾病的药物。根据内脏系统结构的特点将药物分为作用于血液循环系统的药物、作用于呼吸系统的药物、作用于消化系统的药物和作用于泌尿生殖系统的药物。

任务一 作用于血液循环系统的药物

【案例导入】

一斗牛犬，12 岁，主诉该犬最近在陪其散步时，运动过程中会突然停步不前，坐地咳嗽、气喘，并伴有呼吸困难，在夜间偶尔也能见到呼吸困难的症状，可视黏膜发白，临床检查表现为：心脏听诊缩期杂音，叩诊左右两侧浊音区扩大，颈静脉怒张，肺水肿。诊断为心力衰竭。请问该选择何种药物？如何使用？

【任务目标】

掌握常用强心药、止血药、抗凝血药和抗贫血药的药理作用、临床应用、使用注意事项和用法用量。

【技能目标】

通过试验观察不同浓度柠檬酸钠对体外动物血液的作用，掌握其作用特点及应用。

【知识准备】

作用于血液循环系统的药物主要是通过药物的作用改善心血管和血液的功能。根据药物的作用特点分为强心药、止血药、抗凝血药和抗贫血药四种。

一、强心药

强心药指能选择性地作用于心脏并能增强心肌收缩力、改善心脏功能的药物。临床上常用的强心药有洋地黄毒苷、地高辛、毒毛花苷 K、毒毛花苷 G，主要用于治疗心功能不全。心功能不全（心力衰竭）指心肌收缩力减弱或衰竭，使心脏排血量减少，静脉回流受阻等，而表现的全身血循环障碍的一种临床综合征。

洋地黄毒苷

【概述】 本品为玄参科植物紫花洋地黄的干叶或叶粉的提纯制剂，白色或黄白色粉末，无臭，味极苦，不溶于水。

【作用】 本品具有加强心肌收缩力、减慢心率和房室传导、利尿等作用。

【应用】 用于治疗马、牛、犬等动物的充血性心力衰竭、室上性心动过速和心房纤维性颤动等。

【注意】 ①本品安全范围窄，过量易引起蓄积中毒，如出现恶心、呕吐、厌食、头痛、眩晕等症状时应立即停药。②与钙盐、拟肾上腺素类药配伍时应慎重。③肝、肾功能障碍的动物应酌情减少剂量；除非发生充血性心力衰竭，处于休克、贫血、尿毒症等情况的患病动物不宜使用；患有急性心肌炎、心内膜炎、创伤性心包炎的动物应慎用；在室性心动过速、房室传导过缓、期前房性收缩时禁用。

【用法】　本品传统用法分为两步，首先在短期内（24～48h）应用足量的洋地黄毒苷，使血中迅速达到预期的治疗浓度，为洋地黄化量；然后每天继续用较小剂量维持疗效，为维持量。一次内服，洋地黄化量，马0.03～0.06mg/kg体重，犬0.11mg/kg体重，2次/d，连用24～48h。维持量，马0.01mg/kg体重，犬0.011mg/kg体重，1次/d。

地高辛

【概述】　白色结晶或结晶性粉末，无臭味苦，不溶于水。

【作用】　本品具有加强心肌收缩力、减慢心率和房室传导、利尿等作用。

【应用】　用于治疗各种原因所致的慢性心功能不全、阵发性室上性心动过速、心房颤动和扑动等。

【注意】　①新霉素、对氨基水杨酸会减少本品的吸收，红霉素可提高本品的血中浓度，应用本品期间禁用钙剂。②不宜与酸、碱类药物配伍。

【用法】　一次内服，洋地黄化量，马0.06～0.08mg/kg体重，1次/8h，连用5～6次；犬0.02mg/kg体重，1次/12h，连用3次。维持量，马0.01～0.02mg/kg体重，犬0.01mg/kg体重，1次/12h。一次静脉注射，洋地黄化量，马0.014mg/kg体重，犬0.01mg/kg体重；维持量，马0.007mg/kg体重，犬0.005mg/kg体重，1次/12h。

毒毛花苷K

【概述】　本品为绿毒毛旋花的干燥成熟种子提取的各种苷的混合物，为白色或微黄色粉末，遇光易变质，可溶于水。

【作用】　本品具有加强心肌收缩力、减慢心率和房室传导、利尿等作用，但作用比洋地黄毒苷快而强，维持时间短。

【应用】　用于治疗急性充血性心力衰竭。

【注意】　①1～2周内用过强心苷的患病动物不宜应用，防治中毒。②不宜与酸、碱类药物配伍。

【用法】　一次静脉注射，马、牛1.25～3.75mg/kg体重，犬0.25～0.5mg/kg体重。

二、止血药

止血药指能够促进血液凝固或降低血管通透性，使出血停止的药物，分为全身性止血药和局部性止血药。止血药可通过影响某些凝血因子，促进或恢复凝血过程而止血；也可通过抑制纤维蛋白溶解系统而止血。

维生素 K

【概述】 本品广泛存在于自然界，是一类具有甲萘醌结构的化学物质。包括天然（K_1、K_2）和人工合成（K_3、K_4）两类。天然的是脂溶性的，吸收需要胆汁协助，人工合成的是水溶性的，吸收不需要胆汁。

【作用】 维生素 K 是肝脏合成凝血因子 II、VIII、IX 和 X 的必需物质，参与这些因子的无活性前体物形成活性产物的羧化作用。其缺乏时可引起上述凝血因子的合成障碍，影响凝血过程而引起出血或出血倾向。

【应用】 用于治疗维生素 K 缺乏所致的出血和各种原因引起的维生素 K 缺乏症。

【注意】 ①天然维生素 K 无毒性，人工合成的具有刺激性，长期应用可引起蛋白尿、溶血性贫血和肝细胞损伤，维生素 K_3 可损害肝脏，肝功能不全动物应用维生素 K_1。②临产动物大剂量应用维生素 K_3，可使新生动物出现溶血、黄疸或胆红素血症。③维生素 K_1 静脉注射时应缓慢，要避光、密闭、防冻保存，休药期 0d。

【用法】 维生素 K_1，一次肌肉、静脉注射，马、牛、羊、猪 0.5～2.5mg/kg 体重，犬、猫 0.5～2mg/kg 体重。维生素 K_3，一次肌肉注射，马、牛 100～300mg，羊、猪 30～50mg，犬 10～30mg，禽类 2～4mg。

酚磺乙胺（止血敏）

【概述】 白色结晶或结晶性粉末；无臭味苦，易溶于水，遇光易变质。

【作用】 本品能增加血小板数量及其聚集和黏附力，促进凝血活性物质的释放，缩短凝血时间，增强毛细血管的抵抗力和降低其通透性而产生止血作用。

【应用】 用于治疗各种出血，如手术前预防性出血、手术后止血、内脏出血和血管脆弱引起的出血等。

【注意】 ①本品作为预防外科手术出血时，应在手术前 15～30min 给药。②可与其他止血药合用。

【用法】 一次肌肉、静脉注射，马、牛 1.25～2.5g，羊、猪 0.25～0.5g。

安络血（安特诺新、肾上腺素色腙）

【概述】 本品为肾上腺素缩氨脲与水杨酸钠生成的水溶性复合物。橘红色结晶或结晶性粉末，无臭无味，易溶于水。

【作用】 本品可增强毛细血管对损伤的抵抗力，促进断裂毛细血管断端的回缩，降低毛细血管的通透性，减少血液渗出而止血，但对大出血无效。

【应用】 用于治疗毛细血管损伤或通透性增加引起的出血，如鼻出血、血尿、内脏出血、产后出血、手术后出血等。

【注意】 ①本品含有水杨酸，长期反复应用可产生水杨酸反应。②抗组胺药能抑制本品的作用，联合应用时应间隔48h。禁与脑垂体后叶素、青霉素G、盐酸氯丙嗪混合注射。

【用法】　一次肌肉注射，马、牛25～100mg，羊、猪10～20mg。

明胶海绵

【概述】　白色或微黄透明的质轻、软而多孔的海绵状物，具吸水性，不溶于水。

【作用】　局部止血剂，明胶海绵含无数小孔，敷于出血处，血液进入小孔中，血小板破坏，释放出凝血因子而促进血液凝固，同时具有机械性压迫止血作用。在体内4～6周可完全吸收。

【应用】　用于创口渗血区止血，如外伤性出血、手术止血、鼻出血等。

【注意】　①本品为灭菌制剂，使用过程中要求无菌操作，以防污染。②打开包装后不宜再消毒，以免延迟吸收时间。

【用法】　将本品敷于创口出血处，再用干纱布按压。

三、抗凝血药

抗凝血药指通过影响凝血过程中的某些凝血因子，延缓或阻止血液凝固、防止血栓形成和扩大的药物。常用抗凝血药分为四种：主要影响凝血酶和凝血因子形成的药物、体外抗凝血药物、促进纤维蛋白溶解药物和抗血小板聚集药物。

肝素

【概述】　本品因首次从肝脏中发现而得名，天然存在于肥大细胞中，是从牛、猪的肺、肝和肠黏膜中提取的黏多糖物质。白色或类白色粉末，易溶于水。

【作用】　本品在体内外均有抗凝血作用，几乎对凝血过程每一步都有抑制作用，其主要是通过激活抗凝血酶Ⅲ而发挥抗凝血作用。另外，其还有清除血脂和抗脂肪肝的作用。静脉快速注射后，其抗凝作用可立即发生，但深部皮下注射则需要1～2h后才起作用。

【应用】　用于治疗马和小动物的弥散性血管内凝血、各种血栓性疾病防治、各种原因引起的血管内凝血、体外血液样本的抗凝。

【注意】　①本品过量应用可致自发性出血，立即停药，严重出血可用鱼精蛋白解毒。②本品刺激性强，不可肌肉注射，可形成局部高度血肿。③马连续用药可引起红细胞显著减少。患有出血素质和伴有血液凝固延缓的动物禁用，肾功能不全、妊娠、流产、外伤及手术后的动物慎用。

【用法】　一次静脉或肌肉注射，马、羊、牛、猪100～130IU/kg体重，犬150～250IU/kg体重，猫250～375IU/kg体重。体外抗凝，100IU/500mL血液。

柠檬酸钠

【概述】 无色结晶或白色结晶性粉末，无臭味咸，易溶于水。

【作用】 本品所含的柠檬酸根离子能与血浆中的钙离子形成一种难解离的可溶性复合物柠檬酸钙，使血浆中的钙离子浓度迅速降低而产生抗凝血作用。

【应用】 用于体外抗凝血或输血。

【注意】 ①输血时，柠檬酸钠用量不可过大，否则血钙迅速降低，引起心功能不全。此时可静脉注射钙剂以防低血钙症。②柠檬酸钠碱性较强，不适合血液生化检查。

【用法】 体外抗凝，配成 2.5% ~ 4% 溶液，输血时每 100mL 全血加 2.5% 柠檬酸钠溶液 10mL。

四、抗贫血药

抗贫血药指能增进机体造血功能、补充造血物质、改善贫血状态的药物。贫血指单位容积内红细胞数或血红蛋白含量低于正常时的表现。分为缺铁性贫血、巨幼红细胞性贫血和再生障碍性贫血。

硫酸亚铁

【概述】 淡蓝绿色柱状结晶或颗粒，无臭味咸，易溶于水。在干燥空气中即风化，在湿空气中易快速氧化并在表面生成黄棕色的碱式硫酸铁。

【作用】 铁是构成血红蛋白、肌红蛋白、细胞色素、多种酶的重要组成部分。因此，缺铁不仅引起贫血，还可能影响其他生理功能。

【应用】 用于治疗缺铁性贫血，如慢性失血、营养不良、孕畜及哺乳期仔猪贫血。

【注意】 ①本品对胃肠道黏膜刺激性强，大量内服可使动物肠坏死、出血，严重时休克，宜饲后投药。②本品可与肠道内硫化氢结合，生成硫化铁，减少硫化氢对肠道的刺激作用，而引起便秘，排黑粪。患有消化道溃疡、肠炎的动物禁用。③投药期间，禁喂四环素以及含钙、磷酸盐、鞣酸、抗酸的药物，其互相阻碍吸收。

【用法】 一次内服，马、牛 2 ~ 10g，羊、猪 0.5 ~ 3g，犬 0.05 ~ 0.5g，猫 0.05 ~ 0.1g，临用前配成 0.2% ~ 1% 的溶液。

右旋糖酐铁

【概述】 本品为右旋糖酐与氢氧化铁的络合物，深褐色或棕黑色结晶性粉末，略溶于热水。

【作用】 作用同硫酸亚铁，但本品为可溶性的三价铁剂，肌注后通过淋巴系统缓慢吸收。

【应用】　用于重症缺铁性贫血或不宜内服铁剂的缺铁性贫血。临床常用于仔猪缺铁性贫血。

【注意】　①本品刺激性较强，肌肉注射可引起局部疼痛，应作深部肌肉注射；静脉注射时，切不可漏出血管外。②注射用铁剂易过量引起毒性反应，应严格控制剂量。保管需冷藏，久置可发生沉淀。③严重肝、肾功能不全的动物禁用。

【用法】　一次肌肉注射或内服，仔猪 100～200mg。

叶酸

【概述】　黄色或橙黄色结晶性粉末。无臭无味，不溶于水。

【作用】　本品在动物体内以四氢叶酸的形式参与物质代谢，从而影响核酸的合成和蛋白质的代谢，对正常血细胞的形成有促进作用，并促进免疫球蛋白的生成。动物体内叶酸缺乏时，氨基酸、嘌呤和嘧啶的合成受阻，核酸合成减少，细胞分裂与发育不完全，表现为巨幼红细胞性贫血、腹泻、皮肤功能受损、肝功能不全、生长发育受阻等。

【应用】　用于叶酸缺乏症所引起的动物贫血。

【注意】　长期饲喂广谱抗生素或磺胺类药物，可抑制合成叶酸的细菌生长，从而导致叶酸的缺乏。

【用法】　一次内服或肌注，犬、猫 2.5～5mg。混饲，每 1000kg 饲料，畜禽 10～20g。

维生素 B_{12}

【概述】　深红色结晶或结晶性粉末，无臭无味，吸湿性强，略溶于水中或乙醇。

【作用】　本品参与机体的核酸和蛋白质的生物合成，促进红细胞的发育和成熟，维持骨髓的正常造血功能。此外还可促进胆碱的生成。

【应用】　用于维生素 B_{12} 缺乏所致的贫血和幼畜生长缓慢等。

【注意】　①维生素 B_{12} 缺乏时，猪表现为巨幼红细胞贫血，家禽表现为产蛋率和蛋的孵化率降低，仔猪、幼犬、小鸡生长发育受阻、饲料转化率低、抗病能力下降、皮肤粗糙。叶酸也同时缺乏时表现更为严重。在治疗和预防巨幼红细胞贫血时，维生素 B_{12} 和叶酸配合应用效果较好。②休药期 0d。

【用法】　一次肌肉注射，牛、马 1～2mg，羊、猪 0.3～0.4mg，犬、猫 0.1mg。

【技能训练】　观察不同浓度柠檬酸钠对血液的作用

1. 准备工作

家兔、生理盐水、4% 柠檬酸钠溶液、10% 柠檬酸钠溶液、试管、试管架、穿刺针、注射器、恒温水浴锅、1mL 吸管、玻璃棒、秒表、记号笔。

2．训练方法

（1）取 4 支试管并进行编号，1～3 号试管用吸管分别加入生理盐水、4% 柠檬酸钠溶液、10% 柠檬酸钠溶液各 0.1mL，第 4 号试管为空白对照。

（2）家兔心脏穿刺采血约 5mL，迅速向 1～3 号试管中加入 0.9mL 血液，用玻璃棒搅拌混匀，第 4 号试管加入 1mL，放入（37±0.5）℃恒温水浴锅中。

（3）用秒表记录时间，每隔 30s 将试管倾斜一次，观察血液的凝固情况，并分别记录各试管的血液凝固时间。

3．归纳总结

4 支试管的大小一致、清洁干燥。心脏穿刺采血时动作要迅速，以免血液在注射器内产生凝固。血液加入试管后，用玻璃棒搅拌混匀时应避免产生气泡。从采血到试管置入恒温水浴锅的间隔时间不得超过 3min。

4．实验报告

记录各试管的血液凝固（表6-1）并进行分析讨论，掌握其作用特点及应用。

表 6-1　　　　　　　　　不同浓度柠檬酸钠对血凝时间的影响

药物	生理盐水	4% 柠檬酸钠溶液	10% 柠檬酸钠溶液	空白对照组
时间				

任务二　作用于呼吸系统的药物

【案例导入】

张某饲养一贵宾犬，近期食欲不振、流鼻涕，咳嗽并有痰液咳出，临床检查诱咳呈阳性，血常规检查增高，X 射线检查可见肺纹理紊乱、粗糙或有小斑片状阴影，诊断为感染支气管炎肺炎？请问该选择何种药物？如何使用？

【任务目标】

掌握常用镇咳药、祛痰药和平喘药的药理作用、临床应用、使用注意事项和用法用量。

【技能目标】

通过试验观察可待因的镇咳作用，掌握其作用特点及应用。

【知识准备】

作用于呼吸系统的药物主要是用来治疗动物的呼吸系统疾病，动物呼吸系统疾病主要是由各种原因引起的咳嗽、分泌物增多、呼吸困难等，也就是我们通常所说的咳、痰、喘，所以根据呼吸系统疾病的临床特点将药物分成镇咳药、祛痰药和平喘药三种。

一、镇咳药

镇咳药指通过抑制咳嗽中枢或咳嗽反射弧中的某一环节从而减轻或制止咳嗽的药物。咳嗽是动物机体的一种防御性反射，轻度咳嗽可使痰液和异物排出体外从而保护呼吸道的清洁和畅通，但剧烈而频繁的咳嗽可使动物产生痛苦和肺气肿、心功能障碍等病变表现，这时应该使用镇咳药以缓解咳嗽，对于有痰的咳嗽还应配合祛痰药同时应用。

磷酸可待因

【概述】 白色细微的针状结晶性粉末，无臭，易溶于水，有风化性。

【作用】 本品可选择性抑制延髓的咳嗽中枢，镇咳作用强而迅速，同时还有镇痛、镇静作用。其还可抑制支气管腺体分泌，使痰液变稠而难以咳出，所以痰稠咳嗽的患病动物不宜使用。

【应用】 用于治疗慢性或剧烈的干咳、中等程度的镇痛。

【注意】 ①本品长期或大剂量应用会产生副作用，常见的消化道不良反应有恶心、呕吐、便秘、胆管痉挛等。大剂量还可抑制呼吸中枢，猫出现中枢神经兴奋现象，表现为过度兴奋、震颤、癫痫发作等。②本品具有成瘾性，应慎用。

【用法】 一次内服或皮下注射，马、牛 0.2 ~ 2g，猪、羊 0.1 ~ 0.5g，犬 15 ~ 60mg，狐 10 ~ 50mg。

喷托维林（咳必清）

【概述】 白色或类白色的结晶性或颗粒性粉末，无臭味苦，在易溶于水。

【作用】 本品可选择性抑制咳嗽中枢，但作用较弱，约为可待因的 1/3。其部分从呼吸道排出，对呼吸道黏膜有轻度的局麻作用，故有外周性镇咳作用。较大的剂量还有阿托品样的平滑肌解痉作用。

【应用】 用于伴有剧烈干咳的急性上呼吸道感染。

【注意】 ①本品大剂量应用可引起腹胀和便秘。②多痰、心功能不全并伴有肺部淤血的患病动物禁用。

【用法】 一次内服，牛、马 0.5 ~ 1g，羊、猪 0.05 ~ 0.1g，2 ~ 3 次 /d。

二、祛痰药

祛痰药指能增加呼吸道分泌，使痰液变稀而便于排出体外的药物。祛痰药还有间接镇咳、平喘作用，因为各种炎症刺激使气管分泌物增多或因黏膜上皮纤毛运动减弱，痰液不能及时排出，痰液黏附于气管使其变窄导致喘息并刺激黏膜下感受器引起咳嗽，当痰液排出后，减少了刺激从而起镇咳、平喘作用。

氯化铵

【概述】　无色结晶或白色结晶性粉末，无臭味咸，易溶于水。

【作用】　本品内服可刺激胃黏膜迷走神经末梢，反射性引起支气管腺体分泌增加，使痰液变稀，易于咳出。另外其还具有利尿、酸化体液和尿液的作用。

【应用】　作为祛痰药用于支气管炎症的初期；作为体液酸化剂，用于有机碱中毒时加快药物或毒物的排泄。

【注意】　①本品单胃动物服用后有恶心、呕吐反应，过量或长期服用可造成酸中毒。②严重肝、肾功能不全的患病动物服用本品后易引起血氯过高性酸中毒和血氨升高，应慎用或禁用。③本品与碱、重金属盐类药物合用可发生分解反应，与磺胺类药物合用可使其在尿道中析出结晶，引起泌尿道的损伤。

【用法】　祛痰药：一次内服，马 8 ~ 15g，牛 10 ~ 25g，羊 2 ~ 5g，猪 1 ~ 2g，犬、猫 0.2 ~ 1g，2 ~ 3 次 /d。体液酸化剂：一次内服，马 4 ~ 15g，牛 15 ~ 30g，羊 1 ~ 2g，犬 0.2 ~ 0.5g，猫 0.8g。

碘化钾

【概述】　无色晶体或白色结晶粉末，味咸带苦，极易溶于水。

【作用】　本品内服后部分从呼吸道腺体排出，刺激呼吸道黏膜，使腺体分泌增加，痰液变稀，易于咳出。

【应用】　用于治疗亚急性或慢性支气管炎，配制碘酊或碘溶液，静脉注射可治疗牛的放线菌病。

【注意】　①本品在酸性溶液中可析出游离碘。其与甘汞混合后能生成金属汞和碘化汞，使毒性增强，遇生物碱能产生沉淀。②本品刺激性较强，不适于急性支气管炎症的治疗。③肝、肾功能低下的患病动物慎用。

【用法】　一次内服，马、牛 5 ~ 10g，羊、猪 1 ~ 3g，犬 0.2 ~ 1g，猫 0.1 ~ 0.2g，鸡 0.05 ~ 0.1g，2 ~ 3 次 /d。

乙酰半胱氨酸

【概述】　白色结晶性粉末，类似蒜的臭气，味酸，易溶于水或乙醇。

【作用】　本品结构中的巯基（–SH）可使痰液中糖蛋白的多肽链中的二硫键（—S—S—）断裂，降低黏痰和脓痰的黏性，同时对脓痰中的 DNA 也起降解作用，使黏痰易于咳出。本品喷雾吸入在1min内起效，适用于痰液黏稠引起的咳嗽困难、呼吸困难的患病动物。

【应用】　用于呼吸系统和眼的黏液溶解药，小动物扑热息痛中毒的治疗。

【注意】　①本品宜新鲜配制，剩余溶液需冷藏保存并在48h内用完。其不宜与金属、橡胶、氧化剂接触，所以喷雾容器要采用玻璃或塑料制品。②患有支气管哮喘的动物慎用或禁用。③小动物在喷雾后宜运动以促进痰液咳出；或叩击动物两侧胸腔，诱导咳嗽将痰液排出。

【用法】　喷雾：以10%～20%溶液喷雾吸入（一般喷雾2～3d或连续7d），犬、猫50mL/h，每12h喷雾30～60min；中等动物2～5mL，2～3次/d。用5%溶液一次滴入气管内，牛、马3～5mL，2～4次/d。

溴己新

【概述】　白色或类白色结晶性粉末，无臭无味，难溶于水。

【作用】　本品可溶解黏稠痰液，使痰液中酸性糖蛋白的多糖纤维素裂解，黏度下降便于排出，但对黏性脓痰效果较差。

【应用】　用于痰液黏稠不宜咳出的慢性支气管炎。

【注意】　①本品对胃黏膜具有化学刺激性，可引起胃不适，所以患有胃病动物慎用。②本品能增加四环素类抗生素在支气管的分布浓度，合用时可增加抗菌效果。

【用法】　一次内服，马0.1～0.25mg/kg体重，牛、猪0.2～0.5mg/kg体重，犬1.6～2.5mg/kg体重，猫1mg/kg体重。一次肌肉注射，马0.1～0.25mg/kg体重，牛、猪0.2～0.5mg/kg体重。

三、平喘药

平喘药指缓解或消除呼吸系统疾患所引起的气喘症状的药物。治疗气喘时应根据临床病情及早合理应用抗炎药并结合应用平滑肌松弛药、抗胆碱药和抗过敏药，才能获得较理想的治疗效果。

氨茶碱

【概述】　白色或微黄色颗粒或粉末状，易结块，微有氨臭，味苦，在空气中吸收二氧化碳并分解成茶碱，在水中溶解。

【作用】　本品可直接松弛支气管平滑肌，解除支气管平滑肌痉挛，缓解支气管黏膜的充血水肿，发挥相应的平喘作用。同时对呼吸中枢有兴奋作用，可使呼吸中枢对二氧化碳的刺激阈值下降，呼吸深度增加。另外还有较弱的强心和利尿作用。

【应用】　用于缓解支气管哮喘症状、心功能不全或肺水肿的患病动物。

【注意】 ①本品碱性较强，局部刺激性较大，内服可引起恶心、呕吐等不良反应，肌注会引起局部红肿疼痛。②静注或静滴时如用量过大、浓度过高或速度过快，都可加强兴奋心脏和中枢神经，所以需稀释后再行注射并注意掌握其速度和剂量。③肝功能低下、心衰患病动物慎用。④本品与克林霉素、红霉素、四环素、林可霉素合用时，可降低本品在肝脏中的清除率，使血药浓度升高，甚至出现毒性反应，需在给药前后调整本品的用量。⑤本品与其他茶碱类药合用时，不良反应会增多。与儿茶酚胺类及其他拟交感神经药合用，能增加心律失常的发生率。⑥酸性药物可增加其排泄，碱性药物可减少其排泄。⑦休药期28d，弃奶期7d。

【用法】 一次内服，马 5～10mg/kg 体重，犬、猫 10～15mg/kg 体重。一次肌肉、静脉注射，马、牛 1～2g，羊、猪 0.25～0.5g，犬 0.05～0.1g。

盐酸麻黄碱

【概述】 本品是从麻黄科植物麻黄中提取的一种生物碱，也可人工合成，白色结晶，无臭味，易溶于水。

【作用】 本品可舒张支气管并收缩局部血管，作用时间较长，加强心肌收缩力，增加心输出量，使静脉回心血量充足。另外还有兴奋中枢神经的作用。

【应用】 用于预防支气管哮喘发作、治疗轻症哮喘、预防椎管或硬膜外麻醉引起的低血压。

【注意】 ①本品对其他拟交感胺类药物有交叉过敏反应。②本品可分泌入乳汁，哺乳期动物禁用。③碱化剂可影响本品在尿中的排泄，增加本品的半衰期，延长作用时间。

【用法】 一次内服，马、牛 50～500mg，猪 20～50mg，羊 20～100mg，2～3次/d。一次皮下注射，马、牛 50～300mg，羊、猪 20～50mg，犬 10～30mg。

【技能训练】 观察可待因镇咳的作用

1．准备工作

小白鼠、生理盐水、0.2%磷酸可待因溶液、浓氨水、1mL注射器、脱脂干棉、酒精棉球、电子秤。

2．训练方法

（1）取2只小白鼠分别编号，称重，观察小白鼠的正常呼吸及活动情况。

（2）1、2号两鼠分别按0.2mL/10g体重腹腔注射0.2%磷酸可待因溶液和生理盐水溶液，并将两鼠分别扣入大烧杯内。

（3）20min后分别往大烧杯内放入一浸有氨水的棉球，观察并记录两鼠出现咳嗽的时间和次数。

3．归纳总结

选取的 2 只小白鼠需大小相等、健康情况基本相同才能准确观察结果。腹腔注射时按照常规无菌规程操作。浓氨水的浓度为 25%～28%，其作用主要是诱导动物出现咳嗽的症状。咳嗽的表现为张大口或张小口时伴有咳嗽声，均可见腹肌收缩。基于浓氨水引咳法的小鼠咳嗽敏感性剔除标准有 3min 内咳嗽次数少于 10 次及多于 80 次者；喷雾后潜伏期小于 15s 及大于 50s 者；其他：动物死亡、状态不佳、反应异常剧烈者等；符合三者其中任何一项者，即为剔除对象，不纳入为实验动物。

4．实验报告

记录 2 只小白鼠注射盐酸可待因和生理盐水后出现咳嗽的时间及次数（表 6-2）并进行分析讨论，掌握其作用特点及应用。

表 6-2　　　　　　　　　　　可待因镇咳作用的观察

鼠号	体重	药物	药量	出现咳嗽时间 /min	咳嗽次数
1		盐酸可待因			
2		生理盐水			

任务三　作用于消化系统的药物

【案例导入】

一耕牛采食较多干草后发病，食欲废绝，反刍、嗳气停止，精神变差，临床检查可见左腹部增大，听诊瘤胃蠕动音消失，触诊瘤胃内容物坚实缺乏弹性，手压凹陷，不易恢复，体温正常，鼻镜干燥，叩诊左胁部出现实音，确诊为瘤胃积食。请问该选择何种药物？如何使用？

【任务目标】

掌握常用健胃药、助消化药、瘤胃兴奋药、止吐药、催吐药、制酵药、消沫药、泻药和止泻药的药理作用、临床应用、使用注意事项和用法用量。

【技能目标】

通过试验观察二甲硅油、松节油、煤油的消沫作用，掌握其作用特点及合理应用。

【知识准备】

作用于消化系统的药物主要是用来治疗动物的消化系统疾病，动物消化系统疾病主要是由于饲养管理不当、饲料不良、某些疾病（如传染病、寄生虫病、中毒性疾病等）所引起的胃肠消化功能异常。其治疗原则在于解除病因，改善饲养环境，合理应用调节消化功能的药物才能取得良好的效果。这些药物主要通过调节胃肠道的运动和消化腺的分泌功能，维持胃肠道内环境和微生态平衡而改善和恢复消化系统功能。根据药物的作用特点可分为健胃药、助消化药、瘤胃兴奋药、止吐药、催吐药、制酵药、消沫药、泻药和止泻药。

一、健胃药和助消化药

健胃药指能促进唾液、胃液等消化液的分泌，调整胃的功能活动，提高食欲和加强消化的一类药物，分为苦味健胃药、芳香性健胃药和盐类健胃药三种。助消化药指促进胃肠道消化过程的药物，多为消化液的主要成分或促进消化液分泌的药物。当消化液分泌不足时，助消化药起替代疗法的作用，临床上和健胃药多配伍应用。

龙胆

【概述】 本品为龙胆科植物龙胆或三花龙胆的干燥根茎和根，其有效成分为龙胆苦苷、龙胆糖、龙胆碱等。为淡黄棕色粉末，味甚苦。龙胆酊由龙胆末100g，加40%乙醇1000mL浸制而成；复方龙胆酊（苦味酊）由龙胆100g、橙皮40g、草豆蔻10g，加60%乙醇适量浸制成1000mL。

【作用】 本品味苦性寒，因其苦味，口服可刺激舌的味觉感受器，通过迷走神经反射性地兴奋食物中枢，使唾液、胃液的分泌增加以及游离盐酸也相应增多，从而加强消化和提高食欲。

【应用】 用于治疗动物的食欲不振、某些热性病引起的消化不良等。

【注意】 ①本品只能通过口服的途径才能刺激味觉感受器产生作用，如通过胃导管投药，药物直接进入胃内，不能发挥健胃作用。②脾胃虚弱的动物禁用。

【用法】 龙胆末，一次内服，马、牛15～45g，羊、猪6～15g，犬1～5g，猫0.5～1g。龙胆酊，一次内服，马、牛50～100mL，羊5～15mL，猪3～8mL，犬、猫1～3mL。复方龙胆酊，一次内服，马、牛50～100mL，羊、猪5～20mL，犬、猫1～4mL。

马钱子

【概述】 本品为马钱科植物马钱的干燥成熟种子，其有效成分为番木鳖碱（士的宁、马钱子碱）。灰黄色粉末，无臭味苦。马钱子流浸膏由马钱子1000g，加乙醇适量浸制而成；马钱子酊由马钱子流浸膏 83.4mL，加 45% 乙醇稀释至 1000mL 制成。

【作用】 本品小剂量口服后发挥苦味健胃作用，加强消化和提高食欲，对胃肠道平滑肌有一定的兴奋作用。大剂量应用其吸收后对脊髓具有选择性兴奋作用，可加强骨骼肌的收缩，中毒时引起骨骼肌的强直性痉挛。

【应用】 用于治疗动物的消化不良、食欲不振、前胃弛缓、瘤胃积食等疾病。

【注意】 ①本品安全范围较小，应严格控制剂量，不能大剂量或连续应用，如发生中毒，可用巴比妥类药物或水合氯醛解救。②妊娠动物禁用。

【用法】 马钱子粉末，一次内服，马、牛 1.5 ~ 6g，羊、猪 0.3 ~ 1.2g。马钱子流浸膏，一次内服，马 1 ~ 2mL，牛 1 ~ 3mL，羊、猪 0.1 ~ 0.25mL，犬、猫 0.01 ~ 0.06mL。马钱子酊，一次内服，马、牛 10 ~ 30mL，羊、猪 1 ~ 2.5mL，犬、猫 0.1 ~ 0.6mL。

桂皮（肉桂）

【概述】 本品为樟科植物肉桂的干燥树皮，含挥发性桂皮油，其有效成分为桂皮醛。红棕色粉末，气味浓烈，味甜辣。桂皮酊由桂皮粉 200g，加 70% 乙醇 1000mL 浸制而成。

【作用】 本品对胃肠黏膜有温和的刺激作用，可增强消化功能，消除积气，缓解胃肠道痉挛性疼痛，同时有扩张中枢和末梢血管作用，改善血液循环。

【应用】 用于治疗动物的消化不良、风寒感冒、产后虚弱、胃肠臌气、四肢厥冷等。

【注意】 患有出血性疾病的动物禁用。妊娠动物慎用，以防流产。

【用法】 桂皮粉，一次内服，马、牛 15 ~ 45g，羊、猪 3 ~ 9g。桂皮酊，一次内服，马、牛 30 ~ 100mL，羊、猪 10 ~ 20mL。

干姜

【概述】 本品为姜科植物姜的干燥根茎，含姜辣素、姜烯酮、姜酮、挥发油，挥发油含龙脑、桉油精、姜醇、姜烯等成分。姜流浸膏由干姜 1000g，加适量 90% 乙醇浸制而成；姜酊由姜流浸膏 200mL 和 90% 乙醇 1000mL 制成。

【作用】 本品内服后能明显刺激胃肠道黏膜，引起消化液分泌，增加食欲。还可抑制胃肠道异常发酵及促进气体排出的作用。另外本品还具有反射性兴奋中枢神经的作用。

【应用】 用于治疗动物的消化不良、食欲不振、胃肠气胀、机体虚弱等。

【注意】 ①本品对胃肠道黏膜有强烈的刺激性，应用其制剂时需加水稀释后服用可减少对黏膜的刺激。②妊娠动物禁用。

【用法】 姜粉，一次内服，马、牛15～30g，羊、猪3～10g，犬、猫1～3g，禽、兔0.3～1g。姜流浸膏，一次内服，马、牛5～10mL，羊、猪1.5～6mL。姜酊，一次内服，马、牛40～60mL，犬2～5mL。

人工盐（人工矿泉盐）

【概述】 本品由干燥硫酸钠44%、碳酸氢钠36%、氯化钠18%和硫酸钾2%混合制成。白色粉末，易溶于水。

【作用】 本品小剂量内服可刺激消化道黏膜，增强胃肠分泌、蠕动，促进物质消化吸收，其还有中和胃酸、利胆的作用。大剂量内服有缓泻作用。

【应用】 用于治疗动物的消化不良、胃肠弛缓、便秘等。

【注意】 ①本品为弱碱性类药物，禁与酸性物质、酸类健胃药、胃蛋白酶等药物配伍。②本品内服作泻剂应用时需大量饮水。

【用法】 健胃，一次内服马50～100g，牛50～150g，羊、猪10～30g，兔1～2g。缓泻，一次内服，马、牛200～400g，羊、猪50～100g，兔4～6g。

小苏打（碳酸氢钠）

【概述】 白色结晶性粉末，无臭，味咸，在潮湿空气中缓慢分解，易溶于水。

【作用】 本品为弱碱性盐，内服后能迅速中和胃酸，缓解因胃酸过多所致的幽门括约肌痉挛，利于胃的排空。内服吸收或静脉注射后可增高血液中的碱储，降低血液中氢离子的浓度，用于治疗酸中毒。体内过多的碱经尿排出进，可使尿液碱化，从而防止某些药物（比如磺胺类药物）在尿中析出形成结晶，引起中毒。

【应用】 作为酸碱平衡药用于健胃、胃肠卡他、酸血症、碱化尿液等。

【注意】 ①本品为弱碱性药物，禁与酸性药物混合应用。②本品中和胃酸后，可继发性引起胃酸过多。

【用法】 一次内服，马15～60g，牛30～100g，羊5～10g，猪2～5g，犬1～2g。

胃蛋白酶

【概述】 本品是从牛、猪、羊等动物的胃黏膜提取的一种蛋白分解酶，每1g中含蛋白酶活力不得少用3800U。白色或淡黄色粉末，有吸湿性，无霉败臭，可溶于水。

【作用】 本品内服可使蛋白质初步水解成蛋白胨，有助于消化。本品在酸性环境中作用强，pH为1.6～1.8时活性最强。

【应用】 用于胃液分泌不足或幼年动物因胃蛋白酶缺乏所引起的消化不良。

【注意】 ①本品禁与碱性药物、鞣酸、金属盐等配伍。②本品宜饲前服用。③必须与稀盐酸同用。

【用法】　一次内服，马、牛 4000～8000U，羊、猪 800～1600U，驹、犊 1600～4000U，犬 80～800U，猫 80～240U。

稀盐酸

【概述】　本品为约含 10% 的盐酸无色澄明液体，无臭，呈强酸性反应，应置玻璃塞瓶内，密封保存。

【作用】　本品可使胃蛋白酶原变为胃蛋白酶，并以酸性环境使胃蛋白酶发挥消化蛋白的作用。还可使十二指肠内容物呈酸性，有利于胃排空及钙、铁等矿物质的溶解与吸收，同时还有轻度的杀菌作用。

【应用】　用于因胃酸缺乏引起的消化不良、食欲不振、胃内异常发酵、牛前胃弛缓、马属动物急性胃扩张、碱中毒等。

【注意】　①本品禁与碱类、有机酸盐类、盐类健胃药、洋地黄及其制剂等配伍应用。②本品用量和浓度不宜过大，否则胃酸度过高刺激胃黏膜，反射性地引起幽门括约肌痉挛，影响胃的排空而产生腹痛。③应用前须加水 50 倍稀释成 0.2% 的溶液。

【用法】　一次内服，马 10～20mL，牛 15～20mL，羊 2～5mL，猪 1～2mL，犬、禽 0.1～0.5mL。

稀醋酸

【概述】　无色的澄清液体，特臭味酸，含醋酸 5.5%～6.5%，可溶于水、乙醇或醚。

【作用】　本品内服后具有防腐、制酵、助消化作用。

【应用】　用于治疗幼年动物的消化不良、马属动物的急性胃扩张、反刍动物的前胃弛缓、瘤胃臌气等。外用可冲洗口腔治疗口腔炎，冲洗阴道治疗阴道滴虫病。

【注意】　①本品禁与氧化剂、氢碘酸、蛋白质溶液及重金属盐配伍。②用前加水稀释成 0.5% 左右的浓度。

【用法】　一次内服，马、牛 10～40mL，羊、猪 2～10mL，犬 1～2mL。外用。冲洗口腔 2%～3% 稀释液，冲洗阴道 0.5%～1% 稀释液。

干酵母

【概述】　本品为麦酒酵母菌或葡萄汁酵母菌的干燥菌体，是淡黄白色或淡黄棕色的颗粒或粉末，味微苦，有酵母的特殊臭味。

【作用】　本品富含多种 B 族维生素等生物活性物质，这些活性物质是体内某些酶系统的重要组成部分，参与糖、蛋白质、脂肪的代谢和生物氧化过程。

【应用】　用于动物的食欲不振、消化不良和 B 族维生素缺乏症（多发性神经炎、酮血症、糙皮病）等。

【注意】 本品用量过大，可导致轻度腹泻。

【用法】 一次内服，马、牛 30～100g，羊、猪 5～10g。

乳酶生

【概述】 白色或淡黄色干燥制剂，微臭无味，难溶于水。每克乳酶生中含活乳酸杆菌数在 1000 万个以上。

【作用】 本品为活性乳酸杆菌制剂，内服后能分解糖类生成乳酸，使肠内酸度提高，抑制肠内病原菌繁殖，防止蛋白质发酵，减少肠内产气。

【应用】 用于消化不良、肠内膨气、胃肠异常发酵和幼年动物腹泻等。

【注意】 ①本品不宜与抗菌药、吸附剂、收敛药、酊剂等配伍应用，以防失效。②应饲喂前给药。

【用法】 一次内服，驹、犊 10～30g，羊、猪 2～4g，犬 0.3～0.5g，禽 0.5～1g。

二、瘤胃兴奋药

瘤胃兴奋药指能促进瘤胃平滑肌收缩，加强瘤胃运动，促进反刍，消除瘤胃积食与气胀的一类药物，又称反刍促进药。临床上常用的药物有拟胆碱药、抗胆碱酯酶药、浓氯化钠注射液等。

浓氯化钠

【概述】 无色的透明液体，味咸，pH 为 4.5～7.0，为 10% 氯化钠灭菌水溶液。

【作用】 本品静脉注射后可暂时性提高血液渗透压，扩充血容量，改善血液循环和组织新陈代谢，血中 Na^+ 和 Cl^- 突然增加可刺激血管壁的化学感受器，反射性地兴奋迷走神经，使胃肠平滑肌兴奋，促进胃肠蠕动及分泌，当胃肠功能减弱时，这种作用更加显著。本品一般在用药后 2～4h 作用最强。

【应用】 用于前胃弛缓、瘤胃积食、马属动物的胃扩张和便秘疝等。

【注意】 ①本品静脉注射时不能稀释，注射速度宜慢，不可漏到血管外，一般只用一次，必要时次日再用一次。②心力衰竭和肾功能不全的患病动物慎用。

【用法】 一次静脉注射，牛、羊 1mL/kg 体重。

氨甲酰甲胆碱

【概述】 白色结晶或结晶性粉末，有氨味，易溶于水和乙醇。

【作用】 本品对胃肠平滑肌兴奋性较强，可提高胃肠平滑肌的张力，促进胃肠分泌和蠕动，加强瘤胃的反刍活动，同时对子宫、膀胱平滑肌的作用也较强。

【应用】 用于反刍动物的前胃弛缓、瘤胃积食、膀胱积尿和胎衣不下等。

【注意】 ①本品作用较强但选择性较差，所以肠道完全阻塞、顽固性便秘、创伤性网胃炎的患病动物和妊娠动物禁用。②应用本品中毒时可用阿托品解救。

【用法】 一次皮下注射，马、牛 0.05～0.1mg/kg 体重。

三、止吐药和催吐药

止吐药指通过不同的环节抑制呕吐反应的一类药物，临床上多用于犬、猫、猪和灵长类等动物的止吐反应。催吐药指能够引起呕吐的一类药物，主要通过兴奋中枢呕吐化学敏感区或刺激消化道黏膜反射性地兴奋呕吐中枢而引起呕吐，多用于犬、猫等具有呕吐功能的动物。

甲氧氯普胺（胃复安）

【概述】　白色结晶性粉末，遇光变成黄色。

【作用】　本品有强大的止吐作用，其可抑制延髓催吐化学感受区而反射性地抑制呕吐中枢。

【应用】　用于胃肠胀满、呕心呕吐、用药引起的呕吐等。

【注意】　①本品禁与阿托品、颠茄制剂配伍，以防降低药效。②妊娠动物禁用。

【用法】　一次内服或肌肉注射，10～20mg。

舒必利（止吐灵）

【概述】　白色结晶性粉末，无臭味苦，不溶于水。

【作用】　本品属于中枢性止吐药，止吐作用强大。

【应用】　用于犬的止吐。

【注意】　本品止吐效果强于氯丙嗪和胃复安。

【用法】　一次内服，犬 0.3～0.5mg/（5～10kg 体重）。

阿扑吗啡

【概述】　白色或灰白色的光泽结晶或结晶性粉末，无臭，能溶于水和乙醇。

【作用】　本品为中枢反射性催吐药，可兴奋延髓的催吐化学感受区，反射性兴奋呕吐中枢，引起呕心呕吐。

【应用】　用于驱除胃内毒物或异物。

【注意】　①本品口服作用弱，皮下注射后5～15min可产生作用。②猫禁用。

【用法】　一次皮下注射，猪 10～20mg，犬 2～3mg。

四、制酵药和消沫药

制酵药指能抑制胃肠内容物异常发酵的药物，此外抗生素磺胺药、消毒防腐药等也具有一定程度的制酵作用。消沫药指能降低泡沫液膜的局部表面张力，使泡沫迅速破裂的药物。

鱼石脂

【概述】　棕黑色的黏稠性液体，有特臭，溶于水，常制成软膏。鱼石脂软膏由鱼石脂和凡士林按 1∶1 比例混合制成。

【作用】 本品具有较弱的抑菌作用和温和的刺激作用，内服能防腐、祛风、制止发酵，促进胃肠蠕动。外用具有局部消炎和刺激肉芽生长的作用。

【应用】 用于胃肠道制酵，治疗瘤胃臌胀、急性胃扩张、前胃弛缓、胃肠臌气、大肠便秘等。10% ~ 30% 软膏用于治疗慢性皮炎、蜂窝织炎等。

【注意】 ①本品内服时，用 2 倍量的乙醇溶解后再加水稀释成 3% ~ 5% 的溶液。②禁与酸性药物如乳酸、稀盐酸等配伍。

【用法】 一次内服，马、牛 10 ~ 30g，羊、猪 1 ~ 5g，兔 0.5 ~ 0.8g。

芳香氨醑

【概述】 本品新鲜配制时为无色澄明液体，久置后变黄，具芳香及氨臭味。由碳酸铵 30g、柠檬油 5mL、浓氨水溶液 60mL、90% 乙醇 750mL、八角茴香油 3mL，加水至 1000mL 混合而成。

【作用】 本品中所含成分氨、乙醇、茴香油等均有抑菌作用，对局部组织具有刺激作用。内服后可制止发酵和促进胃肠蠕动，有利于气体的排出，同时由于刺激胃肠道，增加消化液的分泌，可改善消化功能。

【应用】 用于治疗消化不良、瘤胃臌胀、急性肠臌气等。

【注意】 本品可配合氯化铵治疗急慢性支气管炎。

【用法】 一次内服，马、牛 30 ~ 60mL，羊、猪 3 ~ 8mL，犬 0.6 ~ 4mL。

乳酸

【概述】 无色澄明或微黄色糖浆状液体，无臭，味微酸。

【作用】 本品内服具有防腐、制酵作用，可增加消化液分泌，利于消化。

【应用】 用于防治胃酸偏低性消化不良、胃内发酵、马属动物急性胃扩张、羊前胃弛缓、幼畜消化不良等；外用可治疗滴虫病；蒸汽用于室内消毒。

【注意】 本品禁与氧化剂、蛋白质溶液、氢碘酸及重金属盐等配伍应用。

【用法】 一次内服，马、牛 5 ~ 25mL，羊、猪 0.5 ~ 3mL，临用时配成 0.2% 溶液。外用时配成 0.1% 溶液。蒸汽消毒时 1mL/m³，稀释 10 倍后加热熏蒸 30min。

二甲硅油

【概述】 无色透明油状液体，无臭无味，不溶于水和乙醇。

【作用】 本品表面张力低，内服后可迅速降低泡沫液膜的局部张力，使小泡沫破裂融合成大泡沫，产生消沫作用。

【应用】 用于瘤胃泡沫性臌胀。

【注意】 本品临用时配成 2% ~ 3% 酒精或 2% ~ 5% 煤油溶液，采用胃管投药，灌服前后灌少量温水以减轻局部刺激。

【用法】 一次内服，牛 3~5g，羊 1~2g。

松节油

【概述】 无色至微黄色的澄清液体，特殊芳香味，不溶于水，易燃，久置或暴露于空气中臭味渐渐变强，颜色渐渐变黄，为松树科植物中渗出的油树脂经蒸馏提取而得的挥发油。

【作用】 本品内服后在瘤胃中比胃内液体表面张力低很多，可降低泡沫性气泡的表面张力使泡沫破裂，融合成大气泡使游离气体随嗳气排出体外而起消沫作用；还可轻度刺激消化道黏膜和抑菌作用，促进胃肠蠕动和分泌，具有驱风和制酵作用。

【应用】 用于治疗反刍动物的瘤胃泡沫性臌胀、瘤胃积食，马属动物的胃肠鼓气、胃肠弛缓等。

【注意】 ①本品刺激性强，禁用于急性胃肠炎、肾炎等患病动物，宰前动物、泌乳动物禁用。②马、犬对本品极敏感易发泡，应慎用。临用前用 3~4 倍植物油稀释灌服。

【用法】 一次内服，牛 20~60mL，猪、羊 3~10mL。

五、泻药和止泻药

泻药指能促进肠道蠕动，增加肠内容积，软化粪便，加速粪便排泄的一类药物，分为容积性泻药、刺激性泻药和润滑性泻药三类。止泻药指能制止腹泻，保护肠黏膜、吸附有毒物质或收敛消炎的药物，分为保护性止泻药、吸附性止泻药、抑制肠蠕动止泻药等。

硫酸钠

【概述】 无色透明结晶，无臭，味苦而咸，易溶于水，干燥具有吸湿性，应密闭保存。

【作用】 本品小剂量内服可发挥盐类健胃作用。大剂量内服，在肠胃道内解离出硫酸根和钠离子，不易被肠壁吸收而提高肠内渗透压，使肠管中保持大量水分，增加肠管容积，软化粪便，刺激肠壁增强其蠕动，产生泻下作用。

【应用】 小剂量用于健胃，治疗消化不良；大剂量用于治疗大肠便秘，排除肠内异物、毒物，辅助驱虫药将虫体排出体外；外用治疗化脓创、瘘管等。

【注意】 ①本品治疗大肠便秘时需稀释成 4%~6% 的浓度，浓度过低效果较差，难度过高危害更大，可引起肠炎。②本品不适用于小肠便秘或便秘后局部产生炎症的动物。妊娠动物或虚弱动物不宜应用。③禁与钙盐配伍。

【用法】 健胃，一次内服，马 15~50g，羊、猪 3~10g，犬 0.2~0.5g，兔 1.5~2.5g。貂 1~2g。导泻，一次内服，马 200~500g，牛 400~800g，羊

40～100g，猪 25～50g，犬 10～20g，猫 2～5g，鸡 2～4g，鸭 10～15g，貂 5～8g。

硫酸镁

【概述】 无色结晶，无臭味苦而咸，易溶于水，在空气中易风化，应密闭保存。

【作用】 本品小剂量内服可发挥盐类健胃作用。大剂量内服，在肠胃道内解离出硫酸根和镁离子，不易被肠壁吸收而提高肠内渗透压，使肠管中保持大量水分，增加肠管容积，软化粪便，刺激肠壁增强其蠕动，产生泻下作用。

【应用】 小剂量用于健胃，治疗消化不良；大剂量用于治疗大肠便秘，排除肠内异物、毒物，辅助驱虫药将虫体排出体外。

【注意】 ①本品应用比硫酸钠少的原因可能在某些情况下镁离子吸收增多会产生毒副作用。②中毒时表现为呼吸浅表、肌腱反射消失，迅速静脉注射氯化钙解救。对镁离子中毒引起的骨骼肌松弛，可注射新斯的明。

【用法】 导泻，一次内服，马 200～500g，牛 300～800g，羊 50～100g，猪 20～50g，犬 10～20g，猫 2～5g，临用前配成 6%～8% 溶液灌服。

液体石蜡（石蜡油）

【概述】 本品为石油提炼过程中制得的由多种液状烃组成的混合物，无色透明的油状液体，无臭无味，不溶于水和乙醇，在日光中不显荧光，中性反应。

【作用】 本品内服后在消化道中不被代谢和吸收，大部分以原形通过全部肠管，产生润滑肠道和保护肠黏膜的作用，还可阻碍肠内水分被重吸收而软化粪便。

【应用】 用于瘤胃积食、小肠阻塞及便秘等，预防猫毛球的形成，可用于妊娠动物和患肠炎动物。

【注意】 本品作用温和，但不宜反复应用，以免影响消化及阻碍脂溶性维生素及钙、磷的吸收，降低物质的消化和减弱肠蠕动。

【用法】 一次内服，马、牛 500～1500mL，驹、犊 60～120mL，羊 100～300mL，猪 50～100mL，犬 10～30mL，猫 5～10mL，兔 5～15mL，鸡 5～10mL。

蓖麻油

【概述】 本品是大戟科植物蓖麻的成熟种子经加热压榨精制而得的植物油，几乎无色或微带黄色的澄清黏稠液体，微臭，不溶于水。

【作用】 本品本身无刺激性，只有润滑作用，内服后在十二指肠处受胰脂肪酶的作用，部分分解生成甘油和蓖麻油酸。蓖麻油酸又转成蓖麻油酸钠，刺激小肠黏膜感受器，引起小肠蠕动，导致泻下。

【应用】 用于治疗幼年动物或小动物的小肠便秘。

【注意】 ①本品有刺激性不宜用于妊娠动物，肠炎患病动物。②不宜用于排除毒物或与驱虫药并用，以免中毒。③不能长期反复应用，以免影响消化功能。

【用法】　一次内服，马 250～400mL，牛 300～600mL，驹、犊 30～80mL，羊、猪 20～60mL，犬 5～25mL，猫 4～10mL，兔 5～10mL。

大黄

【概述】　本品为蓼科植物掌叶大黄、药用大黄或唐古特大黄的干燥根或根茎。粉末为黄色，味苦、性寒，不溶于水。其主要有效成分是苦味质、鞣质及蒽醌苷类衍生物，常制成大黄粉、大黄酊。大黄流浸膏由大黄 1000g 加 60% 乙醇适量浸制而成；大黄酊由大黄 100g、橙皮 20g、豆蔻 20g，加 60% 乙醇适量浸制而成。

【作用】　本品作用与其所含有效成分有关。内服小剂量大黄，发挥苦味健胃作用；中等剂量时其鞣质发挥收敛止泻作用；大剂量时蒽醌苷类衍生物大黄素等起主要作用，产生致泻作用。

【应用】　用于健胃和致泻。

【注意】　本品虚弱、妊娠动物禁用。

【用法】　健胃，一次内服，马 10～25g，牛 20～40g，羊 2～4g，猪 2～5g，犬 0.2～2g。止泻，一次内服，马 25～50g，牛 50～100g，猪 5～10g，犬 3～7g。致泻，一次内服，马 60～100g，牛 100～150g，驹、犊 10～30g，仔猪 2～5g，犬 2～7g。

鞣酸蛋白

【概述】　淡黄色或淡棕色粉末，无臭无味，不溶于水，在氢氧化钠或碳酸钠溶液中易分解，由鞣酸和蛋白各 50% 制成。

【作用】　本品本身无活性，内服后在肠道内遇碱性肠液才逐渐分解成鞣酸及蛋白，鞣酸与肠内的黏液蛋白生成薄膜产生收敛而呈止泻作用。肠炎和腹泻时肠道内生成的鞣酸蛋白薄膜对炎症部位起消炎、止血及止分泌作用。

【应用】　用于非细菌性腹泻和急性肠炎等。

【注意】　①治疗细菌性肠炎时应先用抗菌药物控制感染后再用本品。②猫较敏感，应慎用。

【用法】　一次内服，马、牛 10～20g，羊、猪 2～5g，犬 0.2～2g，猫 0.15～2g，兔 1～3g，禽 0.15～0.3g。

铋制剂

【概述】　本品包括碱式硝酸铋和碱式碳酸铋，白色粉末，无臭无味，不溶于水。

【作用】　本品内服难吸收，大部分生成氢氧化铋并覆盖于胃肠黏膜表面，起机械性保护作用，同时减少硫化氢对肠黏膜的刺激。另外，本品在炎性组织中能缓慢释放出铋离子并与细菌或肠黏膜表面蛋白结合，产生收敛与抑菌作用。

【应用】 用于胃肠炎和腹泻症。

【注意】 碱式硝酸铋在治疗肠炎和腹泻时，可能因肠道中如大肠杆菌等可将硝酸离子还原成亚硝酸而引起中毒，所以目前多用碱式碳酸铋治疗肠炎和腹泻。

【用法】 一次内服，马、牛 15～30g，羊、猪、驹、犊 2～4g，犬 0.3～2g，猫、兔 0.4～0.8g，禽 0.1～0.3g，水貂 0.1～0.5g。

药用炭

【概述】 黑色微细粉末，无臭无味，无砂性，无刺激性，不溶于水。

【作用】 本品颗粒小，分子间空隙多，表面积大（1g 表面积为 500～800m²），吸附作用强，可吸附大量气体、毒素和化学物质。内服到达肠道后，能吸附肠道内多种有毒物质，减少毒物等对肠黏膜的刺激，减慢蠕动，起止泻作用。

【应用】 用于腹泻、肠炎、胃肠臌气和排除毒物（如生物碱等中毒）。

【注意】 ①本品应用时需加水制成混悬液，可吸附其他药物和影响消化酶的活性，吸收有害物质时，同一病例不宜反复使用，以防影响动物的食欲、消化和营养物质的吸收等。②本品吸附作用是可逆的，吸附生物碱和重金属等毒物时，必须用盐类泻药促使排出。

【用法】 一次内服，马、牛 100～300g，羊、猪 10～25g，犬 0.3～2g，猫 0.15～0.25g。

白陶土（高岭土）

【概述】 本品为天然的含水硅硫酸铝，类白色粉末，几乎不溶于水，加水湿润后有类似黏土的气味，颜色变深。

【作用】 本品内服具有吸附性止泻作用，吸附力弱于药用炭。

【应用】 用于幼年动物的腹泻症。

【注意】 本品能吸附其他药物和影响消化酶的活性。

【用法】 一次内服，马、牛 100～300g，羊、猪 10～30g，犬 1～5g。

【技能训练】 观察常用消沫药消沫的效果

1. 准备工作

2.5% 二甲硅油、松节油、煤油、1% 肥皂水、自来水、试管、试管架、玻璃棒、滴管、烧杯。

2. 训练方法

（1）取 1% 肥皂水数毫升，分别装入 4 支相同的试管，振荡使之产生泡沫。

（2）向 4 支试管中分别滴加 2.5% 二甲硅油、松节油、煤油、自来水 5 滴。

（3）观察 4 支试管中泡沫消失的速度和消失的时间。

3. 归纳总结

试验过程中 4 支试管的肥皂水需相同才能进行比较，滴加二甲硅油、松节油、煤油、自来水时从试管中心滴加，避免从管壁滴加而影响消沫作用的时间。

4. 实验报告

记录 4 支试管中泡沫消失的速度和消失的时间（表 6-3），分析不同消沫药的作用特点及应用。

表 6-3　　　　　　　　　　消沫药作用实验结果

试样	松节油	煤油	2.5% 二甲基硅油	自来水
时间 /min				

任务四　作用于泌尿生殖系统的药物

【案例导入】

一头母牛于 3 月 20 日进行人工授精冷配，妊娠 6 个多月，主诉该母牛常空腹冷饮，2d 前有腹泻，牛体虚弱，出现流产征兆，先前已有 2 次流产病史。临诊可见该牛呈间歇性起卧不安，嚎叫，频频回顾腹部并做排尿性姿势，阴道流血，体温正常。根据主诉及临诊并结合既往饲养病史，确诊为习惯性流产。请问该选择何种药物？如何使用？

【任务目标】

掌握常用利尿药、脱水药、子宫收缩药和生殖激素类药物的药理作用、临床应用、使用注意事项和用法用量。

【技能目标】

通过试验观察呋塞米、甘露醇对家兔的利尿作用，掌握其作用特点及应用。

【知识准备】

一、利尿药

利尿药指作用于肾脏，促进电解质和水的排泄，增加尿量，减轻或消除水肿的一类药物，分为高效利尿药、中效利尿药和低效利尿药。临床上主要用于治疗水肿、腹水、急性肾功能衰竭和促进毒物的排出。

呋塞米（速尿）

【概述】 白色或类白色的结晶性粉末，无臭无味，不溶于水，其钠盐溶于水。

【作用】 本品属于强利尿剂，其作用于肾小管髓祥升支的髓质部和皮质部，抑制对 Cl^- 的主动重吸收和 Na^+ 的被动重吸收，促进 K^+、Cl^- 和 Na^+ 的排出和影响肾髓质高渗透压的形成，从而干扰尿的浓缩过程。其作用迅速，内服后 30min 开始排尿，1～2h 作用达到高峰，持续 6～8h；静脉注射后 2～5min 开始排尿，30～90min 作用达到高峰，持续 4～6h。

【应用】 用于治疗各种原因引起的全身水肿及其他利尿药无效的严重病例，也可用于预防急性肾功能衰竭和药物中毒时加速药物的排出。具体包括心性、肝性、肾性等各种水肿（如充血性心力衰竭、肺水肿等）；胸水、腹水、尿毒症、高血钾症；牛产后乳房水肿等；苯巴比妥、水杨酸盐等中毒时加速药物排出。

【注意】 ①本品长期大量应用可出现低血钾、低血氯及脱水等电解质紊乱和胃肠道功能紊乱的症状，应补钾或与保钾性利尿药配伍或交替使用。②应用时避免与具有耳毒性的氨基苷类抗生素合用；避免与头孢菌素类抗生素合用，以免增加后者对肝脏的毒性；无尿患病动物禁用，电解质紊乱或肝损害的患病动物慎用。③犬大剂量静脉注射可使听觉丧失。

【用法】 一次内服，马、牛、羊、猪 2mg/kg 体重，犬、猫 2.5～5mg/kg 体重。一次肌肉、静脉注射，马、牛、羊、猪 0.5～1mg/kg 体重，犬、猫 1～5mg/kg 体重。

氢氯噻嗪

【概述】 白色结晶性粉末，无臭，味微苦，不溶于水，可溶于丙酮。

【作用】 本品属于中效利尿药，其作用于髓祥升支粗段皮质部和远曲小管的前段，抑制对 Cl^- 和 Na^+ 的重吸收，从而促进肾脏对 NaCl 的排泄而产生利尿作用。另外其对碳酸酐酶也有轻度的抑制作用，减少 H^+–Na^+ 交换，增加 Na^+–K^+ 交换，从而使 K^+、HCO_3^- 排出增加，长期或大量应用可致低血钾症。其疗效快，作用持久而安全，内服后 1h 开始利尿，2h 作用达到高峰，一次剂量可持续 12～18h。

【应用】 用于心、肺、肾等各种水肿，也可用于治疗局部组织水肿以及促进毒物的排出。

【注意】 ①本品长期或大剂量应用可引起体液和电解质平衡紊乱，导致低钾性碱血症、低氯性碱血症及胃肠道反应。②利尿时应与氯化钾合用，以免产生低血钾。与强心药合用时，也应补充氯化钾。

【用法】 一次内服，马、牛 1～2mg/kg 体重，羊、猪 2～3mg/kg 体重，犬、猫 3～4mg/kg 体重。

螺内酯

【概述】　白色或类白色细微结晶性粉末，有轻微硫醇臭，不溶于水，可溶于乙醇。

【作用】　本品利尿作用弱，起效慢但作用持久，其可在远曲小管和集合管上皮细胞膜的受体上与醛固酮产生竞争性拮抗作用，从而产生保钾排钠的利尿作用。

【应用】　用于应用其他利尿药后发生低血钾症的患病动物。

【注意】　①本品有保钾作用，应用时无需补钾。②本品在兽医临床上一般不作为首选药，常与呋噻米、氢氯噻嗪等其他利尿药合用，以避免过分失钾，并产生最大的利尿效果。③肾功能衰竭及高血钾患病动物忌用。

【用法】　一次内服，马、牛、猪、羊 0.5～1.5mg/kg 体重，犬、猫 2～4mg/kg 体重。

二、脱水药

脱水药指能消除组织水肿的药物，是一类低相对分子质量物质，其在体内多数不被代谢，能迅速提高血浆及肾小管的渗透压，增加尿量，故又称渗透性利尿药。因其利尿作用不强，临床上主要用于消除脑水肿、肺水肿等局部组织的水肿。

甘露醇

【概述】　白色结晶性粉末，无臭味甜，易溶于水。

【作用】　本品为高渗性脱水剂。内服不易吸收，需静脉注射，静脉注射高渗溶液后可迅速提高血液渗透压，使组织细胞间液水分向血浆转移，产生组织脱水作用，从而降低颅内压和眼内压。由于本品在体内不被代谢，易经肾小球滤过，并很少被肾小管重吸收，使原尿成为高渗，影响水和电解质的重吸收从而产生利尿作用。此外，还能防止肾毒素在小管液的蓄积对肾起保护作用。其作用迅速，静脉注射后 20～30min 出现作用，2～3h 作用达到高峰，可持续 6～8h。

【应用】　用于急性肾功能衰竭的无尿、少尿症，降低颅内压和眼内压，辅助治疗脑水肿、脑炎，加速某些毒物的排泄。

【注意】　①本品不宜大量或长期应用以防引起水和电解质平衡紊乱，静脉注射速度不宜过快，以防出现心血管反应。静脉注射时勿漏出血管外，以免引起局部肿胀、坏死。②心脏功能不全的患病动物不宜应用，以免引起心力衰竭。③不能与高渗氯化钠配合应用，因氯化钠可促进其排出。

【用法】　一次静脉注射，马、牛 1000～2000mL，羊、猪 100～250mL，犬、猫 0.25～0.5mg/kg 体重稀释成 5%～10% 溶液。

山梨醇

【概述】 白色结晶性粉末，无臭味甜，易溶于水。

【作用】 本品为甘露醇的异构体，作用及其机制同甘露醇，因进入体内后可在肝内部分转化为果糖，故持效时间稍短。

【应用】 用于急性肾功能衰竭的无尿、少尿症，降低颅内压和眼内压，辅助治疗脑水肿、脑炎，加速某些毒物的排泄。

【注意】 ①本品不宜大量或长期应用以防引起水和电解质平衡紊乱，静脉注射速度不宜过快，以防出现心血管反应。静脉注射时勿漏出血管外，以免引起局部肿胀、坏死。②心脏功能不全的患病动物不宜应用，以免引起心力衰竭。③不能与高渗氯化钠配合应用，因氯化钠可促进其排出。

【用法】 一次静脉注射，马、牛1000~2000mL，羊、猪100~250mL，常配成25%注射液使用。

三、子宫收缩药

子宫收缩药指能选择性兴奋子宫平滑肌的一类药物，其作用主要表现为节律性收缩或强直性收缩，临床上用于催产、引产、排出胎衣、产后止血或子宫复原等。

缩宫素（催产素）

【概述】 白色粉末或结晶，易溶于水，水溶液为酸性的无色澄明或几乎澄明的液体，是从牛或猪脑神经垂体中提取或人工合成的。

【作用】 本品能选择性兴奋子宫，加强子宫平滑肌的收缩，其作用强度因其体内激素水平及剂量而不同。妊娠早期，子宫处于孕激素环境中对缩宫素不敏感；妊娠末期，雌激素浓度逐渐增高，子宫对缩宫素的反应逐渐增强，临产前可达到高峰。小剂量能增加妊娠末期子宫节律性收缩和张力，较少引起子宫颈兴奋，适用于催产。大剂量能引起子宫平滑肌强直性收缩，适用于产后止血或子宫复原。其还能加强乳腺腺泡的肌上皮细胞收缩，松弛乳导管和乳池周围的平滑肌，使腺泡腔内的乳汁迅速进入乳导管和乳池，促进排乳。

【应用】 用于临产前子宫收缩无力时的引产、催产；治疗产后出血、胎衣不下、子宫复原不全，在分娩后24h内应用。

【注意】 ①本品可引起过敏反应，用量过大时可引起血压升高、少尿和腹痛。②产道阻塞、胎位不正、骨盆狭窄、子宫颈未开放等临产动物禁用于催产。③性质不稳定，应避光、密闭、阴凉处保存。

【用法】 子宫收缩，一次皮下、肌肉或静脉注射，马、牛30~100U，羊、猪10~50U，犬、猫5~20U。排乳，马、牛10~20U，羊、猪5~20U，犬2~10U。

垂体后叶素

【概述】　类白色粉末，微臭，易溶于水，性质不稳定，是由猪、牛脑神经垂体提取的水溶性多肽类化合物，含有缩宫素和加压素。

【作用】　本品对子宫的作用同缩宫素，其所含加压素有抗利尿和升高血压的作用。

【应用】　用于催产、引产、产后子宫出血、胎衣不下、促进子宫复原、排乳等。

【注意】　①本品可引起过敏反应，用量过大时可引起血压升高、少尿和腹痛。②产道阻塞、胎位不正、骨盆狭窄、子宫颈未开放等临产动物禁用于催产。③性质不稳定，应避光、密闭、阴凉处保存。

【用法】　一次皮下、肌肉或静脉注射，马、牛 50～100U，猪、羊 10～50U，犬 5～30U，猫 5～10U。

麦角新碱

【概述】　白色或微黄色细微结晶性粉末，无臭，易溶于水，是从麦角中提取出的生物碱，主要成分包括麦角胺、麦角毒碱和麦角新碱。麦角新碱常制成马来酸麦角新碱注射液。

【作用】　本品对子宫平滑肌有很强的选择性兴奋作用，可持续 2～4h。其与缩宫素和垂体后叶素的区别是它对子宫体和子宫颈都具有兴奋作用，剂量稍大即可引起强直性收缩，不可用于催产和引产。

【应用】　用于产后出血、子宫复原、胎衣不下等。

【注意】　本品禁用于催产和引产，以防引起胎儿窒息和子宫破裂。

【用法】　一次静脉或肌肉注射，马、牛 5～15mg，猪、羊 0.5～1mg，犬 0.1～0.5mg，猫 0.07～0.2mg。

四、生殖激素类药物

生殖激素类药物指能够调节动物生殖系统的功能，治疗产科疾病或繁殖障碍的一类激素类药物，包括性激素药物、促性腺激素和促性腺激素释放激素类药物、前列腺素类药物。

丙酸睾酮

【概述】　白色结晶或结晶性粉末，无臭，不溶于水，易溶于乙醇或乙醚。

【作用】　本品可促进雄性生殖器官的发育、成熟，维持第二性征和性欲及性兴奋，并促进精子的生长；也可对抗雌激素，抑制母畜发情；还具有同化作用，促进蛋白质合成代谢，使肌肉和体重增长，促进钙磷在骨骼中沉积，加速骨钙化和骨生长；骨髓功能降低时，大剂量的雄激素可刺激骨髓造血功能，通过促进红细胞生成素的产生，直接刺激骨髓正铁血红素的合成。

【应用】 用于雄性激素缺乏症的辅助治疗。

【注意】 ①本品具有水钠潴留作用，心、肝、肾功能不全的患病动物慎用。②食用性动物禁用，宰前休药 21d。

【用法】 一次肌肉、皮下注射，家畜 0.25～0.5mg/kg 体重，犬 20～50mg/kg 体重。

苯丙酸诺龙

【概述】 白色或类白色结晶性粉末，有特殊臭。几乎不溶于水，人工合成的睾酮衍生物。

【作用】 本品为蛋白质同化激素，作用较强，雄激素活性较弱，其可促进蛋白质合成和抑制蛋白质异化作用，并能促进骨组织生长、刺激红细胞生成等作用。

【应用】 用于营养不良、慢性消耗性疾病的恢复期，也可用于贫血性疾病的辅助治疗。

【注意】 ①本品可引起水、钠、钙、钾、氯、磷潴留作用和繁殖机能异常及肝脏毒性，肝、肾功能不全的患病动物慎用。②应用时应增加饲料中的蛋白质成分，避免长期应用。③禁止作为促生长剂使用，休药期 28d，弃奶期 7d。

【用法】 一次肌肉、皮下注射，马、牛 200～400mg，猪、羊 50～100mg，犬 25～50mg，猫 10～20mg，1 次 /2 周。

雌二醇

【概述】 白色或乳白色结晶性粉末，无臭，不溶于水中。

【作用】 本品可促进雌性器官和第二性征的正常生长发育，使阴道上皮细胞、子宫平滑肌、子宫内膜增生和子宫收缩力增强，提高生殖道的防御功能；也可促进母畜发情和乳房发育与泌乳；还可增强食欲，促进蛋白质合成，增加骨骼钙盐沉积，加速骨的形成，另有水、钠潴留的作用。

【应用】 用于发情不明显动物的催情、胎衣和死胎的排出。

【注意】 ①妊娠早期的动物禁用，以免引起流产或胎儿畸形。②长期大剂量应用可抑制发情、排卵和泌乳。③禁止作为促生长剂使用，肉食品中残留有致癌作用，并危害未成年人的生长发育。休药期 28d，弃奶期 7d。

【用法】 一次肌肉注射，马 10～20mg，牛 5～20mg，羊 1～3mg，猪 3～10mg，犬、猫 0.2～0.5mg。

孕酮（黄体酮）

【概述】 白色或几乎白色的结晶性粉末，无臭无味，不溶于水。

【作用】 本品在雌激素作用的基础上可促使子宫内膜增生和腺体生长发育，抑制子宫收缩，减少子宫对缩宫素的反应，起安胎和保胎作用；使子宫颈口闭合，分泌黏液，使精子不易通过；大剂量时，反馈抑制垂体促性腺激素和下丘脑促性腺激素释放激素分泌，从而抑制发情与排卵；并在雌激素共同作用下，使乳腺腺胞和腺管充分发育，为泌乳做准备。

【应用】 用于习惯性或先兆性流产及控制母畜的同期发情。

【注意】 ①本品长期应用会延长动物的妊娠期。②禁用于泌乳奶牛，宰前停药21d。

【用法】 一次肌肉注射，马、牛50~100mg，羊、猪15~25mg，犬2~5mg，可间隔48h注射。

促黄体生成素（LH）

【概述】 白色粉末，易溶于水，是从猪、羊脑腺垂体提取的一种糖蛋白类激素。

【作用】 本品在促卵泡素协同作用下促进卵泡发育成熟，诱发排卵和黄体的形成，产生雌激素；对公畜还能促进睾丸间质细胞发育分泌睾酮，提高公畜的性兴奋，增加精液量并在促卵泡素协同作用下促进精子的形成。

【应用】 用于促进排卵和治疗卵巢囊肿、幼年动物生殖器官发育不全、精子形成障碍、性兴奋缺乏、产后泌乳不足或缺乏。

【注意】 ①本品应冻干密封保存，其具有抗原性，反复应用可引起过敏或疗效降低。②治疗卵巢囊肿时，剂量加倍。③禁与抗肾上腺素药、抗胆碱药、抗惊厥药、麻醉药、安定药等配伍。

【用法】 一次静脉或皮下注射，马、牛25mg，羊2.5mg，猪5mg，犬1mg，可在1~4周内重复使用。

促卵泡激素（FSH）

【概述】 白色粉末，易溶于水，是从猪、羊脑腺垂体提取的一种糖蛋白类激素。

【作用】 本品能促进母畜卵巢卵泡生长发育，可引起多发性排卵；与黄体生成素合用，可促进卵泡成熟和排卵，使卵泡内膜细胞分泌雌激素；对于公畜还可促进其生精上皮细胞发育和精子的形成。

【应用】 用于促进母畜发情，超数排卵，治疗卵泡发育停止、持久黄体、多卵泡等卵巢疾病。

【注意】 ①本品应用前先检查卵巢变化，依此决定用药剂量与用药次数。剂量过大或长期使用，可引起卵巢囊肿。②可引起单胎动物的多发性排卵。

【用法】 一次静脉、肌肉和皮下注射，马、牛10~50mg，猪、羊5~25mg，犬5~15mg。

人绒膜促性腺激素（绒膜激素、HCG）

【概述】 白色或类白色的粉末，易溶于水，是从孕妇胎盘产生、尿中提取的一种糖蛋白类激素。

【作用】 本品可促进性腺的活动,具有促卵泡素和促黄体素样作用。对母畜可促进卵泡成熟、排卵和黄体生成,并刺激黄体分泌孕激素,对未成熟卵泡无作用;对公畜可促进睾丸间质细胞分泌雄激素,促进生殖器官和副性征的发育、成熟,使隐睾患病动物的睾丸下降,并促进精子生成。

【应用】 用于诱导排卵、同期发情,治疗习惯性流产、卵巢囊肿和公畜生殖功能减退等。

【注意】 ①本品不宜长期使用,以免引起过敏反应、产生抗体和抑制垂体促性腺功能。②本品水溶液不稳定,需在短时间内用完。

【用法】 一次肌肉或静脉注射,马、牛 1000～5000IU,猪 500～1000IU,羊、犬 100～500IU,2 次 /2 周。

孕马血清促性腺激素（PMSG）

【概述】 白色无定形粉末,易溶于水,水溶液不稳定,是从妊娠 40～120d母马血清中分离制得的一种糖蛋白类激素。

【作用】 本品具有促卵泡素和促黄体素样作用,以促卵泡素样作用为主,可促进卵泡发育和成熟,引起母畜发情;轻度的促黄体素样作用可促使成熟卵泡排卵甚至超数排卵,对于公畜其黄体生成素样作用可增加雄激素分泌提高性兴奋。

【应用】 用于母畜催情、促进卵泡发育和胚胎移植时的超数排卵。

【注意】 ①本品反复应用会产生抗体,降低药效,有时会产生过敏反应。②因其水溶液性质不稳定,配制的溶液应在数小时内用完。

【用法】 一次皮下、肌肉注射,催情,马、牛 1000～2000IU,猪 200～800IU,羊 100～500IU,犬、猫 25～200IU;超排,牛 2000～4000IU,羊 600～1000IU。

促性腺激素释放激素（GnRH）

【概述】 白色或类白色粉末,略臭无味,易溶于水,是下丘脑分泌的一种多肽类激素,现为人工合成。

【作用】 本品能促进动物腺垂体分泌促黄体生成素和促卵泡激素并发挥促黄体生成素和促卵泡激素样作用,调节性腺的活动,但促进黄体生成素的作用更强,所以又称为促黄体生成素释放激素。

【应用】 用于治疗奶牛排卵迟滞、卵巢静止、持久黄体、卵巢囊肿和早期妊娠诊断,也可用于鱼类诱发排卵等。

【注意】 ①本品禁止用于促生长,使用本品后一般不能再用其他类激素。②大剂量应用可致催产失败。

【用法】 一次肌肉注射,奶牛 25～100μg,水貂 0.5μg;一次腹腔注射,鱼 2～5μg。

<h3 style="text-align:center">前列腺素 $F_{2\alpha}$</h3>

【概述】　无色结晶，难溶于水，从动物精液或猪、羊的羊水中提取，现多为人工合成。

【作用】　本品对呼吸、消化、心血管、生殖及其他系统具有广泛作用，可溶解黄体，增强子宫平滑肌张力和收缩力，促进腺垂体释放促黄体生成素，影响精子的发生和移行，干扰输卵管的活动和胚胎附植。

【应用】　用于同期发情及同期分娩，也可用于治疗持久性黄体、诱导分娩和催排死胎等。

【注意】　①本品妊娠动物禁用，以免流产；用于子宫收缩时，剂量不宜过大以防子宫破裂；禁用于静脉注射。②大剂量应用可引起平滑肌兴奋、出汗、腹痛、疝痛等不良反应。③治疗持久黄体时，用药前应仔细检查直肠，以便针对性治疗。④患急性或亚急性心血管系统、消化系统和呼吸系统疾病的动物禁用。休药期牛 1d，猪 1d，羊 1d。

【用法】　一次肌肉注射，牛 25mg，猪 5～10mg。

<h3 style="text-align:center">氯前列醇</h3>

【概述】　本品为人工合成，前列腺素 $F_{2\alpha}$ 的同系物，白色或类白色结晶性粉末，其钠盐溶于水。

【作用】　本品具有溶解黄体并抑制其分泌的作用；还可直接刺激子宫平滑肌引起收缩，使子宫颈平滑肌松弛。非妊娠动物用药后 2～5d 内发情，妊娠 10～150d 内的妊娠母牛用药后 2～3d 内出现流产。

【应用】　用于牛同期发情，子宫积脓，母畜催情配种、催产、引产等。

【注意】　①正常妊娠动物禁用；妊娠 5 个月后应用会造成动物难产。②哮喘病畜使用时应注意，易引起支气管痉挛。③本品易被皮肤吸收，不慎接触皮肤后应立即用肥皂水清洗。禁止静脉注射。④不能与非类固醇抗炎药物同时使用。⑤可增强其他催产药的作用。

【用法】　一次肌肉注射，牛 500μg/kg 体重，马 100μg/kg 体重，羊 62.5～125μg/kg 体重，猪 175μg/kg 体重。

【技能训练】　观察呋塞米、甘露醇对家兔的利尿作用

1. 准备工作

家兔 3 只（雄性，体重 2～3kg）、生理盐水、1% 呋塞米注射液、20% 甘露醇注射液、液体石蜡、兔固定板或手术台、导尿管、烧杯、量筒、胶布、注射器、电子秤。

2. 训练方法

（1）将 3 只家兔称重标记，仰卧保定于兔固定板或手术台上。

（2）将充满生理盐水并涂抹过液体石蜡的导尿管由家兔尿道口缓慢插入膀胱8～12cm，当有尿液滴出时用胶布将导尿管固定于兔体，以防滑脱。

（3）压迫家兔下腹部使膀胱排空，排空后用烧杯收集并量出10min内的正常尿量。

（4）分别给3只家兔静脉注射生理盐水（25mL）、1%呋塞米注射液（0.5mL/kg体重）、20%甘露醇注射液（10mL/kg体重）。

（5）用烧杯收集并量出每10min的尿量，连续观察40min，比较在不同时间段内尿量的变化和总尿量。

3．归纳总结

家兔在实验前24h内给予充足的饮水和青绿多汁的饲料；各家兔的体重、饮水量、给药时间和膀胱排空尽量一致，以减少误差；插入导尿管时动作缓慢，以免损伤尿道口；烧杯收集的尿液使用量筒来测定尿量，以便分析。

4．实验报告

记录实验结果（表6-4），比较分析家兔在不同时间段内尿量的变化和总尿量的原因，从而掌握呋塞米、甘露醇对家兔的利尿作用特点和临床应用。

表6-4　　　　　　　　　　药物对家兔排尿量的影响

兔号	用药前尿量/mL	药物	用药后尿量/mL			
	10min		10min	20min	30min	40min
甲		生理盐水				
乙		1%呋塞米				
丙		20%甘露醇				

课后练习

一、选择题

1．二甲硅油是（　　）

    A．泻药　　B．消沫药　　　C．制酵药　　　D．助消化药　　E．健胃药

2．呋塞米主要作用于（　　）而产生强效利尿作用

    A．近曲小管　　　　　B．髓袢降支　　C．髓袢升支皮质部

    D．髓袢升支髓质部和皮质部　　　　　E．远曲小管

3．具有收敛作用的泻药是（　　）

    A．大黄　　B．硫酸钠　　　C．石蜡油　　　D．人工盐　　E．硫酸镁

4. 咳必清属于（　　）镇咳药
   A. 祛痰　　B. 止痛　　　　C. 中枢性　　　　D. 消炎　　　　E. 平喘

5. （　　）对子宫平滑肌无收缩作用
   A. 缩宫素　　　　　　　B. 麦角新碱　　　　　　　C. 孕酮
   D. 地诺前列腺素　　　　E. 垂体后叶素

6. 可用于治疗充血性心力衰竭的药物是（　　）
   A. 强心苷　　B. 肾上腺素　　C. 咖啡因　　　D. 麻黄碱　　　E. 酚磺乙胺

7. 氯化铵具有（　　）作用。
   A. 降体温作用药　　　　B. 镇咳作用　　　　　C. 平喘作用
   D. 祛痰作用　　　　　　E. 消炎作用

8. 甘露醇产生组织脱水的给药途径是（　　）
   A. 腹腔注射　　　　　　B. 肌肉注射　　　　　　C. 静脉注射
   D. 皮下注射　　　　　　E. 口服

9. 无兴奋反刍作用的药物是（　　）
   A. 氨甲酰甲胆碱　　　　B. 氯化钠　　　　　　　C. 浓氯化钠
   D. 新斯的明　　　　　　E. 胃复安

10. 维生素 K 是（　　）
    A. 消炎药　　B. 抗凝血药　　C. 助消化药　　D. 抗贫血药　　E. 止血药

二、简答题

1. 简述消沫药作用机制、代表性药物及适应症。
2. 简述呋噻米利尿作用机制及应用。
3. 简述缩宫素的主要药理作用、应用及注意事项。
4. 简述酚磺乙胺的作用机制、应用及注意事项。
5. 简述氨茶碱的主要作用机制、应用及注意事项。

PROJECT 7 | 项目七

调节新陈代谢的药物

∴ **认知与解读** ∴

　　体液是机体的重要组成部分，占成年动物体重的 60%～70%，分为细胞内液和细胞外液。细胞外液是维持正常生命活动的必要条件。体液是由水、电解质、葡萄糖和蛋白等成分构成，具有运输物质、调节酸碱平衡、维持细胞结构与功能的作用。正常情况下，受神经内分泌系统的调节，体液的总量、组成、酸碱度和渗透压是相对平衡的；而病变导致的调节失常、高烧、创伤、腹泻、疼痛，会引起水盐代谢障碍及酸碱平衡紊乱，临床上使用水盐代谢调节药物、酸碱平衡调节药物及营养药进行机体调节。

任务一　调节水盐代谢的药物

【案例导入】

某动物医院收治一病犬，体温 39℃，表现无食欲，有呕吐，肛门周围被毛血便污染，有特殊腥味，被毛蓬松凌乱，眼眶凹陷，行走时步态不稳，分析该犬的症状，请问应采取哪些对症治疗措施？

【任务目标】

掌握体液补充药临床应用、使用注意事项和用法用量。

【知识准备】

一、概述

水和电解质是动物体内体液的主要成分。其含量的稳定，可使体液保持一定的渗透压和酸碱度，可保证机体的新陈代谢，维持动物正常的生命活动。许多疾病可不同程度地影响水、电解质代谢，而导致平衡紊乱，其中较常见的是脱水和钠、钾代谢紊乱。这时，必须适时的补液和电解质，使平衡恢复。

1. 补液的意义

正常情况下，动物的体液占体重的 60%～70%（包括细胞内液和细胞外液）。某些疾病，如剧烈腹泻、呕吐、大出汗等使水和电解质大量排出，加之摄入很少，必将造成不同程度的脱水。如果损失体重 10% 的体液，就可引起严重的物质代谢障碍，损失 20%～25% 的体液就会引起死亡。因此，为了维持动物机体正常的新陈代谢活动，恢复体液平衡，必须根据脱水程度和脱水的性质，及时补液。

2. 补液的方法、用量

补液的方法较多。兽医临床多采用内服（牛）、腹腔注射（仔猪）和静脉注射的方法。

脱水程度有轻、中、重度之分；脱水性质有高渗、低渗、等渗脱水之分。临床上以等渗脱水较为常见。轻度脱水畜体通过代偿可以恢复；中、重度脱水必须补液。确定补液的量一般以"缺多少补多少"为原则，目前常根据动物机体脱水程度来估算，如一头 300kg 的牛出现轻度脱水，失水量占体重的 2%～4%（中度脱水，失水量占 4%～8%。重度脱水，失水量约占 10%），补液量为：300×4%=12（L）水。但在临床中，常根据具体情况给予小于上述计算量的剂量。

二、常用药物

氯化钠

【概述】 无色、透明的立方形结晶性粉末。无臭、味咸涩，易溶于水，常制成注射液。

【作用】 本品有健胃等作用。其所含的钠离子与氯离子都是细胞外液的主要离子，细胞内液有少量的氯离子。钠离子是细胞外液中极为重要的阳离子，是保持细胞外液渗透压的重要成分。钠离子还以碳酸氢钠形式构成缓冲系统，对调节体液的酸碱平衡具有重要作用。钠离子也是维持细胞的兴奋性、神经肌肉应激性的必要成分。机体丢失大量钠离子可引起低钠综合征，表现为全身虚弱、肌肉阵挛、循环障碍等，重则昏迷直至死亡。

【应用】 用于调节体内水和电解质平衡，在大量出血而又无法进行输血时，可输入本品以维持血容量进行急救。①等渗氯化钠溶液输液可防治低血钠综合征、低渗性脱水和等渗性脱水（如烧伤、腹泻、休克、中暑）等，也可用于失血过多、血压下降或中毒，以维持血容量。外用于洗眼、毒、伤口等；②浓氯化钠溶液静脉注射可促进胃肠蠕动，增进消化功能。③复方氯化钠溶液，含有氯化钠、氯化钾和氯化钙，也常作为水、电解质平衡调节药。另外，应用口服补液盐（氯化钠 3.5g、氯化钾 1.5g、碳酸氢钠 2.5g、葡萄糖粉 20g 和常水 1000mL），补充机体损失的水分和电解质也可获得良好效果。

【注意】 一般无不良反应，但有创伤性心包炎、心力衰竭、肺气肿、肾功能不全、颅内疾患等疾病，应慎用；静脉注射浓氯化钠要控制药量，过量而且饮水不足的情况下易导致氯化钠中毒。生理盐水所含的氯离子比血浆氯离子浓度高，已发生酸中毒的犬、猫如大量应用，可引起高氯性酸中毒。

【用法】 0.9%氯化钠注射液，一次静脉注射，犬、猫50~60mL/kg体重，1次/d。5%~7.5% 氯化钠注射液，低血压或休克，一次静脉注射，犬、猫 3~8mL。肾上腺皮质功能减退症，一次内服，犬、猫 1~5g/kg，1 次/d。复方氯化钠注射液，一次静脉注射，犬 100~500mL/kg 体重。

氯化钾

【概述】 白色的立方形或长棱形结晶性粉末。味咸涩，易溶于水，应密封保存。

【作用】 本品中钾离子为细胞内主要阳离子，是维持细胞内渗透压的重要成分。钾离子通过与细胞外的氯离子交换参与酸碱平衡的调节。钾离子是心肌、骨骼肌、神经系统维持正常功能所必需的离子。适当浓度的钾离子，可保持神经肌肉的兴奋性。钾离子参与糖、蛋白质的合成及二磷酸腺苷转化为三磷酸腺苷的能量代谢。缺钾则导致神经肌肉间的传导障碍，心肌自律性增高。

【应用】 用于钾摄入不足或排钾过量所致的钾缺乏症或低血钾症，如严重腹泻、应用大剂量利尿剂或肾上腺糖皮质激素等引起的低血钾症以及解除洋地黄中毒时的心律不齐等。

【注意】 ①静脉滴注过量时可出现疲乏、肌张力减低、反射消失、循环衰竭、心率减慢甚至心脏停搏。②静注钾盐应缓慢，防止血钾浓度突然上升而造成心脏骤停；为防止副作用，应以 5%～10% 的葡萄糖溶液稀释，浓度不应超过 0.3%，否则不仅引起局部剧痛，且可导致心脏骤停。③脱水病例一般先给不含钾的液体，等排尿后再补钾。④肾功能障碍或尿少时慎用，无尿或血钾过高时禁用。⑤内服本品溶液对胃肠道有较强的刺激性，应稀释于食后灌服，以减少刺激性。

【用法】 氯化钾片 0.5g，一次内服，犬 0.1～1g/kg 体重。10% 氯化钾注射液，一次静脉注射，犬 2～5mL/kg 体重，猫 0.5～2mL/kg 体重。

葡萄糖

【概述】 白色结晶性颗粒或粉末。味甜，易溶于水。

【作用】 ①供给能量：葡萄糖在体内氧化代谢时可释放出大量热能，供机体需要。②解毒：葡萄糖进入体内后，一部分可合成肝糖原，增强肝脏的解毒能力。另一部分在肝脏中氧化成葡萄糖醛酸，可与毒物结合从尿中排出而解毒。并增加组织内高能磷酸化合物的含量，为解毒提供能量。③补充体液：5% 葡萄糖溶液与体液等渗，静注后，葡萄糖很快被组织利用，并供给机体水分。④强心与脱水：葡萄糖能供给心肌能量、改善心肌营养，从而能增加心脏功能，继而产生利尿作用。静注高渗葡萄糖溶液也能消除水肿。

【应用】 5% 葡萄糖溶液静注，用于高渗性脱水、大失血等；10% 葡萄糖溶液静注，用于重病、久病、体质过度虚弱的家畜以及仔猪低血糖症；10%、25% 葡萄糖溶液静注，可用于心脏衰弱、某些肝脏病、某些化学药品和细菌性毒物的中毒、牛醋酮血病、妊娠毒血症等；50% 葡萄糖溶液可消除脑水肿和肺水肿。

【注意】 本品高渗注射液静脉注射应缓慢，勿漏到血管外。

【用法】 5% 葡萄糖溶液，一次静脉注射，猪、羊 250～500mL，牛、马、驴、骡 1000～3000mL，犬 100～500mL。

任务二　调节酸碱平衡的药物

【案例导入】

一仔猪拉稀，粪呈黄色水样，内含凝乳小片，顺肛门流下，其周围多不留粪迹。下痢重时，后肢被粪液沾污，从肛门冒出稀粪。不愿吃奶、很快消瘦、脱水。经诊断为仔猪黄痢。请问该选择何种药物？如何使用？

【任务目标】

掌握电解质平衡调节药物临床应用、使用注意事项和用法用量。

【知识准备】

正常动物血液 pH 保持在 7.4 左右，这种体液的相对稳定性称做酸碱平衡。酸碱平衡是保证体内酶的活性及生理活动的必要条件。酸碱平衡的维持依赖于血液内缓冲体系的调节，其中以碳酸氢盐缓冲对最重要。一般情况下，当 [H·HCO₃] 增高时称为酸中毒，反之称为碱中毒。由呼吸障碍引起的 [H·HCO₃] 增高或降低，分别称为呼吸性酸中毒或碱中毒；而由呼吸系统以外原因引起的则分别称为代谢性酸中毒或碱中毒。临床上常见的是代谢性酸中毒，如急性感染、疝痛、高热、休克、缺氧等都会使体内产生过多的酸性物质导致酸中毒。治疗时，除用药物调整恢复酸碱平衡外，还应采取除去病因，改善肺、肾功能等综合治疗措施。

碳酸氢钠（小苏打）

【概述】　白色结晶性粉末，无臭，味咸。在潮湿空气中易分解，水溶液放置稍久，或振摇，或加热，碱性即增强。在水中溶解，常制成注射液和片剂。

【作用】　本品具有健胃、碱化尿液等作用。呈弱碱性，内服后能迅速中和胃酸，减轻胃痛，但作用时间短。内服或静脉注射本品能直接增加机体的碱储，迅速纠正代谢性酸中毒，并碱化尿液，可用于加速体内酸性物质的排泄。本品内服或静注后，在体内解离为碳酸氢根离子，并与氢离子结合成碳酸，使氢离子浓度降低。其作用迅速，疗效确实，为防治代谢性酸中毒的首选药。

【应用】　用于犬、猫严重酸中毒、胃肠卡他；碱化尿液，防止磺胺类药物对肾脏的损害；提高庆大霉素等对泌尿道感染的疗效，也可用于高血钾与高血钙的辅助治疗。

【注意】　①本品注射液应避免与酸性药物、复方氯化钠、硫酸镁、盐酸氯丙嗪注射液等混合应用。②本品对组织有刺激性，静脉注射时勿漏出血管外。③纠正严重酸中毒时，用量要适当。④充血性心力衰竭、肾功能不全、水肿、缺钾等病例慎用。

【用法】　一次静脉注射，牛、马 15～30g/kg 体重，猪、羊 2～6g/kg 体重，犬 0.5～1.5g/kg 体重。

乳酸钠

【概述】　无色或淡黄色结晶块或黏稠液，无臭，易吸湿，易溶于水、乙醇、甘油。

【作用】　本品为纠正酸血症的药物，其高渗溶液注入体内后，在有氧条件下经肝脏氧化、代谢，转化成碳酸根离子，其钠离子与碳酸氢根离子结合生成碳酸氢钠，从而发挥纠正酸中毒的作用，但其作用不及碳酸氢钠迅速和稳定。

【应用】　用于治疗代谢性酸中毒，特别是高血钾症等引起的心律失常伴有酸血症病例。

【注意】　①对于伴有休克、缺氧、肝功能失常或右心衰竭的酸中毒，应选用碳酸氢钠纠正，特别是乳酸性中毒更不能应用乳酸钠，否则，引起代谢性碱中毒；②乳酸钠注射液与红霉素、四环素、土霉素等混合，可发生沉淀或混浊；③稀释乳酸钠不宜用生理盐水或其他含氯化钠的溶液，以免成为高渗溶液。可用 5%～10% 葡萄糖液稀释本品；④水肿患畜慎用。

【用法】　一次静脉注射，牛、马 200～400mL/kg 体重，猪、羊 40～60mL/kg 体重，犬 40～50mL/kg 体重，用时稀释 5 倍。

任务三　维生素

【案例导入】

　　某鸡场饲喂雏鸡突然发病，呈观星姿势，头向背后极度弯曲呈角弓反张状，由于腿麻痹不能站立和行走，病鸡以跗关节和尾部着地。坐在地面或倒地侧卧，严重的衰竭死亡。小鸡食欲下降，生长不良，出现贫血及特征性的神经症状。病鸡双脚神经性的颤动，强烈痉挛抽搐而死亡。有些小鸡发生惊厥时，无目的地乱跑，翅膀扑击，倒向一侧或完全翻仰在地上，头和腿急剧摆动，这种较强烈的活动和挣扎导致病鸡衰竭而死。该鸡场雏鸡出现症状的原因可能是什么？最有效的治疗方法是什么？

【任务目标】

　　掌握常用维生素的药理作用、临床应用、使用注意事项和用法用量。

【知识准备】

维生素是维持动物体正常代谢和机能所必需的一类有机化合物。大多数维生素是某些酶的辅酶（或辅基）的组成部分。这些酶与辅酶（或辅基）参与体内代谢。所以，虽然动物对维生素需要量很少，但是对体内糖、脂肪、蛋白质三大物质等的代谢起着重要作用。

维生素主要从饲料中获得，也有少数由其他食物或代谢产物或由肠道内微生物合成。一般是不会缺乏的。但如果饲料中维生素不足、动物摄取不足、吸收或利用发生障碍、需要量增加等，均可引起维生素缺乏症，这时，需要应用相应的维生素进行治疗。

维生素分脂溶性和水溶性两大类。脂溶性维生素包括维生素 A、维生素 D、维生素 E 和维生素 K。水溶性维生素包括 B 族维生素（B_1、B_2、B_6、B_{12}、烟酰胺、叶酸、泛酸、生物素）和维生素 C。

维生素 A

【概述】 淡黄色的油溶液，或结晶与油的混合物，在空气中易氧化，遇光易变质，常制成注射液、微胶囊。

【作用】 维生素 A 存在于动物组织、蛋及全奶中。植物组织中只含有维生素 A 的前体物类胡萝卜素，它们在动物体内可转变为维生素 A。本品具有促进生长、维持正常视觉、维持上皮组织正常机能等功能。除猫以外的其他动物可将食入的 β– 胡萝卜素转变为维生素 A。当其不足时，幼年动物生长停顿、发育不良，皮肤粗糙、干燥和角质软化，并发生干眼病和夜盲症。

【应用】 用于防治皮肤硬化症、干眼病、夜盲症、角膜软化症、母畜流产、公畜生殖力下降、幼畜生长停顿、发育不良等，用于体质虚弱、妊娠和泌乳动物以增强机体对感染的抵抗力；局部应用可促进创伤愈合，用于烧伤、皮肤与黏膜炎症的治疗。

【注意】 本品过量可导致中毒。急性中毒表现为兴奋、视力模糊、脑水肿、呕吐；慢性中毒表现为厌食、皮肤病变等。中毒时，一般停药 1～2 周中毒症状可逐渐消失。

【用法】 维生素 AD 油，一次内服，牛、马 20～60mL，猪、羊 10～15mL，犬 5～10mL。维生素 AD 注射液，一次肌肉注射，牛、马 5～10mL，猪、羊 2～4mL，犬 0.5～2mL。

维生素 D

【概述】 无色针状结晶或白色结晶性粉末，无臭，无味，遇光或空气易变质，应密封保存，主要有维生素 D_2（麦角钙化醇）和维生素 D_3（胆钙化醇）两种形式，常制成注射液。

【作用】　鱼肝油、乳、肝、蛋黄中维生素 D_3 含量丰富。本品对钙、磷代谢及幼年犬、猫骨骼生长有重要影响，其主要功能是促进钙、磷在小肠内吸收，其代谢活性物质能调节肾小管对钙的重吸收，维持循环血液中钙的水平，促进骨骼的正常发育。维生素 D 缺乏时，引起钙、磷的吸收和代谢机制紊乱，导致骨骼钙化不全。

【应用】　主要用于幼畜佝偻病、成畜骨质软化病以及孕畜、泌乳家畜和骨折患畜。

【注意】　①长期大剂量使用本品，可使骨脱钙变脆，并易于变形和发生骨折。此外，还因钙、磷酸盐过高导致心律失常和神经功能紊乱等症状。②中毒时应立即停止使用本品和钙剂。③本品与噻嗪类利尿药同时使用，可引起高钙血症。

【用法】　维生素 D_2 注射液，一次皮下、肌肉注射，家畜 1500～3000IU/kg 体重。维生素 D_3 注射液，一次肌肉注射，家畜 1500～3000IU/kg 体重。

维生素 E（生育酚）

【概述】　微黄色或黄色透明的黏稠液体，几乎无臭，遇光颜色逐渐变深。不易被酸、碱或热所破坏，遇氧迅速被氧化，常制成注射液、预混剂。其主要存在于绿色植物及种子中。

【作用】　本品主要作用是抗氧化作用，维生素 E 是一种抗氧化剂。对保护和维持细胞膜结构的完整性起重要作用，与硒合用可提高作用效果。维持正常的繁殖功能，本品可促进性激素的分泌，调节性功能，缺乏时影响繁殖功能。保证肌肉的正常生长发育，缺乏时肌肉中能量代谢受阻，易患白肌病。维持毛细血管的结构完整与中枢神经系统的功能健全，缺乏时雏鸡毛细血管通透性增加，易患渗出性素质病。增强免疫功能，本品可促进抗体的生成及淋巴细胞的增殖，增强机体的抗病力。

【应用】　用于防治动物的白肌病（配合用亚硒酸钠）、不育症、流产和公畜少精以及动物生长不良、营养不足等综合性缺乏症（配合用维生素 A、维生素 D、维生素 B）。

【注意】　本品毒性小，但过量可导致凝血障碍。日粮中高浓度可抑制动物生长，并加重钙、磷缺乏引起的骨钙化不全。

【用法】　一次内服，驹、犊 0.5～1.5g，羔羊、仔猪 0.1～0.5g，犬 0.03～0.1g，禽 5～10mg。一次皮下、肌肉注射，驹、犊 0.5～1.5g，羔羊、仔猪 0.1～0.5g，犬 0.01～0.1g。

维生素 B_1（盐酸硫胺）

【概述】　白色结晶或结晶性粉末，有微弱的臭味，味苦，其干燥品在空气中迅速吸收约 4% 的水分，易溶于水，微溶于乙醇，常制成片剂、注射液。维生素 B_1 广泛存在于种子外皮和胚芽中，在米糠、麦秸、酵母、大豆及青绿牧草等饲料中含量较多。反刍家畜瘤胃和马的大肠内微生物也能合成。

【作用】　本品能促进正常的糖代谢，是维持神经传导、心脏和消化系统正常功能所必须的物质。增强乙酰胆碱的作用，轻度抑制胆碱酯酶的活性。缺乏时，动物可出现多发性神经炎症状，如疲劳、食欲不振、便秘或腹泻，严重时出现运动失调、惊厥、昏迷甚至死亡。

【应用】　用于防治维生素 B_1 缺乏症，还可作高热、牛酮血病、神经炎、心肌炎等的辅助治疗药。大量输入葡萄糖时，可适当补充维生素 B_1。

【注意】　①生鱼肉、某些鲜海产品内含大量硫胺素酶，能破坏维生素 B_1 活性，故不可生喂。②本品对氨苄青霉素、头孢菌素、氯霉素、多黏菌素和制霉菌素等，均具不同程度的灭活作用，故不宜混合注射。③影响抗球虫药氨丙啉的活性。

【用法】　一次皮下、肌肉注射或内服，马、牛 100～500mg，羊、猪 25～50mg，犬 10～50mg，猫 5～30mg。

维生素 B_{12}（钴胺素）

【概述】　深红色结晶或结晶性粉末，无臭，无味，微溶于水，常制成注射液。

【作用】　本品参与核酸和蛋白质的生物合成，并促进红细胞的发育和成熟，维持骨髓的正常造血功能，还能促进胆碱的生成。缺乏时生长发育受阻，抗病力下降，皮肤粗糙、皮炎。

【应用】　用于维生素 B_{12} 缺乏所致的猪巨幼红细胞性贫血、幼龄动物生长迟缓等，也可用于神经炎、神经萎缩等疾病的辅助治疗。

【注意】　①本品用于防治猪巨幼红细胞性贫血时，常与叶酸合用。②反刍动物瘤胃内微生物能直接利用饲料中的钴合成维生素 B_{12}，一般很少发生缺乏症。

【用法】　一次肌肉注射，马、牛 1～2mg，羊、猪 0.3～0.4mg，犬、猫 0.1mg。

叶酸

【概述】　黄色或橙黄色结晶性粉末，无臭，无味，不溶于水，常制成片剂和注射液。

【作用】　本品在动物体内是以四氢叶酸的形式参与物质代谢，通过对一碳基团的传递参与嘌呤、嘧啶的合成以及氨基酸的代谢，从而影响核酸的合成和蛋白质的代谢。还可促进正常血细胞和免疫球蛋白的生成。缺乏时，动物表现生长缓慢，贫血，慢性下痢，繁殖性能和免疫功能下降。鸡脱羽，脊柱麻痹，孵化率下降等。猪患皮炎，脱毛，消化、呼吸及泌尿器官黏膜损伤。

【应用】　用于防治叶酸缺乏症，如犬、猫等的巨幼红细胞性贫血、再生障碍性贫血等。

【注意】　①本品对甲氧苄啶、乙胺嘧啶等所致的巨幼红细胞性贫血无效。②可与维生素 B_6、维生素 B_{12} 等联用，以提高疗效。

【用法】　一次内服或肌肉注射，犬、猫 2.5～5mg/kg 体重，家禽 0.1～0.2mg/kg 体重。混料，畜禽 10～20g/1000kg 饲料。

维生素 C（抗坏血酸）

【概述】　白色结晶或结晶性粉末，无臭，味酸，久置色渐变微黄，水溶液显酸性反应，常制成片剂、注射液。在新鲜蔬菜、水果和青绿饲料中含量丰富。

【作用】　本品是一种水溶性抗氧化剂，参与体内氧化还原反应，如可使 Fe^{3+} 还原成易吸收的 Fe^{2+}，促进铁的吸收，使叶酸还原成二氢叶酸，继而还原成有活性的四氢叶酸。促进细胞间质的合成，抑制透明质酸酶和纤维素溶解酶，保持细胞间质的完整，增加毛细血管的致密度，降低其通透性及脆性。缺乏时可引起坏血病，主要表现为毛细血管脆性增加，易出血，骨质脆弱，贫血和抵抗力下降。本品还具有解毒作用，并可增强肝脏解毒能力，可用于铅、汞、砷、苯等慢性中毒以及磺胺类药物和巴比妥类药物等中毒的解救。维生素 C 还可增强机体的抗病力、抗应激能力，改善心肌和血管代谢功能，并具有抗炎、抗过敏作用。

【应用】　用于防治维生素 C 缺乏症、解毒、抗应激外，还可用于急、慢性感染，高热、心源性和感染性休克，以及过敏性皮炎、过敏性紫癜和湿疹的辅助治疗。

【注意】　①本品不宜与维生素 K_3、维生素 B_2、碱性药物、钙剂等混合注射。②本品在瘤胃中易被破坏，故反刍动物不宜内服使用。③本品对氨苄西林、四环素、金霉素、土霉素、强力霉素、红霉素、卡那霉素、链霉素、林可霉素和多黏菌素等，均有不同程度的灭活作用。

【用法】　一次内服，马 1～3g，猪 0.2～0.5g，犬 0.1～0.5g。一次肌肉或静脉注射，马 1～3g，牛 2～4g，羊、猪 0.2～0.5g，犬 0.02～0.1g。

任务四　钙、磷与微量元素

【案例导入】

有一奶牛，分娩后第二天突然发病，最初兴奋不安，食欲废绝，反刍停止，四肢肌肉震颤，站立不稳，舌伸出于口外，磨牙，行走时步态跟跄，后肢僵硬，左右摇晃。很快倒地，四肢屈曲于躯干之下，头转向胸侧，强行拉直，松手后又弯向原侧；之后闭目昏睡，瞳孔散大，反射消失，体温下降。诊断该牛为生产瘫痪，请问该选择何种药物？如何使用？

【任务目标】

掌握钙、磷与微量元素的药理作用、临床应用、使用注意事项和用法用量。

【知识准备】

钙、磷与微量元素是动物机体不可缺少的重要组成成分，在动物生长发育和组织新陈代谢过程中具有重要的作用。当机体缺乏时，会引起相应的缺乏症，从而影响动物的生产性能和健康。

一、钙与磷

钙、磷分别以总钙量的 99% 以上和总磷量的 80% 以上分布于骨骼和牙齿中，对骨骼系统的发育和维持起主要作用，且具有多种其他生理功能。

氯化钙

【概述】 白色、坚硬的碎块或颗粒，无臭，味微苦。极易潮解，在水中极易溶解，常制成注射液。

【作用】 本品可促进骨和牙齿钙化，常用于治疗缺钙引起的佝偻病和骨软症。与维生素 D 联用，效果更好。维持神经、肌肉的正常兴奋性。当血浆钙浓度降低时，神经肌肉的兴奋性增高，甚至出现强直性痉挛。反之，当血浆钙过高时，则神经肌肉兴奋性降低，出现软弱无力等症状。临床常用于缺钙引起的抽搐、痉挛、牛的产前或产后瘫痪、马的泌乳抽搐、猪的产前截瘫等。降低毛细血管壁的通透性，增加毛细血管壁的致密度，使渗出减少，有消炎、消肿和抗过敏的作用。可用于炎症初期以及某些过敏性疾病（如荨麻疹、湿疹等）。高浓度的钙离子能对抗血镁过高引起的中枢抑制和横纹肌松弛作用，可解救镁盐中毒。有类似洋地黄的强心作用，浓度过高或注入速度过快，可致心律失常，使心脏停止于收缩期。参与正常的凝血过程，钙是重要的凝血因子，是凝血过程所必需的物质。

【应用】 用于缺钙引起的佝偻病、骨质疏松症、产后瘫痪等，也可用于治疗毛细血管渗透性增强导致的各种过敏性疾病，如荨麻疹、血管神经性水肿、瘙痒性皮肤病等，还可用于硫酸镁中毒的解救。

【注意】 ①本品具有较强刺激性，不宜肌肉或皮下注射，静脉注射时避免漏出血管，以免引起局部肿胀或坏死。②在应用强心苷、肾上腺素期间禁用钙剂。③静注宜缓，静脉注射钙剂速度过快可引起低血压、心律失常和心跳暂停。④常与维生素 D 合用，促进钙的吸收，提高佝偻病、骨质疏松症、产后瘫痪等疗效。

【用法】 一次静脉注射，马、牛 5 ~ 15g，羊、猪 1 ~ 5g，犬 0.1 ~ 1g。

葡萄糖酸钙

【概述】 白色颗粒性粉末，无臭，无味，在水中缓慢溶解，常制成注射液。

【作用】 与氯化钙基本相同，但作用较慢。其优点是对组织刺激小，可以静注或肌注。

【应用】 与氯化钙相同，常用于防治钙的代谢障碍。

【注意】 ①刺激性小，比氯化钙安全。②注射液若析出沉淀，宜微温溶解后使用。③静脉注射宜缓慢，应注意对心脏的影响，禁与强心苷、肾上腺素等药物合用。

【用法】 一次静脉注射，马、牛 20 ~ 60g，羊、猪 5 ~ 15g，犬 0.2 ~ 2g。

磷酸二氢钠

【概述】 无色结晶或白色结晶性粉末，无臭，味咸、酸，易溶于水，常制成注射液、片剂。

【作用】 磷是骨、牙齿的重要组成成分，单纯缺磷也能引起佝偻病和骨软症；磷是磷脂的组成成分，参与维持细胞膜的结构和功能；磷是体内磷酸盐缓冲液的组成成分，参与机体的能量代谢；磷是核糖核酸和脱氧核糖核酸的组成成分，对蛋白质的合成、畜禽繁殖都有重要作用；磷在体液中构成磷酸盐缓冲对，参与体液酸碱平衡的调节。参与体内脂肪的转动与贮存。

【应用】 用于钙、磷代谢障碍疾病以及急性低血磷或慢性缺磷症。用于低磷血症预防和治疗，或用于其缺乏引起的佝偻病、骨质疏松症、产后瘫痪等治疗。

【注意】 本品与钙剂合用，可提高疗效。

【用法】 内服，一次量，马、牛90g，3次/d。静脉注射，一次量，牛30~60g。

二、微量元素

微量元素指占动物体重 0.01% 以下的元素，包括铜、硒、钴、锰、锌、碘、铁、铬等。它们是动物体内许多酶系统的组成成分，有的维生素和激素也含微量元素。因此，微量元素对动物的生长代谢起着重要的作用，缺乏时可引起各种疾病。但过多则引起中毒。

亚硒酸钠

【概述】 白色结晶性粉末，无臭，在空气中稳定，本品在水中溶解，常制成注射液和预混剂。

【作用】 硒有抗氧化作用，是谷胱甘肽过氧化物酶的组成成分，此酶可分解细胞内过氧化物，防止对细胞膜的氧化破坏作用，保护生物膜免受损害。参与辅酶 Q 的合成，辅酶 Q 在呼吸链中起递氢的作用，参与 ATP 的生成。提高抗体水平，增强机体的免疫力。有解毒功能，硒能与汞、铅、镉等重金属形成不溶性硒化物，降低重金属对机体的毒害作用。维持精细胞的结构和功能，公猪缺硒可导致睾丸曲细精管发育不良，精子数量减少。

【应用】 用于防治犊牛、羔羊、仔猪的白肌病和雏鸡渗出性素质。

【注意】 ①本品与维生素 E 联用，可提高治疗效果。②硒具有一定的毒性，内服或注射亚硒酸钠剂量过大时，可发生急性中毒，动物表现运动失调、体温升高、脉搏快而弱、呼吸困难、发钳，严重者因呼吸衰竭而死亡。在饲料中添加时，应注意混合均匀。家畜长期饲喂含硒量高的牧草或饲料也可引起慢性中毒。应严格控制剂量和饲喂含蛋白质丰富的饲料以避免中毒。③肌肉或皮下注射有局部刺激性，动物表现为不安，注射部位肿胀、脱毛等。④本品治疗剂量与中毒剂量很接近，确定剂量时要谨慎。

【用法】 亚硒酸钠注射液，一次肌肉注射，马、牛 30~50mg，驹、犊 5~8mg，仔猪、羔羊 1~2mg。亚硒酸钠维生素 E 注射液，一次肌肉注射，驹、犊 5~8mL，羔羊、仔猪 1~2mL。亚硒酸钠维生素 E 预混剂，混饲，畜禽 500~1000g/1000kg 饲料。

氯化钴

【概述】 红色或深红色单斜系结晶，稍有风化性。在水中极易溶解，水溶液为红色，醇溶液为蓝色，常制成片剂、溶液。

【作用】 钴是维生素 B_{12} 的组成成分，也是反刍动物必需的微量元素，因为瘤胃内微生物能利用摄入的钴合成维生素 B_{12}，促进血红素的形成，具有抗贫血的作用。钴作为核苷酸还原酶和谷氨酸变位酶的组成成分，参与 DNA 的生物合成和氨基酸的代谢等。反刍动物钴缺乏时，往往出现食欲减退、生长减慢、贫血、消瘦、腹泻等症状。

【应用】 本品用于治疗钴缺乏症引起的反刍动物食欲减退、生长缓慢、腹泻、贫血等。

【注意】 ①本品只能内服，注射无效，因为注射给药，钴不能为瘤胃微生物所利用。②钴摄入过量可导致红细胞增多症。

【用法】 一次内服，治疗：牛 500mg，犊 200mg，羊 100mg，羔羊 50mg；预防：牛 25mg，犊 10mg，羊 5mg，羔羊 2.5mg。

硫酸铜

【概述】 深蓝色结晶或蓝色结晶性颗粒或粉末，无臭，在水中易溶解，常制成粉剂。

【作用】 铜是机体利用铁合成血红蛋白所必须的物质，能促进骨髓生成红细胞。铜是多种酶的成分参与机体代谢，如酪氨酸酶能使酪氨酸氧化成黑色素，又能在角蛋白合成中将巯基氧化成双硫键，促进羊毛的生长并保持一定的弯曲度。参与机体的骨骼形成并促进钙、磷在软骨基质上的沉积。铜可参与血清免疫球蛋白的构成，提高机体免疫力。铜缺乏时，动物一般表现为贫血，骨生长不良。新生幼龄动物生长迟缓、发育不良，被毛脱色或生长异常，心力衰竭，胃肠功能紊乱等；羊还可出现被毛脱落，毛弯曲度降低，严重的低血色素性小红细胞性贫血等；羔羊，除上述症状外，还可出现骨发育不良、关节肿大等。

【应用】 用于铜缺乏症，促进动物生长，也可用于浸泡治疗奶牛的腐蹄。

【注意】 绵羊、犊牛较敏感，摄量过大能引起溶血、肝损害等急性或慢性中毒症状。

【用法】 治疗铜缺乏症，一日量内服，牛 2g/kg 体重，犊 1g/kg 体重，羊 20mg/kg 体重。作生长促进剂，混饲，猪 800g/1000kg 饲料，禽 20g/1000kg 饲料。

硫酸锌

【概述】 无色透明的棱柱状或细针状结晶或颗粒状的结晶性粉末，无臭，味涩，有风化性。本品在水中极易溶解，常制成粉剂、注射液。

【作用】 锌是动物体内多种酶的成分或激活剂，可催化多种生化反应。锌是胰岛素的成分，可参与碳水化合物的代谢。参与胱氨酸和黏多糖代谢，维持上皮组织健康与被毛正常生长。参与骨骼和角质的生长并能增强机体免疫力，促进创伤愈合。锌缺乏时，猪表现为生长缓慢，皮肤不完全角质化，发生皮炎，青年母猪产仔少且个小，公猪睾丸发育受阻，精子的生成及运动性降低；奶牛的乳房及四肢出现皱裂；家禽发生皮炎和羽毛缺乏。

【应用】 用于防治锌缺乏症。

【注意】 锌对畜禽毒性较小，但摄入过多可影响蛋白质代谢和钙的吸收，并可导致铜缺乏症。

【用法】 一日量内服，牛 50～100mg，驹 200～500mg，羊、猪 200～500mg，禽 50～100mg。

硫酸锰

【概述】 浅红色结晶性粉末，在水中易溶解，常制成预混剂。

【作用】 锰是动物体内多种酶的成分，参与糖、脂肪和蛋白质及核酸的代谢。参与骨骼基质中硫酸软骨素的形成，从而影响骨骼的生长发育。体内缺锰时，动物骨的形成和代谢发生障碍，主要表现为腿短而弯曲、跛行，关节肿大。雏禽可发生骨短粗病，腿骨变形，膝关节肿大；仔畜可发生运动障碍。母畜发情障碍，不易受孕；公畜性欲降低，不能生成精子；鸡的产蛋率下降，蛋壳变薄，孵化率降低。

【应用】 用于防治锰缺乏症。

【注意】 畜禽很少发生锰中毒，但日粮中锰含量超过 2000mg/kg 时，可影响钙的吸收和钙、磷在体内的停留。

【用法】 混饲，禽 100~200g/1000kg 饲料。

课后练习

一、选择题

1. 对动物钙、磷代谢及幼畜骨骼生长有重要影响的药物是（   ）
   A. 维生素 E   B. 维生素 A   C. 维生素 B_1
   D. 维生素 D   E. 维生素 C

2. 临床上可作为一般解毒剂的维生素是（   ）
   A. 维生素 A   B. 维生素 E   C. 维生素 C
   D. 维生素 D   E. 维生素 B_1

3. 某鸡群发病，以进行性肌麻痹和头颈后仰呈"观星姿势"等临床症状为特征。该群鸡的病因可能是缺乏（   ）
   A. 维生素 A   B. 维生素 B_1 C. 维生素 C
   D. 维生素 D   E. 维生素 E

4. 动物使用广谱抗生素所致全身出血性疾病时，应选用的维生素是（   ）
   A. 维生素 A   B. 维生素 B   C. 维生素 C
   D. 维生素 K   E. 维生素 D

5. 下列不属于葡萄糖的临床应用是（   ）
   A. 补充体液   B. 供给能量   C. 休克
   D. 解毒   E. 强心利尿

6. 与佝偻病的病因关系最密切的是（   ）
   A. 维生素 B_1 缺乏   B. 维生素 B_2 缺乏   C. 维生素 D 缺乏
   D. 维生素 A 缺乏   E. 维生素 E 缺乏

7. 下列属于水溶性的维生素有（   ）
   A. 维生素 B_1 B. 维生素 K   C. 维生素 E
   D. 维生素 A   E. 维生素 D

8. 奶牛腐蹄病可用（   ）
   A. 氯化钴   B. 硫酸铜   C. 亚硝酸钠
   D. 硫酸锰   E. 硫酸锌

9. 用于治疗犬干眼病的药物是（   ）
   A. 维生素 A   B. 维生素 D   C. 维生素 K
   D. 维生素 C   E. 维生素 E

10. 仔猪白肌病可用（　　　）

    A. 硫酸锰　　　　　　　　B. 硫酸铜　　　　　　　　C. 氯化钴

    D. 硫酸锌　　　　　　　　E. 亚硒酸钠

二、简答题

1. 简述氯化钠、氯化钾、口服补液盐临床应用时的注意事项。

2. 碳酸氢钠和乳酸钠在临床上有哪些应用？

3. 葡萄糖的药理作用有哪些？

4. 血容量扩充药物有哪些临床应用？

PROJECT 8 | 项目八

抗组胺药物和解热镇痛抗炎药物

∴ **认知与解读** ∴

　　组胺是由组氨酸经特异性组氨酸脱羧酶脱羧产生的，是一种常见的自体活性物质。当动物机体受到某些因素刺激后，机体激活和释放大量组胺参与一系列病理反应，如过敏、炎症、增加胃酸分泌等。抗组胺药能竞争性阻断组胺与其受体结合，从而缓解因组胺释放过多所引起的各种疾病。解热镇痛抗炎药是一类具有解热、镇痛，而且大多数还有抗炎、抗风湿作用的药物。它们在化学结构上虽属不同类别，但都可抑制体内前列腺素的生物合成而发挥解热镇痛抗炎作用。由于其特殊的抗炎作用，又称为非甾体抗炎药。

任务一　抗组胺药

【案例导入】

李某饲养一只吉娃娃宠物犬，该犬于某日上午注射完狂犬疫苗 2h 后出现眼肿、头肿，并伴有呼吸困难、哮喘等症状，至当天傍晚呕吐两次，排稀便三次，经测量体温为 39℃，该犬诊断为注射疫苗过敏。请问该选用何种药物治疗？

【任务目标】

掌握常用抗组胺药的药理作用、临床应用、使用注意事项和用法用量。

【技能目标】

通过动物过敏性休克实验观察其过敏反应并分析其过敏机制。

【知识准备】

组胺是自体活性物质之一，在机体内由组氨酸脱羧基而成，组织中的组胺是以无活性的结合型存在于肥大细胞和嗜碱性粒细胞的颗粒中，以皮肤、支气管黏膜、肠黏膜和神经系统中含量较多。当机体受到理化刺激或发生过敏反应时，可引起这些细胞脱颗粒，导致组胺释放，与组胺受体结合而产生生物效应，如小动脉、小静脉和毛细血管舒张，引起血压下降甚至休克；增加心率和心肌收缩力，抑制房室传导；兴奋平滑肌，引起支气管痉挛，胃肠绞痛；刺激胃壁细胞，引起胃酸分泌。组胺受体有 H_1、H_2、H_3 亚型。组胺的临床应用已逐渐减少，但其受体阻断药在临床上却有重大价值。

抗组胺药又称组胺拮抗药，是指能与组胺竞争靶细胞上组胺受体，使组胺不能与受体结合，从而阻断组胺作用的药物。根据其对组胺受体的选择性作用不同，分为三类：H_1 受体拮抗药，主要用于抗过敏，有苯海拉明、异丙嗪、氯苯那敏、吡苄明、阿斯咪唑等；H_2 受体拮抗药，主要用于抗溃疡，有西咪替丁、雷尼替丁、法莫替丁、尼扎替丁等；H_3 受体拮抗药，目前仅作为工具药在研究中使用，临床应用尚待研究。

马来酸氯苯那敏（扑尔敏）

【概述】　白色结晶性粉末，无臭，味苦，易溶与水、乙醇或氯仿中，在乙醚中微溶。

【作用】　本品除有较强的竞争性阻断变态反应靶细胞上组胺 H_1 受体的作用，通过对 H_1 受体的拮抗起到抗过敏作用外，还具有抗 M 胆碱受体作用，故服药后可出现口干、便秘、痰液变稠、鼻黏膜干燥等症状。另外该药还具有一定的抑制中枢的作用，因此可出现服药后的困倦不良反应。

【应用】 用于过敏性鼻炎及各种过敏性皮肤病。

【注意】 ①妊娠期与哺乳期动物慎用。②本品不宜与阿托品等药物合用。

【用法】 一次内服，马、牛 80～100mg，猪、羊 10～20mg，犬 2～4mg，猫 1～2mg。一次肌肉注射，马、牛 60～100mg，猪、羊 10～20mg，犬、猫 1～2mg。

苯海拉明（苯那君、可那敏）

【概述】 白色结晶状粉末，无臭，味苦，易溶于水，常制成片剂或注射液。

【作用】 为乙醇胺的衍生物，抗组胺效应不及异丙嗪，作用持续时间也较短，镇静作用两药一致。也有局部麻醉、镇吐和抗 M- 胆碱样作用。组胺作用：可与组织中释放出来的组胺竞争效应细胞上的 H_1 受体，从而制止过敏发作；镇静催眠作用：抑制中枢神经活动的机制尚不明确；镇咳作用：可直接作用于延髓的咳嗽中枢，抑制咳嗽反射。

【应用】 用于治疗各种动物因组胺所引起的各种过敏性疾病，如荨麻疹、过敏性皮炎、血清病、血管神经性水肿等；对过敏引起的胃肠炎痉挛、腹泻等有一定疗效；也可用于因组织损伤而伴有组胺释放的疾病，如烧伤、冻伤、湿疹、脓毒性子宫炎等。也可作过敏性休克以及由饲料过敏引起的腹泻和蹄叶炎等的辅助治疗。但其对过敏性支气管痉挛疗效较差。

【注意】 ①本品仅用于过敏性疾病的对症治疗。②对严重的病例，一般先给予肾上腺素，然后再应用本品。③本品的中枢抑制作用能加强麻醉和镇痛的作用，与麻醉药及镇痛药合用时应注意。④对过敏性支气管痉挛的疗效较差，常与氨茶碱、维生素 C 或钙剂配合使用，可增强疗效。

【用法】 一次内服，牛 0.6～1.2g，马 0.2～1g，猪、羊 0.08～0.12g，犬 0.03～0.06g，猫 0.01～0.03g，每天 2～3 次。一次肌肉注射，马、牛 0.1～0.5g，猪、羊 0.04～0.06g，犬 0.5～1mg/kg 体重。

盐酸异丙嗪（非那根）

【概述】 白色或几乎白色的粉末或颗粒，几乎无臭，味苦，极易溶于水。

【作用】 本品竞争性阻断组胺 H_1 受体而产生抗组胺作用，其抗组胺作用较苯海拉明强而持久，可持续 24h 以上。本品属于氯丙嗪的衍生物，有较强的中枢抑制作用，但比氯丙嗪弱，可加强局部麻醉药、镇静药和镇痛药的作用，还有降温、止吐、镇咳作用。

【应用】 本品应用与苯海拉明相同。

【注意】 ①禁与碱性及生物碱类药物配伍；避免与杜冷丁、阿托品多次合用；不宜与氨茶碱混合注射。②急性中毒时导致中枢抑制时可用安定静脉注射，禁用中枢兴奋药。③注射液为无色澄明液体，如呈紫红色、紫色或绿色时不可使用，因本品刺激性较强，故不宜皮下注射。

【用法】 一次内服，牛、马 0.25～1g，猪、羊 0.1～0.5g，犬 0.05～0.1g。一次肌肉注射，马、牛 0.25～0.5g，猪、羊 0.05～0.1g，犬 0.025～0.05g。

西咪替丁（甲氰咪胍）

【概述】 白色或类白色结晶性粉末，几乎无臭，味苦，在水中微溶，在稀盐酸中易溶。

【作用】 本品为 H_2 受体拮抗药，抗 H_2 受体作用强，有显著抑制胃酸分泌的作用，也能抑制由组胺、分肽胃泌素、胰岛素和食物等刺激引起的胃酸分泌，并使其酸度降低，对应激性溃疡和消化道出血也有明显作用。本品还有免疫增强作用。

【应用】 用于动物胃炎、胃及十二指肠溃疡、胰腺炎和急性胃肠出血等。

【注意】 ①本品疗程不宜过短，否则易复发或反跳。②与氨基糖苷类抗生素合用时可能导致呼吸抑制或呼吸停止。

【用法】 一次内服，猪 300mg/kg 体重，2 次/d；牛 8～16mg/kg 体重，3 次/d；犬 5～10mg/kg 体重，2 次/d。

【技能训练】 观察动物过敏试验

1. 准备工作

家兔 2 只、20% 鸡蛋清、50% 鸡蛋清、50% 马血清。

2. 训练方法

（1）致敏注射 把两只家兔同时皮下注射 20% 鸡蛋清 0.8mL/只。

（2）发敏注射 两周后选择其中一只家兔心内注射 50% 马血清 5mL，无反应；另一只家兔心内注射 50% 鸡蛋清 5mL，迅速出现反应，先是呼吸困难，烦躁不安，最后出现休克，解剖动物观察胸腔脏器、心肺、腹腔脏器胃肠变化。

3. 归纳总结

第一只家兔心内注射 50% 马血清 5mL，无反应是因为第一次注射的是鸡蛋清，家兔体内只有抗鸡蛋清的抗体 IgE，而无抗马血清的 IgE，所以不能与马血清结合。把第二只家兔心内注射 50% 鸡蛋清 5mL，迅速出现反应，是因为家兔体内经过致敏阶段已存在有抗鸡蛋清的抗体 IgE，IgE 吸附在动物的肥大细胞及血液中嗜碱性粒细胞表面，当相同抗原鸡蛋清再次进入机体，可与此 IgE 结合，使肥大细胞及血液中嗜碱性粒细胞脱颗粒，释放生物活性物质，如组胺、白三烯等，作用于支气管平滑肌，使其痉挛，作用于毛细血管，使其扩张，通透性增加，使动物的大量血液潴留在毛细血管，有效回心血量减少，血压下降，造成休克。

4. 实验报告

记录发生过敏反应的过程、症状等情况并分析过敏反应产生的作用机制。

任务二　解热镇痛药

【案例导入】

张某饲养一拉布拉多雄性犬，1岁，36kg，主诉三天前在家洗澡时没有吹干，第二天开始咳嗽、流鼻涕，昨天吃完鸡腿后不再吃东西，今天大便成形。检查：体温40.3℃，心肺正常，精神尚可，诱咳阳性，体重为4.08kg，初步诊断为感冒引起的支气管炎。请问该选择何种药物？如何使用？

【任务目标】

掌握常用解热镇痛药的药理作用、临床应用、使用注意事项和用法用量。

【技能目标】

通过实验观察解热镇痛药对发热家兔体温的影响，掌握常见药物的解热作用。

【知识准备】

解热镇痛药是一类具有退热、缓解疼痛的药物，而大多数药物还有抗炎、抗风湿的作用，由于其有特殊的抗炎作用，1974年在意大利米兰召开的国际会议上将本类药物又称为非甾体抗炎药，阿司匹林是这类药物的代表，故又将这类药物称为阿司匹林类药物。

阿司匹林

【概述】　阿司匹林是一种历史悠久的解热镇痛药，诞生于1899年3月6日。白色结晶性粉末，无臭，微带酸味，微溶于水，溶于乙醇、乙醚、氯仿，也溶于较强的碱性溶液，同时分解。

【作用】　①镇痛作用：主要是通过抑制前列腺素及其他能使痛觉对机械性或化学性刺激敏感的物质（如缓激肽、组胺）的合成，属于外周性镇痛药。但不能排除中枢镇痛（可能作用于下丘脑）的可能性；②消炎作用：通过抑制前列腺素或其他能引起炎性反应的物质（如组胺）的合成而起消炎作用，抑制溶酶体酶的释放及白细胞活力等也可能与其有关；③解热作用：可能通过作用于下丘脑体温调节中枢引起外周血管扩张，皮肤血流增加、出汗、使散热增加而起解热作用，此种中枢性作用可能与前列腺素在下丘脑的合成受到抑制有关；④抗风湿作用：该品抗风湿的机制，除解热、镇痛作用外，主要在于消炎作用；⑤对血小板聚集的抑制作用：是通过抑制血小板的前列腺素环氧酶，从而防止血栓烷 A_2 的生成而起作用（TXA_2 可促使血小板聚集）。此作用为不可逆性。

【应用】　用于发热、风湿症和神经、肌肉、关节疼痛及痛风症的治疗。

【注意】　①本品大剂量或长期使用，能抑制凝血酶原的合成，发生出血倾向时可用维生素 K 治疗。②本品对消化道有刺激作用，大剂量使用时可引起食欲不振、恶心、呕吐、消化道出血故不宜空腹投药，胃炎、胃溃疡等患病动物慎用，可与碳酸钙同服减轻对胃的刺激。③治疗痛风时可服等量的碳酸氢钠，以防尿酸在肾小管内沉积；④本品为酚类衍生物，对猫毒性大，不宜使用。

【用法】　一次内服，马、牛 15～30g，猪、羊 1～3g，犬 0.2～1g。

对乙酰氨基酚（扑热息痛）

【概述】　白色结晶性粉末，无臭味苦，能溶于乙醇、丙酮和热水，难溶于水，不溶于石油醚及苯。

【作用】　本品可抑制丘脑前列腺素的合成及释放，作用较强，而抑制外周前列腺素的合成及释放的作用较弱，具有解热镇痛作用，其解热作用与阿司匹林相似，强而持久，副作用小，镇痛效果不如阿司匹林。几乎无抗炎抗风湿作用。

【应用】　用于中、小动物的解热镇痛，如发热、肌肉痛、关节痛等。

【注意】　①猫易中毒，不宜使用。②治疗量时不良反应少，偶见胃肠道刺激症状，恶心，呕吐和腹泻。③大剂量使用可引起肝、肾损坏，在给药后 12h 内应用乙酰半胱氨酸或甲硫氨酸可预防肝损害，肝肾功能不全的患病动物或幼年动物慎用。

【用法】　一次内服，马、牛 10～20g，羊 1～4g，猪 1～2g，犬 0.1～1g；一次肌肉注射，马、牛 5～10g，羊 0.5～2g，猪 0.5～1g，犬 0.1～0.5g。

氨基比林（匹拉米洞）

【概述】　白色结晶性粉末，无臭，味微苦，溶于水，常制成片剂或与巴比妥制成复方氨基比林注射液。

【作用】　本品内服吸收迅速，即时产生镇痛作用，半衰期为 1～4h。其解热镇痛作用强而持久，为安替比林的 3～4 倍，也强于非那西丁和扑热息痛。与巴比妥类合用能增强其镇痛作用。对急性风湿性关节炎的疗效与水杨酸类相似。

【应用】　用于治疗肌肉痛、关节痛和神经痛，也用于马、骡疝痛。

【注意】　①长期连续用药，可引起颗粒白细胞减少症。②偶尔有皮疹和剥脱性皮炎。③在胃酸条件与食物作用可形成致癌物，如亚硝胺。④服用本品后出现红斑或水肿症状应立即停药。

【用法】　一次内服，马、牛 8～20g，猪、羊 2～5g，犬 0.1～0.4g。一次皮下或肌肉注射，马、牛 0.6～1.2g，猪、羊 0.05～0.2g。

安乃近

【概述】　白色或微黄色结晶性粉末，无臭，味微苦，易溶于水，为氨基比林和亚硫酸钠的复合物。

【作用】 本品解热作用较显著，肌肉注射吸收迅速，药效维持 3～4h。镇痛作用也较强，还具有一定的抗炎抗风湿作用。

【应用】 用于解热、镇痛、抗风湿。也常用于肠痉挛及肠臌气等症。

【注意】 ①本品长期应用，可引起粒细胞减少症，使用时定期检测血常规。②本品不能与氯丙嗪合用，以防引起体温剧降。③应用剂量过大有时出汗过多而引起虚脱。④本品不宜用于穴位注射，尤不适用于关节部位，易引起肌肉萎缩及关节功能障碍。⑤本品可抑制凝血酶原的形成，加重出血倾向。

【用法】 一次内服，马、牛 4～12g，羊、猪 2～5g，犬 0.5～1g；一次皮下或肌肉注射，马、牛 3～10g，羊 1～2g，猪 1～3g，犬 0.3～0.6g；一次静脉注射，马、牛 3～6g。

保泰松

【概述】 白色或微黄色结晶性粉末，味微苦，难溶于水，性质稳定，常制成片剂、注射液。

【作用】 本品作用与氨基比林类似，但解热镇痛作用较弱，而抗炎抗风湿作用较强，对炎性疼痛效果较好，还有促进尿酸排泄作用。

【应用】 用于治疗类风湿性关节炎、风湿性关节炎及痛风。

【注意】 ①本品长期过量使用，可引起胃肠道反应、肝肾损害、水钠潴留等。②本品可抑制骨髓引起粒细胞减少，甚至再生障碍性贫血。③对食品生产动物、泌乳奶牛等禁用。

【用法】 一次内服，牛、猪 4～8mg，马 2.2mg（首次量加倍），犬 20mg，2 次 /d；一次静脉注射，马 3～6mg，2 次 /d，牛、猪 4mg，1 次 /d。

吲哚美辛（消炎痛）

【概述】 白色或微黄色结晶性粉末，无臭无味，不溶于水。

【作用】 本品具有抗炎、解热及镇痛作用。其抗炎作用较强，强于保泰松和氢化可的松；解热作用也较强，比氨基比林强 10 倍，药效快而显著；镇痛作用较弱，但对炎性疼痛强于保泰松、安乃近和水杨酸类。

【应用】 用于术后外伤、关节炎、腱鞘炎、肌肉损伤等炎性疼痛。

【注意】 ①犬、猫可见恶心、腹痛、下痢等消化道不良反应症状，有的出现消化道溃疡，可致肝和造血功能损害。②本品可引起肝脏和造血系统功能损害，肾病及胃溃疡患畜慎用。

【用法】 一次内服，马、牛 1mg/kg 体重，猪、羊 2mg/kg 体重。

萘普生

【概述】 白色或类白色结晶性粉末，无臭或几乎无臭，不溶于水，常制成片剂、注射液。

【作用】 本品具有解热、镇痛和抗炎作用，对前列腺素合成酶的抑制作用为阿司匹林的 20 倍。马可耐受 3 倍的治疗量。

【应用】 用于治疗风湿症、肌腱炎、痛风等，也用于轻、中度疼痛等。

【注意】 ①本品能明显抑制白细胞的游走，对血小板黏着和聚集反应也有抑制作用，可延长出血时间。②与速尿或氢氯噻嗪利尿药并用时，可使利尿药排钠和降压作用下降。③长期应用可引起肾功能损害，偶尔可引起黄疸和血管神经性水肿。④本品副作用较阿司匹林、消炎痛、保泰松轻，但仍有胃肠反应、出血，消化道溃疡患病动物禁用。

【用法】 一次内服，马 5~10mg/kg 体重，犬 2~5mg/kg 体重；一次静脉注射，马 5mg/kg 体重。

氟尼辛葡甲胺

【概述】 白色或类白色结晶性粉末，无臭，溶于水，常制成颗粒剂和注射液。

【作用】 本品为一种强效环氧化酶的抑制剂，具有解热、镇痛、抗炎和抗风湿作用。主要通过抑制外周的前列腺素或其痛觉增敏物质的合成，从而阻断痛觉冲动传导所产生镇痛作用；还可抑制环氧酶、减少前列腺素前体物质的形成，抑制其他介质所引起局部炎性反应所致的抗炎作用。

【应用】 用于发热性、炎性疾病所致的肌肉痛和软组织痛，如缓解马的内脏绞痛、肌肉炎症及疼痛；牛的各种疾病感染引起的急性炎症，如蹄叶炎、关节炎等，另外也可用于母猪乳房炎、子宫炎及无乳综合征的辅助治疗。

【注意】 ①木品大剂量或长期使用，马可发生胃肠溃疡，牛连用超过 3d 可出现便血和血尿，犬出现呕吐和腹泻。②马、牛不宜肌肉注射，易引起局部炎症。③本品不得与抗炎性镇痛药、非甾体类抗炎药合用，否则毒副作用增大。

【用法】 一次内服，犬、猫 2mg/kg 体重，1~2 次 /d；一次肌肉、静脉注射，犬、猫 1~2mg/kg 体重，猪 2mg/kg 体重。

【技能训练】 观察解热镇痛药对发热家兔体温的影响

1. 准备工作

家兔 3 只、30% 安乃近注射液、过期伤寒混合疫苗、体温计、一次性注射器、酒精棉球、电子秤。

2. 训练方法

（1）健康的家兔 3 只，称重编号，测量正常体温（如测量 2~3 次体温波动较大者不适宜作为本次实验动物使用）。

（2）按 0.5mL/kg 体重给 1 号、2 号家兔耳静脉注射过期伤寒混合疫苗，每隔 30min 测量一次体温，待体温升高 1℃以上时，1 号家兔按 2mL/kg 体重腹腔注射生理盐水，2 号、3 号家兔按 2mL/kg 体重腹腔注射 30% 安乃近注射液。给药后每隔 30min 测量一次体温，共测量 4 次，观察各家兔的体温变化。

3. 归纳总结

在测量体温前应使家兔保持安静，将体温计刻度甩至 35℃以下，涂抹石蜡油进行直肠测温。正常家兔体温在 38.5～39.5℃，体温过高者对致热原反应不良。

4. 实验报告

记录 3 个家兔的正常体温和注射相应药物后其体温的变化（表 8-1），根据实验结果分析安乃近的解热特点及其临床应用。

表 8-1　　　　　　　　解热镇痛药对发热家兔体温的影响

兔号	体重 /kg	药物	正常体温 /℃	发热后体温 /℃	给药后体温 /℃			
					0.5h	1.0h	1.5h	2.0h
1		过期伤寒混合疫苗 + 生理盐水						
2		过期伤寒混合疫苗 + 安乃近						
3		安乃近						

任务三　糖皮质激素类药物

【案例导入】

一高产奶牛，于产后 15d 开始出现异常，已持续一周，症状为：食欲降低，精料采食减少，拒绝采食青贮饲料，体重下降明显，腹围缩小，产奶量下降，乳汁易形成泡沫，粪便干燥、量少，表面附着一层黏液，呼出气、尿液、乳液中均有烂苹果气味。诊断该牛为酮病。请问选择何种药物？如何使用？

【任务目标】

掌握常用糖皮质激素类药物的药理作用、临床应用、使用注意事项和用法用量。

【技能目标】

通过实验观察氢化可的松对鼠耳毛细血管通透性的影响，掌握其药理作用。

【知识准备】

糖皮质激素又名肾上腺皮质激素，是由肾上腺皮质分泌的一类甾体激素，也可由化学方法人工合成。由于可用于一般的抗生素或消炎药所不及的病症，如 SARS、败血症等，具有调节糖、脂肪和蛋白质的生物合成和代谢的作用，还具有抗炎作用，称其为糖皮质激素，是因为其调节糖类代谢的活性最早为人们所认识。

氢化可的松

【概述】 白色或几乎白色结晶性粉末；无臭，无味，随后有持续的苦味；遇光易变质。不溶于水。其醋酸酯为白色或几乎白色结晶性粉末；无臭。

【作用】 本品具有抗炎作用，也具有免疫抑制作用、抗毒作用、抗休克及一定的盐皮质激素活性等，并有保水、保钠及排钾作用，血浆半衰期为 8～12h。

【应用】 用于炎症性、过敏性疾病、牛酮血病、羊妊娠毒血症及肾上腺皮质功能减退症。

【注意】 ①妊娠期动物禁用。②用于治疗感染性疾病时，必须配合足够剂量的抗菌药物。③保钠排钾，易引起水肿或低血钾症，应注意补钾。

【用法】 一次肌肉、静脉注射，马、牛 0.2～0.5g，羊、猪 0.02～0.08g。

强的松龙（醋酸波尼松龙）

【概述】 白色或几乎白色结晶性粉末，无臭，苦味，几乎不溶于水。

【作用】 本品具有较强的抗炎作用，水盐代谢作用较弱。

【应用】 用于炎症性、过敏性疾病、牛酮血病、羊妊娠毒血症及肾上腺皮质功能减退症。

【注意】 与氢化可的松相似。

【用法】 一次静脉注射，马、牛 50～150mg，羊、猪 10～20mg。

地塞米松（氟美松）

【概述】 地塞米松磷酸钠为白色或微黄色粉末，无臭，味苦，有引湿性，易溶于水或甲醇；醋酸地塞米松为白色或类白色的结晶或结晶性粉末，无臭，味微苦，不溶于水。

【作用】 本品抗炎作用和糖原异生作用为氢化可的松的 25 倍，对水钠潴留和促进排钾作用仅为其 3/4，对垂体肾上腺素的抑制作用较强。

【应用】 用于炎症性、过敏性疾病、牛酮血病及羊妊娠毒血症，常用于母畜的引产、同步分娩。

【注意】 ①本品易引起妊娠动物早产。②急性细菌性感染时应与抗菌药物配伍使用。③禁用于患骨质疏松症者和疫苗接种期。

【用法】 地塞米松磷酸钠注射液，一日肌肉、静脉注射，马 2.5～5mg，牛 5～20mg，羊、猪 4～12mg，犬、猫 0.125～1mg。

倍他米松

【概述】 为地塞米松的差向异构体，为白色或类白色的结晶性粉末，无臭，味苦，不溶于水。

【作用】 本品抗炎作用和糖原异生作用强于地塞米松，为氢化可的松的 30 倍，对水钠潴留作用弱于地塞米松。

【应用】 用于犬猫炎症性、过敏性疾病。

【注意】 ①本品易引起妊娠动物早产。②急性细菌性感染时应与抗菌药物配伍使用。③禁用于骨质疏松症和疫苗接种期。

【用法】 一日内服，犬、猫 0.25～1mg。

氟轻松

【概述】 白色或类白色的结晶性粉末，无臭，无味，不溶于水。

【作用】 本品为外用皮质激素，疗效显著，副作用较小，局部涂抹对皮肤、黏膜的炎症、瘙痒及皮肤过敏反应等均有疗效。显效迅速，止痒效果好。

【应用】 用于各种皮肤病，如湿疹、过敏性皮炎和皮肤瘙痒等。

【注意】 ①本品具有抗炎作用而无抗菌作用，治疗急性细菌性感染时应与抗菌药物配伍使用。②对非感染性疾病，应严格掌握其适应症。

【用法】 外用涂抹，3～4 次/d。

【技能训练】 观察氢化可的松对鼠耳毛细血管通透性的影响

1. 准备工作

小鼠、0.5% 氢化可的松溶液、生理盐水、1% 伊文蓝（或美蓝）溶液、二甲苯、1mL 注射器、钟罩（或大烧杯）。

2. 训练方法

取小鼠 2 只，称重、标号。1 号鼠背部皮下注射 0.5% 氢化可的松溶液 0.1mL/10g，2 号鼠皮下注射等量生理盐水溶液。30min 后，分别给两鼠腹腔注射 1% 伊文蓝溶液（0.15mL/10g）。10min 后，分别在两鼠的耳朵上滴 2 滴二甲苯（去脂，使耳血管透明易见）。

3. 归纳总结

通过给小鼠分别注射氢化可的松和生理盐水，观察其耳廓颜色变化，从而掌握氢化可得松对鼠耳的毛细血管通透性有何影响。

4. 实验报告

记录实验所观察的结果（表 8-2），分析比较两鼠耳廓颜色变化有何不同。

表 8-2　　　　　　　　　　两鼠耳廓颜色变化

鼠号	体重	药物及剂量	耳廓颜色变化
1		0.5% 氢化可的松溶液	
2		生理盐水	

课后练习

一、选择题

1. 抗组胺药 H_1 受体拮抗剂药理作用是（　　　）
   A. 能与组胺竞争 H_1 受体，使组胺不能同 H_1 受体结合而起拮抗作用
   B. 和组胺起化学反应，使组胺失效
   C. 有相反的药理作用，发挥生理对抗效应
   D. 能稳定肥大细胞膜，抑制组胺的释放
   E. 以上都不是

2. 具有较强解热作用的药物是（　　　）
   A. 替泊沙林　　　　　　B. 安乃近　　　　　　　C. 保泰松
   D. 氢化可的松　　　　　E. 地塞米松

3. H_1 受体阻断药对下列哪种与变态反应有关的疾病最有效（　　　）
   A. 过敏性休克　　　　　B. 支气管哮喘　　　　　C. 过敏性皮疹
   D. 风湿热　　　　　　　E. 过敏性结肠炎

4. 治疗类风湿性关节炎的首选药物是（　　　）
   A. 阿司匹林　　　　　　B. 保泰松　　　　C. 吲哚美辛　　　D. 对乙酰氨基酚

5. 氟尼新葡甲胺的药理作用不包括（　　　）
   A. 解热　　　B. 镇静　　　C. 抗炎　　　D. 镇痛　　　E. 抗风湿

6. 可预防阿司匹林引起的凝血障碍的维生素是（　　　）
   A. 维生素 A　　　　　　B. 维生素 B_1　　　　　C. 维生素 B_2
   D. 维生素 E　　　　　　E. 维生素 K

7. 对皮肤瘙痒效果最理想的是（　　　）
   A. 强的松龙　　　　　　B. 氟轻松　　　　　　　C. 地塞米松
   D. 氢化可的松　　　　　E. 倍他米松

8. 下列不属于苯海拉明的临床应用是（　　　）

    A. 荨麻疹　　　　　　　　B. 过敏性休克　　　　　　　　C. 胃肠痉挛

    D. 胃和十二指肠溃疡　　　E. 血清病

9. 解热镇痛药的作用机制是（　　　）

    A. 抑制前列腺素的合成与释放

    B. 抑制组织胺的释放

    C. 抑制缓激肽的释放

    D. 抑制性激素的释放

    E. 抑制垂体促性腺激素

10. 糖皮质激素的药理作用不包括（　　　）

    A. 抗内毒素　　　　　　　B. 抗过敏　　　　　　　　C. 抗休克

    D. 抗病毒　　　　　　　　E. 抗炎

二、简答题

1. 解热镇痛抗炎药的共同药理作用是什么？

2. 简述阿司匹林的药理作用和临床应用。

3. 简述抗组胺药物的分类及其临床应用。

PROJECT 9 | 项目九

解毒药

∴ **认知与解读** ∴

　　在兽医临床上动物出现的中毒性疾病日渐增多，而中毒的原因也各不相同。病因不同而使用的解毒药物也会不同，通常临床上将用于解救中毒的药物统称为解毒药。而理想的解毒方法就是使用针对性、特异性的解毒药物进行解救，往往由于临床上不能及时确诊中毒的原因，所以通常会按照解毒的一般原则对动物进行急救。在掌握一般解毒原则的基础上掌握非特异性和特异性的解毒药物。

任务一　解毒的一般原则

【案例导入】

　　王某和陈某均饲养了 2000 只蛋鸡，近期由于鸡球虫病高发，所以两人商议准备用莫能菌素药物进行预防，王某根据说明书进行了使用，而陈某为了提高预防效果将剂量添加至 1.5 倍。陈某饲喂后鸡群产蛋量降低且部分鸡出现了死亡现象。试分析药物和毒物之间的关系。

【任务目标】

　　掌握动物临床常见中毒病的解救原则。

【知识准备】

一、药物与毒物

　　同一化学物质，在使用治疗量时，可以预防和治疗疾病，即药物；如果剂量过大、反复使用或注射速度过快等，可引起动物中毒，甚至死亡，则成毒物。药物和毒物这两个概念是相对的，其区别在于剂量，毒物在小剂量时，也可用于治疗疾病。

　　除使用药物不当可引起动物中毒外，还有自然因素和人为原因造成的动物中毒。例如有毒植物、土壤中某种元素含量超标等引起的地区性动物中毒；又如牧场和水源受工业或环境污染，农药、杀鼠药施用后导致的残留、发霉、变质、烹调或处理不当的饲料或农副产品，饲料药物添加剂应用不恰当或添加过量等，都是导致动物中毒常见的原因。在集约化养殖场中发生的动物中毒，一般都由人为因素造成，通常是意外事故，很多是由于工作人员的无知、疏忽或误用化学药品，或者是对化学药品的贮存或管理不当，因而只要加以注意，是可以避免的。

二、中毒解救的一般原则

　　中毒的解救原则与其他疾病的治疗原则没有太大的区别。准确的诊断是正确治疗和预防的唯一基础。包括病史、临床症状观察、病理学检查、毒物的化学分析、动物人工发病试验。

　　解救中毒（或治疗中毒病）一般采用综合性措施，主要有以下三方面。

　　1. 消除毒物的来源

　　为预防动物与毒物再次接触，应就行隔离，例如清除有毒或可疑饲料、呕吐物、废渣及其他毒物。在未弄清中毒原因之前，最好彻底更换饲料、饮水和各种饲养用具，更换厩舍或轮换牧场，如无条件更换厩舍，则须进行彻底清扫。

2. 排除吸收部位的毒物防止继续被吸收

动物主要通过消化道或皮肤与毒物接触，往往由于持续吸收毒物造成死亡，所以从胃肠道或皮肤表面排除毒物，对解救中毒动物具有重要意义。为防止皮肤表面毒物被吸收，可用水彻底冲洗，但不可用油或有机溶剂，因它们可增加皮肤对毒物的吸收。剪毛可使化学物质迅速、完全地从体表排除。当动物经口摄入毒物不久，大量毒物尚存留在胃内时，由于毒性作用，多数情况下会引起动物呕吐，但仅使胃部分排空，而马属动物和反刍动物不可能通过呕吐使胃排空。毒物被摄入 1h 后，大部分即进入小肠。对胃肠道内的毒物可采用下述方法排除，并防止继续吸收。

（1）诱吐　诱吐对犬、猫和猪有效，应用中枢催吐剂诱吐效果最好，如注射无水吗啡，但不用于猫，因可引起中枢兴奋。内服吐根糖浆对犬催吐有效，但作用产生较慢。适用于猪和犬的内服催吐剂有 1% 硫酸铜溶液、氯化钠等。毒物摄入 4h 后，诱吐的意义不大。当动物摄入腐蚀剂或挥发性碳氢化合物、石油馏出物时不能诱吐；动物失去知觉或处于半昏迷状态、咳嗽反射消失时，引起惊厥的毒物中毒时，均不能诱吐。

（2）洗胃　对失去知觉或麻醉的动物可进行洗胃。灌洗液可用自来水或生理盐水，每次洗胃后将灌洗液抽出。重复数次，直到抽出的灌洗液不含任何颗粒。在最后一次引入的灌洗液中可加吸附剂或盐类泻药，并将其保留于胃肠道中。在洗胃的同时，应进行适度的温水灌肠，以排除消化道中的毒物。对马属动物和反刍动物，不易通过洗胃将毒物从消化道内排出，洗胃也不安全。建议应用不被吸收的矿物油（如石蜡油）或盐类泻药（如硫酸镁）。

（3）使毒物在胃肠中形成不易吸收物　对不能用诱吐或洗胃方法从胃肠道排出的毒物，使毒物形成不溶解的沉淀、复合物或络合物，防止它们在胃肠道中吸收，这对解救中毒很重要。有些化学物质能阻止毒物溶解或形成不溶解的复合物，如 2%～5% 硫酸钠可与铅或钡结合形成不溶解的硫酸铅或硫酸钡；3% 乳酸钙或 10% 葡萄糖酸钙中的钙离子与草酸或氟化物等阴离子结合，形成不溶解的草酸钙或氟化钙；络合剂与金属离子结合形成络合物，并以络合物形式将有毒金属由尿或粪便排出，可用作治疗铅、铜、锰、汞、镉等多种金属中毒以及镭、钇、钚、锆等放射性金属中毒的解毒剂。

（4）应用吸附剂　活性炭是一种吸附效果好，且吸附范围广的吸附剂。实际上，除氰化物外，活性炭能吸附所有的化学物质。活性炭的吸附效果不受毒物酸碱性的影响，能在整个消化道中吸附毒物。有中毒可疑而中毒原因不明时，活性炭是很好的解毒药。活性炭不能与其他药物同时服用，因为活性炭能降低其他药物的作用，而其他药物的存在也会影响活性炭的吸附能力。临床上常将活性炭给中毒动物直接内服或加于最后一次洗胃液中，以吸附未洗尽的毒物。

（5）应用泻药　泻药可促进毒物从消化道排出，这对不能呕吐的动物尤为重要。一般应用矿物油或盐类泻药。

3. 已吸收毒物的灭活及排除

已吸收毒物的最理想灭活方法是迅速运用特效解毒药。与毒物相比，特效解毒药的种数还太少，特效解毒药的作用机制，归纳起来大致有如下几种类型。

（1）与毒物结合使形成无活性的物质　如解毒药二巯丙醇与砷的结合。

（2）促进毒物代谢使转化为无毒物质　如解毒药硫代硫酸钠在体内转硫酶的作用下，可放出硫。进入体内的少量氰化物，在体内硫氰生成酶的作用下，与硫结合转化为无毒的硫化合物，并由肾脏排出体外。

（3）抑制毒物在体内转化成毒性更大的代谢物　如利用乙醇对醇脱氢酶的竞争作用，抑制乙二醇转化为毒性更大的草酸。

（4）与毒物竞争必要的受体　如维生素 K 能与香豆素类抗血凝剂竞争形成凝血酶原复合体所需要的受体。

（5）抑制毒物作用的受体　如阿托品能选择性地阻断 M–胆碱能受体，使拟胆碱药不能发挥毒蕈碱样作用。

（6）纠正毒物的毒性作用使机体恢复正常功能　如当亚硝酸盐中毒时，动物体内的血红蛋白转变为高铁血红蛋白，而失去携带和运输氧的能力。静脉注射小剂量（1～2mg/kg 体重）美蓝注射液后，能使高铁血红蛋白还原为血红蛋白，使其携带和运输氧的能力得到恢复。

（7）酶诱导作用　如巴比妥类药物可通过诱导动物体内酶的活性作用，促进抗凝血药双香豆素的代谢，使其转化为毒性较小的代谢物。

之前所介绍的泻药可促进毒物从消化道排出，而利用泌尿系统排除已吸收的毒物是解救中毒最有效的途径。促进肾脏排泄毒物的功能，首先与毒物在肾小球中的滤过有关。只有不与蛋白结合的、较小的分子才能被肾小球滤过。增加游离毒物/结合毒物的比率，并增强肾小球的滤过能力，能使更多的毒物通过肾小球进入肾小管。静脉滴注 5%～10% 葡萄糖液或渗透性利尿药（如甘露醇）或化学性利尿药（如呋塞米）等可增强肾小球的滤过能力，促进利尿。

三、解毒药分类

根据作用特点及疗效，解毒药可分为两类：非特异性解毒药和特异性解毒药。

任务二　非特异性解毒药

【案例导入】

王某饲养一只牧羊犬，3 岁，13.5kg，王某发现家中冰箱有 5 瓶过期酸奶，为避免浪费于是给该犬饲喂，喂完半天以后该犬出现呕吐、拉稀的症状，精神沉郁、不食。经诊断该犬为食物中毒。请问该选用何种药物治疗？

【任务目标】

掌握常用非特异性解毒药的类别、临床应用、使用注意事项等。

【知识准备】

非特异性解毒药又称一般解毒药，是指能阻止毒物继续吸收和促进其排出的药物。非特异性解毒药对多种毒物或药物中毒均可应用，但由于不具特异性，且效能较低，仅用作解毒的辅助治疗。分类包括：物理性解毒药、化学性解毒药、药理性解毒药、对症治疗药。

一、物理性解毒药

1. 吸附剂

吸附剂为不溶于水而性质稳定的细微粉末。表面积大、吸附力强，同时配合使用泻剂或催吐剂。常用药物有活性炭（药用炭）、白陶土、木炭末、通用解毒剂（活性炭、氧化镁、鞣酸）。

2. 催吐剂

催吐剂用于中毒初期，毒物被胃肠道吸收前。只用于猪、猫、犬。常用药物有 0.5%～1% 硫酸铜、酒石酸锑钾。

3. 泻药

泻药用于中毒中期。肾功能不全不能用硫酸镁。

4. 利尿药

利尿药用于急性中毒。常用药物有速尿或利尿酸。

5. 其他

静脉输入生理盐水、葡萄糖，稀释血液中毒物浓度。

二、化学性解毒药

1. 氧化剂

氧化剂用于生物碱类药物、氰化物、无机磷、巴比妥类、阿片类、士的宁、砷化物、一氧化碳、烟碱、毒扁豆碱、蛇毒、棉酚等的中毒。有机磷类中毒不用（氧化生成毒性更大的对氧磷类）。常用药物有高锰酸钾、过氧化氢等。

2. 中和剂

中和剂是利用弱酸弱碱类与强酸强碱类毒物发生中和作用。常用：弱酸解毒剂包括食醋、酸奶、稀盐酸、稀醋酸；弱碱解毒剂包括氧化镁、石灰水上清液、小苏打水、肥皂水。

3. 还原剂

还原剂是利用还原剂与毒物间的还原反应破坏毒物，从而使毒物毒性降低或丧失，常用的药物有维生素 C。

4. 沉淀剂

沉淀剂多数为生物碱，如士的宁、奎宁、重金属。常用：3%～5% 鞣酸、浓茶、稀碘酊、钙剂、蛋清、牛奶等。

三、药理性解毒药

利用药物与毒物之间的拮抗作用，部分或完全抵消毒物的毒性作用而产生解毒效果。

1. 拟胆碱药与抗胆碱药

拟胆碱药包括毛果芸香碱、烟碱、氨甲酰胆碱、氨甲酰甲胆碱、新斯的明；抗胆碱药包括阿托品、颠茄及制剂、曼陀罗、莨菪碱。阿托品对有机磷类、吗啡类也有解毒作用。

2. 中枢抑制药与中枢兴奋药

中枢抑制药包括水合氯醛、巴比妥类；中枢兴奋药包括尼可刹米、安钠咖、士的宁、麻黄碱、山梗菜碱、美解眠（贝美格）。

四、对症治疗药

中毒时往往会伴有一些严重的症状，如呼吸衰竭、心力衰竭、惊厥、休克等，如不迅速处理会影响动物康复，甚至危及生命。因此，在解毒的同时要及时使用强心药、呼吸兴奋药、抗惊厥药、抗休克药等对症治疗药以配合解毒。

任务三　特异性解毒药

【案例导入】

　　某农户饲养一头奶牛，在田间地头放牧，归来后发现奶牛精神沉郁，反刍停止，粪便稀薄，全身肌肉震颤，阵发性抽搐、痉挛。经询问得知放牧田地于近日喷洒过有机磷农药，诊断该牛为有机磷中毒。请问该选用何种药物治疗？

【任务目标】

　　掌握常用特异性解毒药的药理作用、临床应用、使用注意事项和用法用量。

【技能目标】

　　通过实验观察有机磷酸酯类中毒的症状，比较阿托品与碘解磷定的解毒效果。

【知识准备】

　　特异性解毒药指可特异性地对抗或阻断毒物或药物的效应，而其本身并不具有与毒物相反的效应。本类药物特异性强，如能及时应用，则解毒效果好，在中毒的治疗中占有重要地位。根据解救毒物的性质，可分为金属络合剂、胆碱酯酶复活剂、高铁血红蛋白还原剂、氰化物解毒剂和其他解毒剂等。

一、金属络合剂

依地酸钙钠

　　【概述】　本品为乙二胺四乙酸二钠钙。白色结晶性或颗粒性粉末；无臭，无味；吸潮性强。本品在水中易溶，在乙醇或乙醚中不溶。

　　【作用】　本品能与多种二价、三价重金属离子络合形成可溶性复合物，由组织释放到细胞外液，经肾小球滤过后，由尿排出。本品与各种金属的络合能力不同，与稳定常数有关。稳定常数较低的金属络合物较易离解，当遇到稳定常数较高的金属离子时，则可被替代而形成更稳定的络合物并使前一种金属离子游离。

　　【应用】　用于解救铅中毒，对无机铅中毒有特效，也可用于锌、铬、镍、镉、锰、钴、铁和铜中毒，但效果较差；对汞和砷中毒无效。

　　【注意】　①本品肌肉注射较疼痛，建议每5mL注射液中加入2%盐酸普鲁卡因注射液2mL以缓解之。静脉注射前，应以生理盐水或5%葡萄糖注射液稀释成0.25%~0.5%后应用。静脉注射过快可引起低钙性抽搐，宜静脉滴注，羊、猪滴速应低于15mg/min。不宜内服，因可增加存在于胃肠道中铅的吸收量。②本品对犬有严重的肾毒性，可引起肾小管坏死。因排毒率低、副作用大，并可引起锌缺乏症，不应长期连续使用。③治疗铅或其他金属慢性中毒时，应使用间歇治疗方案，即连用 4d 后应停药 3～5d，一般可用 3～5 个疗程。铅中毒治疗时，切勿以依地酸二钠或依地酸代替本品，因它们易与钙络合，尤其当静注速度过快时，能使血中游离钙浓度迅速下降，严重时引起抽搐，甚至停搏，这两种药均不能用作金属解毒剂。④铁蛋白、含铁血黄素、血红蛋白，各种酶及核酸可影响本品的作用。

【用法】 一次静脉注射，马、牛 3～6g，猪、羊 1～2g，2 次/d 连用 4d。

二巯丙醇

【概述】 为无色或几乎无色易流动的澄清液体，有强烈的类似蒜的特臭。

【作用】 本品为竞争性解毒剂，其一分子可结合一个金属原子，形成不溶性复合物；当二个分子与一个金属原子结合，形成较稳定的水溶性复合物。由于复合物在动物体内有一部分可重新逐渐解离为金属和二巯丙醇，二巯丙醇很快被氧化并失去作用，而游离出的金属仍能引起机体中毒。因此，必须反复给予足够剂量，以保持血液中药物与金属浓度 2∶1 的优势，使游离的金属再度与二巯丙醇结合，直到由尿排出为止。

【应用】 用于解救砷中毒，对汞和金中毒也有效。

【注意】 ①本品为竞争性解毒剂，应及早足量使用。当重金属中毒严重或解救过迟时疗效不佳。二巯丙醇对机体其他酶系统也有一定抑制作用，故应控制剂量。②本品仅供肌肉注射，由于注射后会引起剧烈疼痛，务必做深部肌肉注射。肝、肾功能不良动物慎用。③本品可与镉、硒、铁、铀等金属形成有毒复合物，其毒性作用高于金属本身，故本品应避免与硒或铁盐同时应用。在最后一次使用本品，至少经过 24h 后才能应用硒、铁制剂。碱化尿液可减少复合物重新解离，从而使肾损害减轻。

【用法】 一次肌肉注射，马、牛、羊、猪 3mg/kg 体重，犬、猫 2.5～5mg/kg 体重，用于砷中毒，第 1～2 天每 4～6h 一次，第 3 天开始 2 次/d，一疗程为 7～14d。

二巯丁二钠

【概述】 白色至微黄色粉末；有类似蒜的特臭。本品在水中易溶，在乙醇、氯仿或乙醚中不溶。为我国研制的广谱金属解毒药。

【作用】 本品排铅作用不亚于依地酸钙钠，能使中毒症迅速缓解；对锑的解毒作用最强；对汞、砷的解毒与二巯丙磺钠相同。

【应用】 用于锑、汞、砷、铅中毒，也可用于铜、锌、镉、钴、镍、银等金属中毒。

【注意】 本品毒性较低，无蓄积作用。

【用法】 一次静脉注射量，20mg/kg 体重，临用前以灭菌生理盐水稀释成 5%～10% 溶液，慢性中毒时 1 次/d，5～7d 为一个疗程；急性中毒 4 次/d，连用 3d。

青霉胺（二甲基半胱氨酸）

【概述】 本品属单巯基络合剂，白色或类白色结晶粉末。本品在水中易溶，在乙醇中微溶，在氯仿或乙醚中不溶。

【作用】 本品能络合铜、铁、汞、铅、砷等，形成稳定和可溶性复合物由尿迅速排出。内服吸收迅速，副作用小，不易破坏。

【应用】 用于轻度重金属中毒或其他络合剂有禁忌时。

【注意】 ①本品可引起皮肤瘙痒、荨麻疹、发热、关节疼痛、淋巴结肿大等过敏反应；对青霉素过敏动物可能对本品发生交叉过敏反应。本品应每日连续服用，即使暂时停药数日，在再次用药时也可能发生过敏反应，因此需再从小剂量开始。②长期应用，在症状改善后可间歇给药，并加用维生素 B_6，以预防发生视神经炎。③本品可影响胚胎发育，动物试验发现骨骼畸形和腭裂等。对肾脏有刺激性，可出现蛋白尿及肾病综合征，应经常检查尿蛋白。肾病患畜忌用。

【用法】 一次内服，5～10mg/kg 体重，4 次 /d，5～7d 为一个疗程，间歇 2d，一般连用 1～3 个疗程。

去铁胺（去铁敏）

【概述】 是由链球菌的发酵液中提取的天然产物。白色结晶粉末，易溶于水，水溶液稳定。

【作用】 本品与游离或蛋白结合的三价铁（Fe^{3+}）和铝（Al^{3+}）形成稳定无毒的水溶性铁胺和铝胺复合物，由尿排出。能清除铁蛋白和含铁血黄素中的铁离子，而对转铁蛋白中的铁离子清除作用不强，更不能清除血红蛋白、肌球蛋白和细胞色素中的铁离子。

【应用】 是用于急性铁中毒的解毒药。由于本品与其他金属的亲和力小，故不适于其他金属中毒的解毒。

【注意】 ①本品注射部位常有疼痛感，并可出现腹泻、腹部不适等症状。长期用药可发生视力和听力减退，停药后可部分或完全恢复。②动物试验证明，本品可致胎儿骨骼畸形，妊娠动物不宜应用。严重肾功能不全动物禁用。本品还有心动过速、腿肌震颤等副作用。③每日内服维生素 C 有增强本品与铁离子的结合作用和促进铁胺的排泄，但同时也可使组织中铁的毒性增强，尤其可影响心脏的代偿功能。老龄动物慎用本品，且不宜同时加用大剂量维生素 C，否则容易导致心脏代偿功能丧失。

【用法】 一次肌肉、静脉注射，20mg/kg 体重，每 4h 一次，注射 2 次后每 4～12h 一次，总日用量不超过 120mg/kg 体重。

二、胆碱酯酶复活剂

碘解磷定（派姆）

【概述】 黄色颗粒状结晶或晶粉，无臭、味苦，遇光易变质。在水或热乙醇中溶解，水溶液稳定性不如氯解磷定。

【作用】 本品能复活被有机磷抑制的胆碱酯酶，为有机磷农药中毒的解毒剂，对轻度有机磷中毒，可单独应用本品或阿托品以控制症状，中度、重度中毒时则必须合并应用阿托品。其对有机磷的解毒作用有一定选择性。如对内吸磷、对硫磷、特普、乙硫磷中毒的疗效较好；而对马拉硫磷、敌敌畏、敌百虫、乐果、甲氟磷、丙胺氟磷和八甲磷等中毒的疗效较差；对氨基甲酸酯类杀虫剂中毒则无效。

【应用】 用于有机磷中毒的解救。

【注意】 ①本品能增强阿托品的作用，与阿托品联合应用时，可适当减少阿托品剂量。②本品在碱性溶液中易分解，禁与碱性药物配伍。对碘过敏动物禁用本品。③用药过程中定时测定血液胆碱酯酶水平，作为用药监护指标。血液胆碱酯酶应维持在 50% ~ 60% 以上，必要时应及时反复应用。

【用法】 一次静脉注射，家畜 15 ~ 30mg/kg 体重。

三、高铁血红蛋白还原剂

亚甲蓝（美蓝）

【概述】 深绿色、具铜样光泽的柱状结晶或结晶性粉末，无臭，在水或乙醇中易溶，在氯仿中溶解。

【作用】 本品属于氧化剂，但根据其在血液中浓度的不同，而对血红蛋白产生两种不同的作用。当低浓度时，体内 6- 磷酸 – 葡萄糖脱氢过程中的氢离子传递给亚甲蓝（MB），使其转变为还原型白色亚甲蓝（MBH_2）；白色亚甲蓝又将氢离子传递给带 Fe^{3+} 的高铁血红蛋白，还原为带 Fe^{2+} 的正常血红蛋白，与之同时白色亚甲蓝又被氧化成亚甲蓝。当高浓度时，NADPH 脱氢酶的生成量不能使亚甲蓝全部转变为还原型亚甲蓝，此时血中高浓度的氧化型亚甲蓝则可使血红蛋白氧化为高铁血红蛋白。高浓度亚甲蓝的氧化作用，则可用于解救氰化物中毒，其原理与亚硝酸钠相同，但作用不如亚硝酸钠强，临床应用时效果不明显。

【应用】 低剂量（1 ~ 2mg/kg 体重）用于亚硝酸盐中毒；高剂量（≥ 5 ~ 10mg/kg 体重）用于氰化物中毒。

【注意】 ①禁忌皮下或肌肉注射，可引起组织坏死。②由于亚甲蓝溶液与多种药物、强碱性溶液、氧化剂、还原剂和碘化物配伍禁忌，因此不得将本品与其他药物混合注射。

【用法】 一次静脉注射，解救高铁血红蛋白血症 1~2mg/kg 体重，解救氰化物中毒 5~10mg/kg 体重。

四、氰化物解毒剂

亚硝酸钠

【概述】 无色或白色至微黄色结晶，无臭、味微咸、有引湿性。在水中易溶，在乙醇中微溶，水溶液显碱性反应。

【作用】 本品为氧化剂，可使血红蛋白中的二价铁（Fe^{2+}）氧化成三价铁（Fe^{3+}），形成高铁血红蛋白，后者中的 Fe^{3+} 与 CN^- 结合力比氧化型细胞色素氧化酶的 Fe^{3+} 为强，可使 CN^- 结合后形成的氰化高铁血红蛋白，在数分钟后又逐渐解离，释放的 CN^- 又重现毒性，此时宜再注射硫代硫酸钠。

【应用】 用于氰化物中毒。

【注意】 由于亚硝酸钠容易引起高铁血红蛋白症，故不宜重复给药。

【用法】 一次静脉注射，马、牛 2g/kg 体重，羊、猪 0.1~0.2g/kg 体重。

硫代硫酸钠

【概述】 无色透明结晶或结晶性细粒，无臭、味咸。在干燥空气中有风化性，在湿空气中有潮解性。在水中极易溶解，在乙醇中不溶。水溶液显微弱的碱性反应。

【作用】 本品在肝内硫氰生成酶的催化下，能与体内游离的或已与高铁血红蛋白结合的 CN^- 结合，使转化为无毒的硫氰酸盐而随尿排出。

【应用】 用于氰化物中毒的解救，也可用于砷、汞、铅、铋、碘等中毒。

【注意】 ①本品解毒作用产生较慢，应先静脉注射亚硝酸钠再缓慢注射本品，但不能将两种药液混合静注。②对内服中毒动物，还应使用本品的 5% 溶液洗胃，并于洗胃后保留适量溶液于胃中。

【用法】 一次静脉、肌肉注射，马、牛 5~10g，羊、猪 1~3g，犬、猫 1~2g。

五、其他解毒剂

乙酰胺（解氟灵）

【概述】 白色透明结晶，易潮解。在水中极易溶解，在乙醇中易溶，在甘油、氯仿中溶解。

【作用】 本品为有机氟杀虫药和杀鼠药氟乙酰胺、氟乙酸钠等中毒的解毒剂。氟乙酰胺进入机体后，脱胺生成氟乙酸，阻碍细胞正常生理功能，引起细胞死亡。解毒剂乙酰胺的解毒机制尚不清楚，由于其化学结构与氟乙酰胺相似，可能因为本品在体内与氟乙酰胺争夺酰胺酶，使后者不能转化为氟乙酸，从而消除其对机体的毒性。

【应用】 用于有机氟中毒的解救。

【注意】 本品酸性强，肌肉注射时局部疼痛，可配合应用普鲁卡因或利多卡因，以减轻疼痛。

【用法】 一次静脉、肌肉注射，50～100mg/kg 体重。

【技能训练】 有机磷酸酯类的中毒与解救

1. 准备工作

家兔 3 只、10% 敌百虫溶液、0.1% 硫酸阿托品注射液、2.5% 碘解磷定注射液、电子秤、家兔固定器、注射器、酒精棉球、剪毛剪、听诊器。

2. 训练方法

（1）取家兔 3 只，称重标记后，剪去背部或腹部被毛，分别观测并记录其正常活动、唾液分泌情况、瞳孔大小、有无粪尿排出、呼吸心跳次数、胃肠蠕动及有无肌肉震颤现象等。

（2）按 1mL/kg 体重分别给 3 只家兔耳静脉缓慢注射 10% 敌百虫溶液，待出现中毒症状时，观测并记录上述指标的变化情况。如 20min 后未出现中毒症状，再追加 1/3 剂量。待中毒症状明显时，按 1mL/kg 体重给甲兔耳静脉注射 0.1% 硫酸阿托品注射液；按 2mL/kg 体重给乙兔耳静脉注射 2.5% 碘解磷定注射液；丙兔同时注射 0.1% 硫酸阿托品注射液和 2.5% 碘解磷定注射液，方法、剂量同甲、乙两兔。观察并记录甲、乙、丙三只家兔解救后各项指标的变化情况。

3. 归纳总结

敌百虫可通过皮肤吸收，接触后应立即用自来水冲洗干净，切忌使用肥皂，否则敌百虫碱性条件下可转化为毒性更强的敌敌畏。解救时动作要迅速，否则动物会因抢救不及时而死亡。瞳孔大小受光线影响，在整个实验过程中不要随便改变兔固定器位置，保持光线条件一致。

4. 实验报告

记录实验所观察的结果（表 9-1），并分析阿托品和碘解磷定分别能缓解哪些症状，两者为何联用效果更好？

表 9-1　　　　　　　　　　有机磷酸酯类中毒与解救结果

兔号	药物	观测指标						
		体重	瞳孔大小	唾液分泌	肌肉震颤	呼吸频率	心率	胃肠蠕动
甲	用敌百虫前							
	用敌百虫后							
	用硫酸阿托品后							

续表

兔号	药物	观测指标						
		体重	瞳孔大小	唾液分泌	肌肉震颤	呼吸频率	心率	胃肠蠕动
乙	用敌百虫前							
	用敌百虫后							
	用碘解磷定后							
丙	用敌百虫前							
	用敌百虫后							
	用硫酸阿托品和碘解磷定后							

课后练习

一、选择题

1. 碘解磷定治疗有机磷中毒的主要机制是（　　　）
   A. 与结合在胆碱酯酶上的磷酰化基因结合成复合物后脱掉
   B. 与胆碱酯酶结合，保护其不与有机磷酸酯类结合
   C. 与胆碱能受体结合，使其不受磷酸酯类抑制
   D. 与乙酰胆碱结合，阻止其过度作用
   E. 与游离的有机磷酸酯类结合，促进其排泄

2. 亚硝酸盐中毒的毒理是（　　　）
   A. 形成高铁血红蛋白　　　B. 使胆碱酯酶活性丧失
   C. 组织细胞不能利用氧　　　D. 血氧含量过高
   E. 蛋白质变性

3. 动物亚硝酸盐中毒最有可能的原因是（　　　）
   A. 误食亚硝酸盐　　　B. 采食青绿饲料过多　　　C. 青贮饲料饲喂过多
   D. 饲料调制储存不当　　　E. 医疗事故

4. 关于中毒病的治疗不正确的是（　　　）
   A. 防止毒物吸收　　　B. 促进毒物排出　　　C. 对症治疗
   D. 使用特效解毒药　　　E. 使用大量葡萄糖和维生素 C

5. 治疗中毒病时，促进毒物排出主要的方法不包括（　　　）
   A. 催吐　　B. 洗胃　　　C. 导泻　　　D. 使用特效解毒药　　　E. 灌肠

6. 有机磷农药中毒时，解除中枢神经系统中毒症状最快的药物是（　　）

    A. 双解磷　　　　　　　　　B. 双复磷　　　　　　　　C. 碘磷定

    D. 氯磷定　　　　　　　　　E. 阿托品

7. 关于亚硝酸盐中毒错误的说法是（　　）

    A. 采食越多发病越严重　　　B. 导致血压下降

    C. 可以注射大量的维生素 C 和葡萄糖解毒

    D. 心跳加快、黏膜发绀　　　E. 血液呈鲜红色

8. 关于氰化物中毒以下说法错误的是（　　）

    A. 从毒理上讲主要是因为氰化物造成组织不能利用氧引起组织缺氧

    B. 可视黏膜鲜红，呼吸困难

    C. 特效解毒药为亚硝酸钠、硫代硫酸钠

    D. 无毒的硫氰酸盐，迅速由尿中排出

    E. 中毒动物出现呕吐、腹泻等消化道症状

9. 可用于汞、砷中毒的解救药是（　　）

    A. 丙二醇　　　　　　　　　B. 山梨醇　　　　　　　　C. 二巯丙醇

    D. 甘露醇　　　　　　　　　E. 美蓝

10. 解救有机磷农药中毒，可选用（　　）

    A. 美蓝　　　　　　　　　　B. 亚硝酸盐　　　　　　　C. 依地酸钙钠

    D. 阿托品、解磷定　　　　　E. 二巯丙醇

二、简答题

1. 金属及类金属中毒的解毒药有哪些？

2. 亚甲蓝为什么既能解救亚硝酸盐中毒，又能解救氰化物中毒？

3. 解救氰化物中毒时，为什么要同时使用亚硝酸盐和硫代硫酸钠？

4. 有机氟中毒时如何解救？

5. 简述中毒时解毒的一般原则。

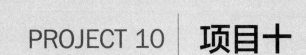

PROJECT 10 | 项目十

生物制品及诊断试剂

∴ **认知与解读** ∴

生物制品及诊断试剂是目前兽医临床上应该较多的一类药物。生物制品包括常见的疫苗、血清和单克隆抗体等，主要用于特定传染性疾病的预防和治疗；诊断试剂主要用于临床常见传染性病或寄生虫病的快速诊断，从而能够实现快诊、快治。

任务一　牛、羊、猪常用生物制品及诊断试剂

【案例导入】

某羊场现有羊 800 只，需要通过做疫苗来预防羊痘，应该选用哪些疫苗进行操作？

【任务目标】

掌握牛、羊、猪常用生物制品的药理作用、诊断原理、临床应用、使用注意事项和用法用量。

【技能目标】

通过试验掌握猪伪狂犬病毒抗体快速检测卡的快速诊断方法及操作注意事项。

【知识准备】

牛、羊、猪常用的生物制品及诊断试剂主要是用于牛、羊、猪常见传染病的预防、诊断及治疗。主要是通过疫苗、快速检测试剂盒、血清、单克隆抗体、干扰素、免疫球蛋白等来预防、诊断和治疗牛、羊、猪的常见疫病。

绵羊痘活疫苗

【概述】　本品系绵羊痘鸡胚化弱毒接种绵羊，采集含毒组织，或接种易感细胞，收获细胞培养物，加适宜稳定剂，经冷冻真空干燥制成。

【应用】　用于预防绵羊痘。

【注意】　①本品可用于不同品系的绵羊，也可用于妊娠羊。但给妊娠羊注射时，应避免因捕捉而引起机械性流产。②发生绵羊痘的地区，或受绵羊痘威胁的羊群均可注射本疫苗；在绵羊痘流行的羊群中，可用本疫苗给未发病羊紧急接种。③在非疫区应用时，须对本地区不同品种的绵羊先做小区试验，证明安全后方可全面使用。④稀释后的疫苗须当日用完。

【用法】　尾内侧或股内侧皮内注射。按瓶签注明头份，用生理盐水或注射用水稀释为每头份 0.5mL。不论羊只大小，每只 0.5mL。3 月龄以内的吮乳羔羊，在断乳后应加强注射 1 次。

【免疫期】　注射后第 6 日，即可获得免疫力，免疫期 1 年。

【贮藏】　冻干组织苗在 –15℃以下，有效期为 2 年；在 2 ~ 8℃为 1 年 6 个月。冻干细胞苗在 –15℃以下，有效期为 2 年；在 2 ~ 8℃为 1 年。

山羊痘活疫苗

【概述】　本品系用山羊痘弱毒接种于易感细胞，收获细胞培养物，加适宜稳

定剂，经冷冻真空干燥制成。

【应用】　用于预防山羊痘及绵羊痘。

【注意】　①本品可用于不同品系和不同年龄的山羊及绵羊，也可用于妊娠羊。但给妊娠羊注射时，应避免因捕捉而引起机械性流产。②在羊痘流行的羊群中，可用本疫苗给未发病羊紧急接种。③稀释后的疫苗须当日用完。

【用法】　尾内侧或股内侧皮内注射。按瓶签注明头份，用生理盐水或注射用水稀释为每头份 0.5mL。不论羊只大小，每只 0.5mL。

【免疫期】　注射后第 4 ~ 5 日产生免疫力，免疫期 1 年。

【贮藏】　在 –15℃以下，有效期为 2 年；在 2 ~ 8℃为 1 年 6 个月。

绵羊大肠埃希菌病活疫苗

【概述】　本品系用大肠埃希菌弱毒菌株，接种于适宜培养基培养，收获培养物，加适宜稳定剂，经冷冻真空干燥制成。

【应用】　用于预防绵羊大肠杆菌。

【注意】　①本品仅供 3 月龄以上绵羊使用。3 月龄以下羔羊、体弱的羊或已发生本病的羊不能使用。②稀释后的疫苗限 6h 用完。③气雾免疫时应特别注意对人体防护，用后的疫苗瓶与用具煮沸消毒。

【用法】　皮下注射或气雾免疫。按瓶签注明头份，用生理盐水稀释，每只羊皮下注射 1 头份（含 10 万个活菌）；室内气雾免疫每只羊用 10 个注射剂量（含 100 万个活菌）；露天气雾免疫每只羊用 3000 个注射剂量（含 3 亿个活菌）。

【免疫期】　免疫期 6 个月。

【贮藏】　在 2 ~ 8℃有效期为 1 年。

羊大肠埃希菌病活疫苗

【概述】　本品系用免疫原性良好的大肠埃希菌，接种于适宜培养基培养，将培养物经甲醛溶液灭活后加氢氧化铝胶制成。

【应用】　用于预防羊大肠埃希菌病。

【用法】　皮下注射。3 月龄以上的绵羊或山羊每只 2mL；3 月龄以下羊，每只 0.5 ~ 1mL。妊娠母羊禁用。

【免疫期】　免疫期 5 个月。

【贮藏】　在 2 ~ 8℃有效期为 1 年 6 个月。

羊败血性链球菌病活疫苗

【概述】　本品系用羊源兽疫链球菌弱毒株接种于适宜培养基培养，收获培养物加适宜稳定剂，经冷冻真空干燥制成。

【应用】　用于预防羊败血性链球菌病。

【注意】　①必须采用冷藏运输。②稀释后的疫苗限 6h 内用完。③特别瘦弱羊和病羊不能使用。④注射部位严格消毒，注射后如有严重反应，可用抗生素治疗。⑤不能肌肉注射。

【用法】 尾根皮下注射（不得在其他部位注射）。按瓶签注明的头份，用生理盐水稀释。6月龄以上的羊，每只羊1mL。

【免疫期】 1年。

【贮藏】 在2～8℃，有效期为2年。

羊败血性链球菌病灭活疫苗

【概述】 本品系用羊源兽疫链球菌弱毒株接种于适宜培养基培养，将培养物经甲醛液灭火后，加强氧化铝胶制成。

【应用】 用于预防绵羊和山羊败血性链球菌病。

【注意】 ①使用时应充分摇匀。②严防冻结。

【用法】 皮下注射，绵羊和山羊（不论大小），每只羊5mL。

【免疫期】 6个月。

【贮藏】 在2～8℃，有效期为1年6个月。

羊梭菌病多联干粉灭活疫苗

【概述】 本品系用免疫原性良好的腐败梭菌，产气荚膜梭菌B、C、D型、诺维梭菌、C型肉毒梭菌、破伤风梭菌各1～2株，分别接种于适宜培养基培养，将培养物经甲醛溶液灭活脱毒后，用硫酸铵提取冷冻干燥或直接雾化干燥，制成单苗或再按比例制成不同的多联苗。

【应用】 用于预防羔羊痢疾、羊快疫、猝狙、肠毒血症、黑疫、肉毒中毒症和破伤风等疾病。

【用法】 肌肉或皮下注射。按瓶签标明的头份，临用时以20%氢氧化铝胶生理盐水溶液溶解，充分摇匀后，不论大小，每只羊1mL。

【免疫期】 有效期为1年。

【贮藏】 在2～8℃，有效期为5年。

羊三联灭活疫苗

【概述】 本品系用免疫原性良好的腐败梭菌，产气荚膜梭菌C型（或B型）、D型菌种，接种于复合培养基培养，将培养物经甲醛溶液灭活脱毒后，用氢氧化铝胶制成。

【应用】 用于预防羊快疫、猝狙、肠毒血症。如用B型产气荚膜梭菌代替C型产气荚膜梭菌制苗还可预防羔羊痢疾。

【用法】 肌肉或皮下注射。用时充分摇匀后，不论羊只大小，每只羊5mL。

【免疫期】 6个月。

【贮藏】 在2～8℃，有效期为2年。

山羊炭疽疫苗

【概述】 本品系用无荚膜炭疽杆菌接种于适宜培养基培养，滤过除菌，加油佐剂混合乳化制成。

【应用】 用于预防山羊炭疽。

【注意】 ①使用时应充分摇匀。②疫苗不能结冰。

【用法】 颈部皮下注射。6月龄以上山羊2mL。

【免疫期】 6个月。

【贮藏】 在2~8℃，有效期为1年。

山羊传染性胸膜肺炎灭活疫苗

【概述】 本品系用山羊传染性胸膜肺炎强毒株，接种于健康易感山羊，无菌采集病肺及胸腔渗出物，制成乳剂，经甲醛溶液灭活后，加氢氧化铝胶制成。用于预防山羊传染性胸膜肺炎。

【应用】 用于预防山羊传染性胸膜肺炎。

【注意】 ①使用时应充分摇匀。②疫苗切勿冻结。

【用法】 肌肉或皮下注射。成年羊5mL；6月龄以下羔羊3mL。

【免疫期】 为1年。

【贮藏】 在2~8℃，有效期为1年6个月。

羊衣原体病灭活疫苗

【概述】 本品系用羊衣原体强毒株接种鸡胚培养，将鸡胚培养物经甲醛溶液灭活后，加油佐剂混合乳化制成。

【应用】 用于预防山羊和绵羊衣原体病。

【注意】 ①注射前应充分摇匀。②保存和运输过程中应严防冻结。③本品在羊配种前后或配种后1个月均可注射。

【用法】 皮下注射，每只羊3mL。

【免疫期】 绵羊为2年，山羊为7个月。

【贮藏】 在2~8℃，有效期为2年。

羊支原体病灭活疫苗

【概述】 本品系用羊肺炎支原体菌种，接种于适宜培养基培养，将培养物浓缩，经甲醛溶液灭活后，加氢氧化铝胶制成。

【应用】 用于预防羊肺炎支原体引起的山羊、绵羊进行性、增生性、间质性肺炎。

【注意】 ①注射前应充分摇匀。②保存切记冻结。③运输和使用中避免高温和阳光暴晒。

【用法】 颈部皮下注射，成年羊5mL，6月龄以下羔羊3mL。

【免疫期】 为 1 年 6 个月。

【贮藏】 在 2～8℃，有效期为 1 年。

猪口蹄疫 O 型灭活疫苗

【概述】 本品为乳白色或淡红色黏滞性乳状液。

【应用】 用于预防猪 O 型口蹄疫。注射疫苗后 15d 产生免疫力。

【注意】 ①疫苗应冷藏运输（但不得冻结）或尽快运往使用地点。运输和使用过程中，应避免日光直接照射。不得使用无标签、疫苗瓶有裂纹或封口不严、疫苗中有异物或变质的疫苗。②疫苗在使用前和使用过程中，均应充分振摇。疫苗瓶开封后，应当日用完。注射器具和注射部位应严格消毒，每注射 1 头猪，应更换 1 个针头。注射时，进针应达到适当深度（肌肉内），以免影响疫苗效果。接种前应对猪进行检查。患病、瘦弱或临产母猪不予注射。③本疫苗适用于接种疫区、受威胁区、安全区的猪。接种时，应从安全区到受威胁区，最后再接种疫区内安全群和受威胁群。④非疫区的猪，接种疫苗 21d 后方可移动或调运。⑤接种时，应严格遵守操作规程，接种人员在更换衣服、鞋、帽和进行必要的消毒之后，方可参与疫苗的接种。⑥接种时，须有专人做好记录，写明省（区）、县、乡（镇）、自然村、畜主姓名、家畜种类、大小、性别、接种头数和未接种头数等。在安全区接种后，观察 7～10d，并详细记载有关情况。不良反应主要有一般反应如注射部位肿胀，体温升高。随着时间的延长，反应逐渐减轻，直至消失。因品种、个体的差异，少数猪可能出现急性过敏等严重反应（如焦躁不安、呼吸加快、肌肉震颤、口角出现白沫、鼻腔出血等），甚至因抢救不及时而死亡，部分妊娠母猪可能出现流产。建议及时使用肾上腺素等药物，同时采用适当的辅助治疗措施，以减少损失。⑦由于口蹄疫的特殊性，特别忠告：接种疫苗只是消灭和预防该病的多项措施之一，在接种疫苗的同时还应对疫区采取封锁、隔离、消毒等综合防治措施，对非疫区也应进行综合防治。

【用法】 耳根后肌肉注射。体重 10～25kg 猪，每头 1mL；25kg 以上猪，每头 2mL。

【免疫期】 6 个月。

【贮藏】 在 2～8℃，有效期为 1 年。

猪瘟活疫苗（细胞源）

【概述】 本品系用猪瘟兔化弱毒株接种易感细胞培养，收获细胞培养物，加适宜稳定剂，经冷冻真空干燥制成。每头份含细胞毒至少 0.075mL（若用于配苗的每毫升病毒含量 ≥ 100000 个家兔感染量）或至少为 0.025mL（若用于配苗的每毫升病毒含量 ≥ 300000 个家兔感染量）或至少为 0.015mL（若用于配苗的每

毫升病毒含量 ≥ 500000 个家兔感染量）。

【应用】　用于预防猪瘟。

【注意】　①注苗后注意观察，如出现过敏反应，应及时注射抗过敏药物。②疫苗应在 8℃ 以下的冷藏条件下运输。③使用单位收到冷藏包装的疫苗后，如保存环境超过 8 ~ 25℃ 时，从接到疫苗时算起，限 10d 内用完。④使用单位所在地区的气温在 25℃ 以上时，如无冷藏条件，应采用冰瓶领取疫苗，随领随用。⑤疫苗稀释后，如气温在 15℃ 以下，限 6h 内用完；如气温在 15 ~ 27℃，则应在 3h 内用完。

【用法】　①按瓶签注明的头份加生理盐水稀释，大小猪均肌肉或皮下注射 1mL。②在没有猪瘟流行的地区，断奶后无母源抗体的仔猪，注射 1 次即可。有疫情威胁时，仔猪可于生后 21 ~ 30 日龄和 65 日龄左右各注射 1 次。③断奶前仔猪可接种 4 头份疫苗，以防母源抗体干扰。

【免疫期】　注射 4d 后，即可产生免疫力。断奶后无母源抗体仔猪的免疫期为 12 个月。

【贮藏】　在 –15℃ 以下保存，有效期为 18 个月。

伪狂犬病活疫苗（Bartha-K61 株）

【概述】　本品含伪狂犬病病毒（Bartha-K61 弱毒株），每头份不低于 5000TCID50。

【应用】　用于预防猪、牛和绵羊伪狂犬病。

【注意】　①用于疫区及受到疫病威胁的地区，在疫区、疫点内，除了已发病的家畜外，对无临床表现的家畜也可进行紧急预防注射。②妊娠母猪分娩前 3 ~ 4 周注射为宜，其所生仔猪的母源抗体可持续 3 ~ 4 周，此后的乳猪和断奶猪仍需注射疫苗；未用本疫苗免疫的母猪，其所生仔猪，可在生后 1 周内注射，并在断奶后再注射 1 次。③稀释后须在当日用完。④用过的疫苗瓶、器具和未用完的疫苗等应进行消毒处理。

【用法】　①按标签所注明的头份，用 PBS 液稀释为每毫升含 1 头份。②猪：妊娠母猪及成年猪接种 2mL/ 头；3 月龄以上仔猪及架子猪接种 1mL/ 头；乳猪，第一次接种 0.5mL，断奶后再接种 1mL。③牛：1 岁以上牛，接种 3mL/ 头；5 ~ 12 月龄牛，接种 2mL/ 头；2 ~ 4 月龄犊牛第 1 次接种 1mL，断奶后再接种 2mL。④绵羊：4 月龄以上者，接种 1mL。

【免疫期】　注苗后 6 日产生免疫力，免疫期为 1 年。

【贮藏】　在 2 ~ 8℃，有效期为 6 个月。

猪瘟活疫苗（脾淋源）

【概述】　本品为淡红色海绵状疏松团块，易与瓶壁脱离，加稀释液后迅速溶解。本品系用猪瘟兔化弱毒株接种家兔，收获感染家兔的脾脏及淋巴结（简称脾淋），制成乳剂，加适宜稳定剂，经冷冻真空干燥制成。每头份脾淋苗不少于组织毒 0.01g。

【应用】 用于预防猪瘟。

【注意】 ①注苗后注意观察，如出现过敏反应，应及时注射抗过敏药物。②疫苗应在 8℃以下的冷藏条件下运输。③使用单位收到冷藏包装的疫苗后，如保存环境超过 8～25℃时，从接到疫苗时算起，在 10d 内用完。④使用单位所在地区的气温在 25℃以上时，如无冷藏条件，应采用冰瓶领取疫苗，随领随用。⑤疫苗稀释后，如气温在 15℃以下，6h 内用完；如气温在 15～27℃，则应在 3h 内用完。

【用法】 ①按瓶签注明的头份加生理盐水稀释，大小猪均肌肉或皮下注射 1mL。②在没有猪瘟流行的地区，断奶后无母源抗体的仔猪，注射 1 次即可。有疫情威胁时，仔猪可于生后 21～30 日龄和 65 日龄左右各注射 1 次。③断奶前仔猪可接种 4 头份疫苗，以防母源抗体干扰。

【免疫期】 注射 4 日后，即可产生坚强的免疫力。断奶后无母源抗体仔猪的免疫期为 1 年。

【贮藏】 在 2～8℃，有效期为 6 个月。

猪细小病毒病灭活疫苗

【概述】 本品为乳白色乳状液。静止后，下层略带淡黄色。含猪细小病毒灭活抗原液及油佐剂。

【应用】 用于预防由猪细小病毒引起的母猪繁殖障碍病。

【注意】 切忌冻结。本疫苗在疫区或非疫区均可使用，不受季节限制。在阳性猪场，对 5 月龄至配种前 14d 后备母猪、后备公猪均可使用；在阴性猪场，配种前母猪任何时间均可免疫。妊娠母猪不宜使用。疫苗废弃包装物做消毒处理或予以烧毁，不得随意丢弃。

【用法】 深部肌肉注射，每头 2mL。

【免疫期】 6 个月。

【贮藏】 在 2～8℃，有效期为 8 个月。

牛型提纯结核菌素

【概述】 本品冻干提纯结核菌素为乳白色或略带淡黄色疏松团块，加稀释液后迅速溶解。液体提纯结核菌素为无色或略带黄褐色的澄明液体。系用牛型结核菌株，接种适宜培养基培养，收获培养物，经灭活、滤过除菌、提纯或浓缩制成。

【应用】 用于诊断牛结核病。

【注意】 ①在注射提纯结核菌素时，0.1mL 的注射量不易准确，可加等量注射用水后皮内注射 0.2mL。②提纯结核菌素中未加防腐剂，稀释后应当天用完，剩余的不得第二次再用。③凡牛型结核分枝杆菌 PPD 皮内变态反应试验疑似反应者，于 42d 后进行复检，复检结果为阳性，则按阳性牛处理；若仍呈疑似反应则间隔 42d 再复检一次，结果仍为可疑反应者，视同阳性牛处理。

【用法】　冻干制品应先用注射用水（或生理盐水）稀释成每毫升含 10 万 IU 后使用，不论牛只大小，均于颈中部上 1/3 处剪毛（或提前 1d 剃毛），用酒精棉消毒后，皮内注射 0.1mL。3 月龄以内的犊牛，可在肩胛部做试验。注射前用卡尺测量术部中央皮皱厚度，做好记录。注射后 72h 判定，观察局部有无热痛肿胀等炎性反应，并用卡尺测量术部皮皱厚度，做好详细记录。如有可能，对阴性和可疑牛，于注射后 96h 和 120h 再分别观察 1 次，以防个别牛出现较晚的迟发型变态反应。

【判定】　①阳性反应局部有明显的炎性反应，皮厚差等于或大于 4mm。②可疑反应局部炎性反应较轻，皮厚差在 2.1 ~ 3.9mm。③阴性反应无炎性反应，皮厚差在 2mm 以下。④只要有一定炎性肿胀，即使皮厚差在 2mm 以下者，仍应判为可疑。⑤凡判为可疑反应的牛，立刻在另一颈侧以同一批菌素同一剂量进行第 2 次注射，再经 72h 观察反应。

【贮藏】　在 2 ~ 8℃，冻干提纯结核菌素有效期为 10 年；液体提纯结核菌素为 2 年。

牛、羊布鲁氏杆菌病抗体快速检测卡

【概述】　本品包括牛、羊布鲁氏杆菌病抗体快速检测卡检测卡（含滴管）、稀释液、一次性吸管、注射器、干燥剂。

【作用】　本品通过胶体金免疫层析技术快速筛查牛羊等反刍动物血清中的布鲁氏杆菌抗体。

【应用】　用于筛查牛羊等反刍动物的布鲁氏杆菌病。

【注意】　①请勿使用水或其他动物血清等非样品要求的液体作为阴性对照。②铝箔袋打开后应尽快使用，检测卡受潮后将失效。过期、铝箔袋破损或层析膜破裂的产品，均不可使用。③请不要接触检测卡"加样孔"内的样品垫和"观察窗"处的层析膜。④样品加入"加样孔"时，应避免产生泡沫。滴加样品时，请将吸管前端与加样孔保持 1cm 左右距离，以保证能准确加样；如距离过近，可造成液滴体积减小或因滴数判断错误而造成加入样品量不准，影响测试效果。⑤必须依据各地相关规定将使用过的检测卡及样品作为污染物，妥善处理。

【用法】　①用注射器无菌操作采血 1mL，用离心机以 1500r/min 进行离心。（样品若不能立即测试，应冷藏保存，超过 24h，应冷冻保存。）②将未开封的试纸卡和检测样品恢复至室温。用吸管吸取血清，向平坦放置的试纸卡加样孔中缓慢滴入 1 滴。③取出试纸卡包装中的稀释液，用吸管吸取，向试纸卡的加样孔缓

慢滴入 2 滴。5min 判断结果，10min 后的结果无效。

【判定】 ①阳性：检测（T）线区及对照（C）线区同时出现红色线。②阴性：只有对照（C）线区出现一条红色线。③无效：对照（C）线区不出现红色线。

口蹄疫病毒 O 型抗体快速检测卡

【概述】 本品包括口蹄疫病毒 O 型抗体快速检测卡检测卡（含滴管）、口蹄疫病毒抗体滴度参照卡。

【作用】 本品采用胶体金免疫层析技术检测猪、牛、羊的血清、全血或血浆中口蹄疫病毒 O 型抗体。

【应用】 用于口蹄疫病毒 O 型疫苗的免疫监测及该病辅助检测。

【注意】 ①请勿使用水或其他动物血清等非样品要求的液体作为阴性对照。②滴加样品时，请将吸管前端与加样孔保持 1cm 左右距离，以保证能准确加样；如距离过近，可造成液滴体积减小或因滴数判断错误而造成加入样品量不准，影响测试效果。③必须依据各地相关规定将使用过的检测卡及样品作为污染物，妥善处理。

【用法】 ①将检测卡平衡至室温后从铝箔袋中取出，水平放置并做好标记。②在检测卡的加样孔内加入 2 滴（100μL）待检样品。③室温下静置，20min 内判定结果，超过 20min 的结果仅作为参考。

【判定】 ①阳性：检测（T）线区及对照（C）线区同时出现红色线。②阴性：只有对照（C）线区出现一条红色线。③无效：对照（C）线区不出现红色线。

猪伪狂犬病毒抗体快速检测卡

【概述】 本品包括猪伪狂犬病毒抗体快速检测卡检测卡（含滴管）、猪伪狂犬病毒抗体滴度参照卡。

【作用】 本品采用胶体金免疫层析技术检测猪血清、血浆或全血中猪伪狂犬病毒抗体。

【应用】 用于猪伪狂犬病毒疫苗的免疫监测及该病辅助检测。

【注意】 ①请勿使用水或其他动物血清等非样品要求的液体作为阴性对照。②过量加样不会提高检测敏感度，但过量的全血样品会使红细胞淤积在"观察窗"，导致本底过深，严重影响结果判断。③抗体水平的高低只与检测（T）线的深浅有关，与对照（C）线的深浅无相关性。对照（C）线只要清晰可见，就表示实验有效。

【用法】 ①将检测卡平衡至室温后从铝箔袋中取出，水平放置并做好标记。②在检测卡的加样孔内加入 2 滴（100μL）待检样品。③室温下静置，20min 内判定结果，超过 20min 的结果仅作为参考。

【判定】　①阳性：检测（Ｔ）线区及对照（Ｃ）线区同时出现红色线。②阴性：只有对照（Ｃ）线区出现一条红色线。③无效：对照（Ｃ）线区不出现红色线。

【技能训练】　猪伪狂犬病毒抗体快速诊断

1. 准备工作

病猪、猪伪狂犬病毒抗体快速检测卡、一次性手套。

2. 训练方法

操作人员佩带一次性手套用注射器采集待检猪的血液 1mL，用离心机以 1000r/min 离心 3min，静止分离血清，用吸管吸取上清液缓慢逐滴滴入 2 滴至加样孔，室温下静止，在 20min 内判读结果。

3. 归纳总结

通常取病猪血清作为待检样品，样品需在 4℃保存，时间不要超过 3d。取样时表现要无菌操作。所以待检样品及测试卡最后按微生物危险品进行处理。

4. 实验报告

记录操作步骤、判读方法及检测结果。分析出现假阳性或无效检测结果的原因。

任务二　鸡常用生物制品及诊断试剂

【案例导入】

结合当地养鸡行业的实际情况及近几年大规模的发病情况，为当地某肉鸡养殖场或蛋鸡养殖场制定一套合理的疫苗免疫程序。

【任务目标】

掌握鸡常用的生物制品及诊断试剂的药理作用、诊断原理、临床应用、使用注意事项和用法用量。

【技能目标】

通过试验掌握禽流感病毒抗体效价的快速检测方法及操作注意事项。

【知识准备】

鸡常用的生物制品及诊断试剂主要是用于鸡常见传染病的预防、诊断及治疗。主要是通过疫苗、抗原抗体快速检测试剂盒等来预防、诊断和治疗鸡的常见疫病。

鸡马立克病疫苗（火鸡疱疹病毒苗，HVT）

【概述】 本品为乳白色疏松团块，易与瓶壁脱离，加稀释液后迅速溶解。

【应用】 用于预防鸡马立克氏病。适用于各品种的 1 日龄雏鸡。

【注意】 ①本品仅用于接种健康雏鸡。接种后，在雏鸡未产生免疫力前，应避免将雏鸡暴露在易受感染的环境中。②免疫之前才能稀释疫苗，疫苗一经稀释，应立即使用，应在 1h 内用完。③疫苗稀释液需贮存于室温下。在疫苗使用前，应先将稀释液冷藏至 2～8℃，然后，在免疫期间用冰浴将稀释后的疫苗悬液维持在此温度下。④免疫时应执行常规无菌操作。

【用法】 肌肉或颈部皮下注射，按瓶签注明羽份，加专用配套稀释液稀释，每只 0.2mL。

【免疫期】 为 1.5 年，免疫后 2～3 周产生免疫力。

【贮藏】 在 –15℃以下避光保存，有效期为 1 年 6 个月。

鸡新城疫 I 系活疫苗

【概述】 本品液体苗为淡黄色澄明液体，静置后瓶底可见有少许沉淀。冻干苗为微黄色或淡红色、海绵状疏松团块，易与瓶壁脱离，加稀释液后迅即溶解成均匀混悬液。

【应用】 用于预防鸡新城疫。专供已经用鸡新城疫弱毒疫苗（Ⅱ系、F 系、Lasota 系）免疫过的 1 个月龄以上的成鸡免疫接种用。

【注意】 ①本疫苗系中等毒力毒株制成，专供免疫过鸡新城疫低毒力疫苗的 2 个月龄以上的鸡使用，不得用于初生雏鸡。②纯种鸡对本疫苗反应较强，产蛋鸡在接种后 2 周内产蛋可能减少或产软壳蛋，因此，最好在产蛋前或休产期进行免疫。③对未经低毒力疫苗免疫过的 2 个月龄以上的土种鸡可以使用，但有时也可引起少数鸡减食和个别鸡神经麻痹或死亡。④在有成年鸡和雏鸡的饲养场，使用本疫苗时，应注意消毒隔离，避免疫苗毒的传播，引起雏鸡死亡。⑤疫苗加水稀释后，应放冷暗处，必须在 4h 内用完。

【用法】 按瓶签标示的羽份，用灭菌生理盐水或适宜的稀释液稀释。皮下或胸部肌肉注射 1mL，点眼 0.05～0.1mL，也可刺种（浓液 0.1mL）。

【免疫期】 注射疫苗后 72h（3d）产生免疫力，免疫期 1 年。

【贮藏】 液体苗在 –15℃以下冷冻保存，有效期为 1 年，2～8℃阴冷干燥处保存，有效期为 3 个月。冻干苗 –15℃以下冷冻保存，有效期为 2 年，2～8℃阴冷干燥处保存，有效期为 8 个月，10～15℃阴暗干燥处保存，不超过 3 个月，25～30℃不超过 10d。

鸡新城疫 Ⅱ 系活疫苗

【概述】 本品为淡黄色、海绵状疏松团块，易与瓶壁脱离，加稀释液迅即溶解成均匀混悬液。

【应用】　用于预防不同品种、各种日龄的鸡新城疫及其他禽类新城疫。

【注意】　接种后，一般无不良反应。对于产蛋期的鸡，可引起产蛋量下降，7d 左右即可恢复。

【用法】　用无菌生理盐水、蒸馏水或冷开水，将疫苗稀释 10 倍。冻干苗则应按瓶签标示的组织量稀释 10 倍。以消毒的吸管吸取疫苗，滴入鸡鼻孔内（每滴 0.03～0.04mL）。此外，可用饮水免疫。用冷开水、井水（不能用含氯的自来水）将疫苗稀释。其稀释程度根据鸡的年龄大小而定。疫苗实用量则不论其大小均为 0.01g（实含组织）。用免疫母鸡的种蛋孵出的雏鸡，于出壳后一段时间内，因有母源抗体，可影响疫苗的免疫效果。故宜在首次免疫后 25d 左右进行第二次免疫，2 个月后再进行第三次免疫。也可于第二次免疫后 2 个月用Ⅰ系疫苗免疫。

【免疫期】　7～9 天产生免疫力，免疫期受多种因素影响，3～6 周不等。

【贮藏】　于 –15℃冷冻保存，有效期为 2 年；0～4℃阴冷干燥处保存，有效期为 8 个月；5～15℃保存为 3 个月；25～30℃保存为 10d。

鸡新城疫灭活疫苗

【概述】　乳白色乳状液。

【应用】　用于预防鸡新城疫。

【注意】　①严禁冻结。②如出现破损、异物或破乳分层等异常现象切勿使用。③使用前应将疫苗恢复至常温并充分摇匀。④疫苗启封后，限 24h 内用完。

【用法】　2 周龄以内雏鸡颈部皮下注射每羽 0.2mL，同时以 Lo Sota 或Ⅱ系弱毒疫苗滴鼻或点眼。肉鸡以上述方法免疫 1 次即可。2 月龄以上鸡胸部注射每羽 0.5mL，免疫期可达 10 个月。用弱毒活疫苗免疫过的母鸡，在开产前 2～3 周每羽注射 0.5mL，可保护整个产蛋期。

【免疫期】　免疫期为 4 个月。

【贮藏】　在 2～8℃保存，有效期为 1 年。

鸡传染性法氏囊病灭活疫苗

【概述】　白色均质乳剂。

【应用】　用于预防鸡传染性法氏囊病。

【注意】　①注射前应将疫苗恢复至室温。②疫苗使用前应充分摇匀。③开瓶的疫苗限当日用完。

【用法】　颈背侧皮下注射，每只鸡 0.5mL。21 日龄左右时小鸡用本品接种 1 次，130 日龄左右（开产前）再用本品加强免疫接种 1 次。本品与鸡传染性法氏囊病活疫苗配合使用更好，小鸡可在 10～14 日龄时用活疫苗作基础免疫接种。

【免疫期】　小鸡免疫期为 4 个月，成鸡免疫期为 1 年。

【贮藏】 在 2~8℃下保存，有效期为 1 年。

鸡传染性法氏囊病活疫苗

【概述】 微红色海绵状疏松团块，易与瓶壁脱离，加稀释液后迅速溶解。

【应用】 用于预防鸡传染性法氏囊病。

【注意】 ①免疫对象为健康雏鸡。②饮水接种时，饮水中应不含氯等消毒剂，饮水要清洁，忌用金属容器。③饮水接种前，应视地区、季节、饲养等情况，停水 2~4h。饮水器应置于不受日光照射的凉爽地方，限 1h 内饮完。

【用法】 点眼或饮水接种。①可用于各品种雏鸡。依据母源抗体水平，宜在 14~28 日龄使用。推荐免疫程序如下：当琼脂扩散试验阳性率在 50% 以下时，建议在 14 日龄时进行首次免疫，间隔 7~14d 后进行第 2 次免疫；如阳性率在 50% 以上，在 21 日龄时进行首次免疫，间隔 7~14d 后进行第 2 次免疫。②点眼：按瓶签标明羽份，用灭菌生理盐水、蒸馏水或水质良好的冷开水作适当稀释（1000 羽份疫苗用 30~50mL 水稀释）。每只鸡点眼 1~2 滴（0.03mL~0.05mL）。③饮水：饮水量根据鸡龄，品种和季节而定。一般情况下，14 日龄鸡，每只 10~15mL；20~30 日龄鸡，每只 15~20mL；成鸡，每只 20~30mL。肉用鸡或干热季节应适当增加饮水量。

【免疫期】 10 个月。

【贮藏】 −15℃以下保存，有效期为 18 个月。

传染性支气管炎、鸡新城疫二联活疫苗

【概述】 本品为微黄或微红色海绵状疏松团块，易与瓶壁脱离，加稀释液后迅速溶解。

【应用】 用于预防鸡新城疫和鸡传染性支气管炎。

【注意】 ①稀释后，应放冷暗处，限 4h 内用完。②饮水接种时，忌用金属容器，饮用前至少停水 2~4h。

【用法】 滴鼻或饮水免疫。①本疫苗适用于 7 日龄以上鸡。②按瓶签注明羽份用生理盐水、蒸馏水或水质良好的冷开水稀释疫苗。③滴鼻接种：每只鸡滴鼻 1 滴（0.03mL）。④饮水接种：剂量加倍，其饮水量根据鸡龄大小而定，5~10 日龄 5~10mL；20~30 日龄每只 10~20mL；成鸡每只 20~30mL。

【免疫期】 1 年。

【贮藏】 在 −15℃以下保存，有效期为 18 个月。

鸡痘活疫苗

【概述】 本品为微黄色海绵状疏松团块，易与瓶壁脱离，加稀释液后迅速溶解。

【应用】 用于预防鸡痘。

【注意】 ①疫苗稀释后，应放在冷暗处，必须当日内用完。②勿将疫苗溅出或触及鸡只接种区域以外的任何部位。③刺种部位使用 75% 酒精消毒，不宜使用碘酒消毒。④使用过的器具、空疫苗瓶及未使用完的疫苗等需进行消毒处理。⑤鸡群刺种后 7d 应逐个检查，刺种部位无反应者，应重新补刺。

【用法】 鸡翅膀内侧无血管处皮下刺种。按瓶签注明的羽份，用灭菌生理盐水稀释，用鸡痘刺种针蘸取稀释的疫苗，20～30 日龄雏鸡刺 1 针；30 日龄以上鸡刺 2 针；6～20 日龄雏鸡用再稀释 1 倍的疫苗刺一针。接种后 3～4d，刺种部位微现红肿、结痂，14～21d 痂块脱落。后备种鸡可于雏鸡接种后 60d 再接种一次。

【免疫期】 正常情况下成鸡 5 个月；雏鸡 2 个月。

【贮藏】 2～8℃保存，有效期为 12 个月；−15℃以下保存，有效期为 18 个月。

鸡新城疫病毒（La Sota 株）、
禽流感病毒（H9 亚型，SS 株）二联灭活疫苗

【概述】 乳剂，含灭活的鸡新城疫病毒 La Sota 株、A 型禽流感病毒 SS/94 株。

【应用】 用于预防鸡新城疫和 H9 亚型禽流感。

【注意】 ①切忌冻结，冻结后的疫苗严禁使用。②使用前应将疫苗恢复至室温，并充分摇匀。③疫苗启封后，限当日用完，用过的疫苗瓶、器具和未用完的疫苗等应该进行消毒处理。④用于肉鸡时，屠宰前 21d 内禁止使用；用于其他鸡时，屠宰前 42d 禁止使用。

【用法】 4 周龄以内雏鸡，颈背部皮下注射 0.25mL；4 周龄以上的鸡，肌肉注射 0.5mL。

【免疫期】 免疫期为 6 个月。

【贮藏】 2～8℃保存，有效期为 12 个月。

鸡球虫病四价活疫苗

【概述】 白色或类白色溶液，静置后底部有少量沉淀。

【应用】 用于预防鸡球虫病。

【注意】 ①本品严禁冻结或在靠近热源的地方存放。②严禁在饲料中添加任何抗球虫药物。③接种球虫病疫苗后的第 8～16 日内不可更换垫料。

【用法】 用于 3～7 日龄鸡饮水免疫，每鸡 1 羽份。

【免疫期】 接种后 14d 开始产生免疫力，免疫力可持续至饲养期末。

【贮藏】 在 2～8℃保存，有效期为 7 个月。

新城疫病毒抗原检测试剂盒

【概述】 本品为配套材料，包括新城疫病毒抗原快速检测试纸、稀释液、一次性吸管、棉签棒、干燥剂。

【作用】 本品通过胶体金免疫层析技术定性地检测出禽类眼部、气管、泄殖

腔分泌物、粪便、血清中的新城疫病毒抗原，以达到快速检测鸡新城疫病毒病。

【应用】 用于诊断鸡新城疫病毒病。

【注意】 ①本品为一次性诊断试剂盒，不能重复使用。②试纸卡需在室温（<30℃）阴凉干燥处保存，使用前不能随便打开，打开后 1h 内使用，包装有破损或超过有效期的禁止使用。③判读结果以 10min 内的显示结果为准。④如滴加检测液后 30s 内测试窗口无液体移行时再补加 1 滴检测液。⑤所检测的样本可能具有潜在的感染性，样品和使用过的试剂按微生物危险品处理。

【用法】 用棉签棒收集禽类的眼、气管、肛门分泌物，取样后将棉签棒放入反应稀释液中以同方向旋转稀释，充分稀释后用一次性吸管吸取上清液缓慢逐滴滴入 2~3 滴至加样孔，待反应完全时判读结果，不要超过 30min。

【判定】 ①阳性：C（对照线）和 T（检测线）位置处均显示红色线条。②阴性：C 位置处显示红色线条，T 位置处不显色。③无效：C 位置处不显色，T 位置处不显色或显示红色线条。

禽流感病毒抗原通用型检测试剂盒

【概述】 本品为配套材料，包括禽流感病毒抗原快速检测试纸、稀释液、一次性吸管、棉签棒、干燥剂。通用型可检测禽流感 H5 型、禽流感 H7 型、禽流感 H9 型。

【作用】 本品以双抗体夹心法为基础，通过免疫层析金标记技术定性地检测出禽类眼部、气管分泌物、肛门分泌物中的禽流感病毒抗原，以达到快速检测禽流感病毒病。

【应用】 用于诊断禽流感病毒病。

【注意】 ①本品为一次性诊断试剂盒，不能重复使用，稀释液只能使用本品的配套材料。②试纸卡需在室温（<30℃）阴凉干燥处保存，使用前不能随便打开，包装有破损或超过有效期的禁止使用。③判读结果以 30min 内的显示结果为准。④采集病料的棉签棒在稀释液中充分搅拌并反复挤压试管壁，让分泌物充分溶解到稀释液中。⑤所检测的样本可能具有潜在的感染性，样品和使用过的试剂按微生物危险品处理。⑥血清不能作为检测样品。

【用法】 用棉签棒收集禽类的眼部、气管、泄殖腔分泌物、粪便或血清，取样后将棉签棒放入反应稀释液中以同方向旋转稀释，充分稀释后用一次性吸管吸取上清液（如检测样品为血清，则吸取充分稀释后的混合液）缓慢逐滴滴入 3~4 滴至加样孔，待反应完全时判读结果，不要超过 10min。

【判定】 ①阳性：C 和 T 位置处均显示红色线条。②阴性：C 位置处显示红色线条，T 位置处不显色。③无效：C 位置处不显色，T 位置处不显色或显示红色线条。

新城疫病毒抗体检测试剂盒

【概述】 本品为配套材料，包括新城疫病毒抗体快速检测试纸、稀释液、一次性吸管、干燥剂。

【作用】　本品通过胶体金免疫层析技术筛查禽血清中的新城疫抗体。

【应用】　用于检测新城疫抗体。

【注意】　①本品为一次性诊断试剂盒，不能重复使用。②试纸卡需在室温（<30℃）阴凉干燥处保存，使用前不能随便打开，打开后1h内使用完，包装有破损或超过有效期的禁止使用。③判读结果以10min内的显示结果为准。④如滴加检测液后30s内，在测试窗口无液体移行时再滴加1滴测试液。⑤所检测的样本可能具有潜在的感染性，样品和使用过的试剂按微生物危险品处理。⑥血清过于黏稠时，可补滴1滴去离子水，不可用自来水、纯化水或蒸馏水作为阴性对照。

【用法】　采血0.5~1mL，1000r/min离心3min，静止分离血清，用一次性吸管吸取血清缓慢逐滴滴入3~4滴至加样孔，若血清层析速度较慢时加1~2滴稀释液于加样孔中，待反应完全时判读抗体效价水平，不要超过10min。

【判定】　①T条带色泽≥对照卡中1∶16（效价）位置条带色泽时，说明样品中新城疫抗体的效价较高，具有保护力。②T条带色泽≤对照卡中1∶16（效价）位置条带色泽时，说明样品中新城疫抗体的效价偏低，不能抵御新城疫病毒的强度攻击，需要加强免疫。③T条带色泽无显色时说明样品中不含有新城疫抗体。

禽流感病毒抗体检测试剂盒

【概述】　本品为配套材料，包括禽流感病毒抗体快速检测试纸、稀释液、一次性吸管、干燥剂。

【作用】　本品通过胶体金免疫层析技术筛查禽血清中的禽流感抗体。

【应用】　用于检测禽流感抗体。

【注意】　①本品为一次性诊断试剂盒，不能重复使用。②试纸卡需在室温（<30℃）阴凉干燥处保存，使用前不能随便打开，打开后1h内使用完，包装有破损或超过有效期的禁止使用。③判读结果以10min内的显示结果为准。④如滴加检测液后30s内，在测试窗口无液体移行时再滴加1滴测试液。⑤所检测的样本可能具有潜在的感染性，样品和使用过的试剂按微生物危险品处理。⑥不可用自来水、纯化水或蒸馏水作为阴性对照。

【用法】　采血0.5~1mL，1000r/min离心3min，静止分离血清，用一次性吸管吸取血清1滴，滴入加样孔，再滴入1~2滴稀释液于加样孔中，待反应完全时判读抗体效价水平，不要超过10min。

【判定】　①T条带色泽≥对照卡中1∶16（效价）位置条带色泽时，说明样品中禽流感抗体的效价较高，具有保护力。②T条带色泽≤对照卡中1∶16（效价）位置条带色泽时，说明样品中禽流感抗体的效价偏低，不能抵御禽流感病毒的强度攻击，需要加强免疫。③T条带色泽无显色时说明样品中不含有禽流感抗体。

【技能训练】 禽流感病毒抗体效价快速检测

1. 准备工作

待测鸡（免疫过禽流感疫苗、未免疫过禽流感疫苗）、禽流感病毒抗体检测试剂盒、酒精棉球、1mL 注射器、离心机等。

2. 训练方法

操作人员佩戴一次性手套分别用注射器采集免疫过禽流感疫苗、未免疫过禽流感疫苗待检鸡的血液 1mL，用离心机以 1000r/min 离心 3min，静止分离血清，用一次性吸管向加样孔滴入 1 滴血清，再滴入 1~2 滴稀释液进行反应，在 10min 内判读结果。

3. 归纳总结

通过对免疫过禽流感疫苗和未免疫过禽流感疫苗的两组待检鸡进行禽流感抗体的效价检测进行比较，掌握其检测方法及注意事项。鸡血清的 HI 抗体效价高于 1∶16 时可适当推迟新城疫免疫的时间，HI 抗体效价在 1∶16 以下，须马上进行新城疫疫苗接种，在新城疫流行的地区或鸡场，鸡的免疫临界水平应再提高。HI 抗体水平是以抽检样品的 HI 抗体效价（1og2）的平均值表示的。大型养鸡场，每次进行抽测时，抽样率一般不低于 0.1%~0.5%，小型鸡群，抽样率应有所增加，一般认为理想的抽样率应为 2%。鸡群接种新城疫疫苗后，经 2~3 周测血清中的 HI 抗体效价，若提高 2 个滴度以上，表示鸡的免疫应答良好，疫苗接种成功；若 HI 抗体效价无明显提高，表示免疫失败。

4. 实验报告

记录操作步骤、判读方法及检测结果。对所测得的结果进行分析，确定该鸡群目前禽流感病毒的免疫状态，并对生产提出合理建议或给出科学指导。

任务三　犬、猫常用生物制品及诊断试剂

【案例导入】

张某饲养一只贵宾犬，近期该犬吐白色液体、大便呈水样腹泻、不食，经确诊感染犬细小病毒病。请问该选择何种药物？如何使用？

【任务目标】

掌握犬常用的生物制品及诊断试剂的药理作用、诊断原理、临床应用、使用注意事项和用法用量。

【技能目标】

通过试验掌握犬冠状病毒病的快速诊断方法及操作注意事项。

【知识准备】

犬、猫常用的生物制品及诊断试剂主要是用于犬常见传染病的预防、诊断及治疗。主要是通过疫苗、快速检测试剂盒、血清、单克隆抗体、干扰素、免疫球蛋白等来预防、诊断和治疗犬、猫的常见疫病。

犬狂犬病、犬瘟热、犬副流感、犬腺病毒和犬细小病毒病五联活疫苗

【概述】 本品为犬狂犬病病毒、犬瘟热病毒、犬副流感病毒、犬腺病毒和犬细小病毒弱毒株接种易感细胞培养，收集的细胞培养物而制成，微黄白色海绵状疏松团块，易与瓶壁脱离，加稀释液后迅速溶解成粉红色澄清液体。

【应用】 用于预防犬狂犬病、犬瘟热、犬副流感、犬腺病毒和犬细小病毒病。

【注意】 ①本品仅用于非食用犬的预防接种，不能用于已发生疫情时的紧急接种与治疗；妊娠犬禁用。②应用过免疫血清的犬需间隔 7~14d 后方可接种本品。③本品需现配现用，如发生过敏反应的，需立即肌肉注射 0.5~1mL 盐酸肾上腺素用于抢救。④接种注射期内应避免运输、调教和饲养管理条件的骤变，且禁止与病犬接触。

【用法】 肌肉注射，用注射用水稀释成每头份 2mL，断奶幼犬以 21d 为间隔连续接种 3 次；成年犬以 21d 为间隔连续接种 2 次。

【免疫期】 为 1 年。

【贮藏】 在 2~8℃保存，有效期为 9 个月；在 –20℃以下保存，有效期为 12 个月。

犬瘟热、传染性肝炎、细小病毒病、副流感四联活疫苗

【概述】 白色或乳白色海绵状疏松团块，易与瓶壁脱离，加稀释液后迅速溶解。

【应用】 用于预防犬瘟热、传染性肝炎、细小病毒病、副流感。

【注意】 ①本品仅用于健康犬（包括妊娠犬）的预防接种，不能用于肉用犬的接种。②本品稀释后需在 30min 内注射。③本品不要冻结，不要将疫苗长时间或反复暴露在高温条件下。

【用法】 皮下注射，用疫苗稀释液稀释后，每只犬接种 1 头份，断奶幼犬以 21d 为间隔连续接种 4 次；成年犬每年接种 1 次。

【免疫期】 为 1 年。

【贮藏】 在 2~8℃保存，有效期为 24 个月。

猫鼻气管炎、嵌杯病毒病、泛白细胞减少症三联灭活疫苗

【概述】 乳白色至粉色不透明液体。

【应用】 用于预防猫鼻气管炎、嵌杯病毒病、泛白细胞减少症。

【注意】 ①本品仅用于 8 周龄以上（含 8 周龄）健康猫的预防接种。②本品含有硫柳汞、新霉素、多黏菌素 B 和两性霉素 B，猫出现过敏反应时立即应用肾上腺素急救。③本品不要冻结，接种前常规无菌操作并充分摇匀，使疫苗达到室温。

【用法】 皮下或肌肉注射，每只猫接种 1 头份，8 周龄以上（含 8 周龄）健康猫以 21d 为间隔连续接种 2 次；成年猫每年接种 1 次。

【免疫期】 为 1 年。

【贮藏】 在 2～8℃保存，有效期为 24 个月。

犬、猫狂犬病灭活疫苗

【概述】 红色到浅紫色，底部有无色沉淀物，轻轻摇振后呈均匀悬液。

【应用】 用于预防犬、猫狂犬病。

【注意】 ①本品仅用于健康犬、猫（包括妊娠犬、猫）的预防接种。②本品稀释后需在 30min 内注射。③本品不要冻结，用前和使用过程中应振摇，并使其达到室温。

【用法】 皮下或肌肉注射，每只犬、猫接种 1 头份，接种后 21d 内产生免疫力。

【免疫期】 为 3 年。

【贮藏】 在 2～8℃保存，有效期为 48 个月。

犬瘟热病毒单克隆抗体

【概述】 微带乳光浅红色透明液体，中和抗体效价 ≥ 1024。

【作用】 本品是利用细胞融合技术，将犬瘟热病毒免疫的小鼠脾细胞与瘤细胞融合，制备出能分泌犬瘟热病毒单克隆抗体的杂交瘤细胞，接种生物反应器进行连续灌流培养，经浓缩纯化后制备的高效特异性抗体。

【应用】 用于治疗和预防犬瘟热病毒感染。

【注意】 ①本品为异种球蛋白，如有过敏反应需立即停用并使用抗过敏药物。②注射前需恢复至室内常温。③预防时剂量减半，可保护犬一周免受犬瘟热病毒感染。

【用法】 肌肉注射，0.5mL/kg 体重，1 次 /d。

【贮藏】 在 –20℃以下保存，有效期为 24 个月。

犬细小病毒单克隆抗体

【概述】 微带乳光浅红色透明液体，中和抗体效价 ≥ 1280。

【作用】　本品是利用细胞融合技术，将犬细小病毒免疫的小鼠脾细胞与瘤细胞融合，制备出能分泌犬细小病毒单克隆抗体的杂交瘤细胞，接种生物反应器进行连续灌流培养，经浓缩纯化后制备的高效特异性抗体。

【应用】　用于治疗和预防犬细小病毒感染。

【注意】　①本品为异种球蛋白，如有过敏反应需立即停用并使用抗过敏药物。②注射前需恢复至室内常温。③预防时剂量减半，可保护犬一周免受犬细小病毒感染。

【用法】　肌肉注射，0.5mL/kg 体重，1 次 /d。

【贮藏】　在 –20℃以下保存，有效期为 24 个月。

猫瘟热病毒单克隆抗体

【概述】　微带乳光浅红色透明液体，中和抗体效价 ≥ 1280。

【作用】　本品是利用细胞融合技术，将猫瘟热病毒免疫的小鼠脾细胞与瘤细胞融合，制备出能分泌猫瘟热病毒单克隆抗体的杂交瘤细胞，接种生物反应器进行连续灌流培养，经浓缩纯化后制备的高效特异性抗体。通过淋巴和血液循环系统快速到达病毒侵害的组织和细胞，杀灭病猫体内病毒，并激活细胞免疫系统。

【应用】　用于治疗和预防猫瘟热病毒感染。

【注意】　①本品为异种球蛋白，如有过敏反应需立即停用并使用肾上腺素及地塞米松急救。②本品溶解后尽快使用，避免反复冷冻。注射前需恢复至室内常温。③因皮下注射吸收较慢，注射时需分点注射，每个点不宜超过 1.2mL。

【用法】　肌肉或皮下注射，0.5mL/kg 体重，1 次 /d。

【贮藏】　在 –18℃以下保存，有效期为 24 个月。

重组犬干扰素 α

【概述】　白色或微黄色柱状疏松体，稀释后为澄色液体，无肉眼可见的不溶物。

【作用】　本品为一种非特异性抗病毒物质，具有广谱抗病毒、抗肿瘤、抑制细胞增殖和提高免疫功能等作用。其与细胞表面受体结合可诱导细胞产生多种抗病毒蛋白，抑制病毒在细胞内繁殖，提高机体免疫功能。

【应用】　用于治疗犬病毒疾病的感染。

【注意】　①使用本品偶有发烧等过敏反应，通常在 48h 后消失，如遇不良反应需立即停药。②本品为冻干制剂，稀释后为无色透明液体，如遇浑浊、沉淀等异常现象，不得应用。③稀释时，应将液体沿瓶壁注入，轻轻摇匀，防止产生气泡，稀释后应当日用完。

【用法】　肌肉或皮下注射，每支用 1mL 灭菌用水稀释，20～50 万 IU/kg 体重，1 次 /d。

【贮藏】 在 2～8℃保存，有效期为 24 个月。

重组犬干扰素 γ

【概述】 白色疏松体，稀释后为澄色液体，无肉眼可见的不溶物。

【作用】 本品由活化的 T 淋巴细胞产生，参与机体免疫调节，起双向免疫调节作用，是体内重要的免疫调节因子。同时，本品可激活体内自然杀伤细胞，增强机体的抗病毒、抗肿瘤能力；抑制 B 细胞分泌 IgE，从而抑制 IgE 水平过高导致的 I 型超敏反应的发生；恢复抑制性 T 细胞的功能，减少免疫复合物的局部沉积，抑制Ⅲ型超敏反应发生，减轻类风湿性关节炎等疾病的症状。

【应用】 用于治疗犬的皮肤病、病毒性疾病和免疫低下症。

【注意】 ①使用本品偶有发烧等过敏反应，通常在 48h 后消失，如遇不良反应需立即停药。②本品为冻干制剂，稀释后为无色透明液体，如遇浑浊、沉淀等异常现象或包装瓶有破损的产品不得应用。

【用法】 肌肉或皮下注射，每支用 1mL 灭菌用水稀释，30～50 万 IU/kg 体重，1 次/d。

【贮藏】 在 2～8℃保存，有效期为 24 个月。

重组猫干扰素 ω

【概述】 白色或微黄色柱状疏松体，稀释后为澄色液体，无肉眼可见的不溶物。

【作用】 本品具有广谱性抗病毒作用，其与细胞表面受体结合，诱导细胞产生多种抗病毒蛋白，从而抑制病毒在细胞内的复制，对 RNA 和 DNA 病毒都有效；有免疫调节作用，可以调节主要组织相容性抗原的表达，增强吞噬细胞的活性，增强天然杀伤细胞和细胞毒性 T 细胞的活性，提高机体抗病毒能力；有加速和强化疫苗的免疫作用，和疫苗联合使用，可缩短产生抗体的时间，提高机体的抗体含量。

【应用】 用于治疗猫病毒疾病的感染。

【注意】 ①本品使用后偶有发烧等过敏反应，通常在 48h 后消失，如遇不良反应需立即停药。②本品为冻干制剂，稀释后为无色透明液体，如遇浑浊、沉淀等异常现象或包装瓶有破损的产品不得应用。③对疫苗等生物制品有过敏史者慎用，对于过敏猫需进行皮试。

【用法】 肌肉或皮下注射，每支用 1mL 灭菌用水稀释，50 万 IU/kg 体重，1 次/d。

【贮藏】 在 2～8℃保存，有效期为 24 个月。

犬血免疫球蛋白

【概述】 无色澄明液体，纯度 ≥ 96%，浓度 2.5%。

【作用】 本品是机体重要的免疫活性物质，含有大量特异性免疫球蛋白分子，具有靶细胞阻断作用、中和自身免疫性抗体、改变免疫复合物结构和可溶性、增加自然杀伤细胞的数量与功能、调节多种细胞因子表达、改善 IgG 新陈代谢等。

【应用】 用于预防和治疗病毒性、细菌性、真菌性和寄生虫性疾病的感染及各种免疫缺乏症和免疫低下症等。

【注意】 ①本品使用过程中偶有不适反应，如遇不适反应需立即停药。②本品为冻干制剂，解冻后为无色透明液体，如遇浑浊、沉淀等异常现象或包装瓶有破损的产品不得应用。③本品应单独静脉滴注，不得和其他药物配伍，有严重酸碱代谢紊乱的病犬慎用。

【用法】 静脉注射，5kg 以下犬，5mL/d；5～10kg 犬，10mL/d；10kg 以上犬，10～20mL/d，1 次 /d，连用 3d。

【贮藏】 在 2～8℃保存，有效期为 36 个月。

犬瘟热病毒抗原检测试剂盒

【概述】 本品为配套材料，包括犬瘟热病毒抗原快速检测试纸、反应缓冲液、一次性吸管、棉签棒、干燥剂。

【作用】 本品通过免疫色谱分析法定性地检测出犬类结膜上皮细胞、尿液、血清或血浆中的犬瘟热病毒抗原，以达到快速检测犬瘟热病毒病。

【应用】 用于诊断犬瘟热病毒病。

【注意】 ①本品为一次性诊断试剂盒，不能重复使用。②试纸卡使用前不能随便打开，现开现用，包装有破损或超过有效期的禁止使用。③判读结果以 10min 内的显示结果为准。④犬在接种犬瘟热病毒疫苗 3～10d 内检测可能会出现假阳性结果，需要专业兽医结合临床综合判断。⑤反应进行时，反应的色带在试纸中间的结果窗中会向前移行，如果在滴加混合液 1min 后仍没有色带移动时，需再向加样孔加一滴混合液。

【用法】 用占有生理盐水的棉签棒收集犬的结膜上皮细胞或尿液或血清或血浆，取样后将棉签棒放入反应缓冲液中以同方向旋转稀释，充分稀释后用吸管吸取混合液缓慢逐滴滴入 3～4 滴至加样孔，待反应完全时判读结果，不要超过 10min。

【判定】 ①阳性：C 和 T 位置处均显示红色线条。②阴性：C 位置处显示红色线条，T 位置处不显色。③无效：C 位置处不显色，T 位置处不显色或显示红色线条。

犬细小病毒抗原检测试剂盒

【概述】 本品为配套材料，包括犬细小病毒抗原试纸卡、反应缓冲液、一次性吸管、棉签棒、干燥剂。

【作用】 本品通过免疫色谱分析法定性地检测出犬类粪便中的犬瘟热病毒抗

原，以达到快速检测犬细小病毒病。

【应用】 用于诊断犬细小病毒病。

【注意】 ①本品为一次性诊断试剂盒，不能重复使用。②试纸卡使用前不能随便打开，现开现用，包装有破损或超过有效期的禁止使用。③判读结果以10min 内的显示结果为准。④犬在接种犬细小病毒疫苗 3～10d 内检测可能会出现假阳性结果，需要专业兽医结合临床综合判断。⑤反应进行时，反应的色带在试纸中间的结果窗中会向前移行，如果在滴加混合液 1min 后仍没有色带移动时，需再向加样孔加一滴混合液。

【用法】 用棉签棒从犬的直肠取样，取样后将棉签棒放入反应缓冲液中以同一方向旋转充分稀释，稀释后静置 1min 用吸管吸取上清液缓慢逐滴滴入 3～4 滴至加样孔，待反应完全时判读结果，不要超过 10min。

【判定】 ①阳性：C 和 T 位置处均显示红色线条。②阴性：C 位置处显示红色线条，T 位置处不显色。③无效：C 位置处不显色，T 位置处不显色或显示红色线条。

犬冠状病毒抗原检测试剂盒

【概述】 本品为配套材料，包括犬冠状病毒抗原试纸卡、稀释液、一次性吸管、棉签棒、干燥剂。

【作用】 本品通过双抗体夹心法的原理，应用免疫层析金标记技术快速检测犬冠状病毒病。

【应用】 用于诊断犬冠状病毒病。

【注意】 ①本品为一次性诊断试剂盒，不能重复使用。②试纸卡在打开后1h 内使用。③判读结果以 10min 内的显示结果为准。④犬在接种犬冠状病毒疫苗3～10d 内检测可能会出现假阳性结果，需要专业兽医结合临床综合判断。⑤反应进行时，反应的色带在试纸中间的结果窗中会向前移行，如果在滴加混合液 1min后仍没有色带移动时，需再向加样孔加一滴混合液。

【用法】 用棉签棒从犬的直肠取样，取样后将棉签棒放入稀释液中旋转稀释，稀释后用吸管吸取上清液缓慢逐滴滴入 3～4 滴至加样孔，待反应完全时判读结果，不要超过 10min。

【判定】 ①阳性：C 和 T 位置处均显示红色线条。②阴性：C 位置处显示红色线条，T 位置处不显色。③无效：C 位置处不显色，T 位置处不显色或显示红色线条。

猫瘟病毒抗原检测试剂盒

【概述】 本品为配套材料，包括猫瘟病毒抗原试纸卡、稀释液、一次性吸管、棉签棒、干燥剂。

【作用】 本品通过双抗体夹心法的原理，应用免疫层析法检测猫粪便中的猫瘟病毒抗原，以达到快速检测猫瘟病毒病。

【应用】　用于诊断猫瘟病毒病。

【注意】　①本品为一次性诊断试剂盒，不能重复使用。②试纸卡不能随意打开，打开后需在 10min 内使用。③判读结果以 10min 内的显示结果为准。④反应进行时，反应的色带在试纸中间的结果窗中会向前移行，如果在滴加混合液 1min 后仍没有色带移动时，需再向加样孔加一滴混合液。

【用法】　用棉签棒从猫的直肠中取样，取样后将棉签棒放入稀释液中旋转充分稀释，稀释后静置 1min 用吸管吸取上清液缓慢逐滴滴入 3～4 滴至加样孔，待反应完全时判读结果，不要超过 10min。

【判定】　①阳性：C 和 T 位置处均显示红色线条。②阴性：C 位置处显示红色线条，T 位置处不显色。③无效：C 位置处不显色，T 位置处不显色或显示红色线条。

【技能训练】　犬冠状病毒病快速诊断

1. 准备工作

病犬（经确定感染犬冠状病毒的犬）、犬冠状病毒抗原检测试剂盒、一次性手套。

2. 训练方法

操作人员佩戴一次性手套，用棉签棒经犬的直肠收集粪便，取样后将棉签棒放入缓冲稀释液中旋转充分稀释，取出试纸放在干燥宽敞的操作台面上，用吸管吸取上清液缓慢逐滴滴入 3～4 滴至加样孔，在 10min 内判读结果。

3. 归纳总结

通常取病犬病料主要是粪便，取样时按常规流程进行，粪便量不能过多也不能过少，以沾满一半棉签为最佳。在使用缓冲稀释液时以同一方向至少旋转 10 次以充分稀释。判读结果时需在试剂反应 10min 中内进行。

4. 实验报告

记录操作步骤、判读方法及检测结果。分析出现假阳性或无效检测结果的原因。

课后练习

一、选择题

1. 犬瘟热病毒抗原检测试剂盒应用时，结果判定不宜超过（　　　　）

　　A. 5min　　B. 10min　　C. 15min　　D. 20min　　E. 25min

2. 鸡球虫病四价活疫苗的接种方式是（　　　）

  A. 滴鼻　　B. 肌注　　　　C. 饮水　　　　D. 点眼　　　　E. 拌料

3. 猪口蹄疫 O 型灭活疫苗通常在注射（　　　）日后可产生抗体

  A. 5　　　B. 10　　　C. 15　　　　D. 20　　　　E. 25

4. 下列不属于动物常用的生物制品及诊断试剂的是（　　　）

  A. 抗生素　　　　　　　B. 干扰素　　　　　　　　C. 快速检测试剂盒

  D. 血清　　　　　　　　E. 疫苗

5. 犬血免疫球蛋白不适用于（　　　）

  A. 病毒性疾病　　　　　B. 细菌性疾病　　　　　C. 真菌性疾病

  D. 寄生虫性疾病　　　　E. 外伤性疾病

6. 下列关于禽流感病毒抗体检测试剂盒使用说法错误的是（　　　）

  A. 反应后判读结果不要超过 10min

  B. 一次性检测盒，不能反复使用

  C. 不可用自来水作对比实验

  D. 包装有破损不能使用

  E. 检测的禽血清直接弃于垃圾桶中

7. 鸡马立克氏病疫苗主要适用于（　　　）日龄的雏鸡。

  A. 1　　　B. 2　　　　C. 3　　　　D. 4　　　　E. 5

8. 牛型提纯结核菌素呈现阳性反应局部有明显的炎性反应，其皮肤厚差为（　　　）

  A. ＜ 2mm　　　　　　B. 2.1～3.9mm　　　　C. ≥ 4mm

  D. 1～1.9mm　　　　　E. ≥ 2mm

9. 下列不属于羊梭菌病多联干粉灭活疫苗免疫疾病的是（　　　）

  A. 羊快疫　　　　　　　B. 羊败血性链球菌病　　　C. 羊肠毒血症

  D. 羊黑疫　　　　　　　E. 破伤风

10. 犬、猫狂犬病灭活疫苗的免疫期是（　　　）

  A. 6个月　　　　　　　B. 1年　　　　　　　　　C. 2年

  D. 3年　　　　　　　　E. 5年

二、简答题

1. 试分析临床上疫苗免疫失败的原因。

2. 简述幼犬的免疫程序。

3. 国家对牛、羊、猪强制免疫的疫苗有哪些？

附录　案例分析表格范例

1. 从案例导入中找出或总结出可以解决问题的相关词或词组以及涉及科目	
词或词组	阐明理由

2. 提出初步意见

3. 在知识准备中查找并总结相关解决问题的依据	
依据点	阐明理由

4. 问题解答最终结果

5. 分析点评

序号	体会内容	教师点评
1		
2		
3		

6. 教师互动

序号	学生提问	教师解答要点
1		
2		
3		

参考文献

［1］ 陈杖榴. 兽医药理学. 北京：中国农业出版社，2013.

［2］ 朱模忠. 兽药手册. 北京：化学工业出版社，2002.

［3］ 梁运霞，宋治平. 动物药理与毒理. 北京：中国农业出版社，2006.

［4］ 沈建忠. 兽医药理学. 北京：中国农业大学出版社，2001.

［5］ 曾振灵. 兽医药理学实验指导. 北京：中国农业出版社，2009.

［6］ 中国兽医协会. 执业兽医资格考试应试指南. 北京：中国农业出版社，2010.

［7］ 赵明珍. 动物药理. 北京：中国农业出版社，2011.

［8］ 周新民. 动物药理学. 北京：中国农业出版社，2001.

［9］ 孙志良，罗永煌. 兽医药理学. 北京：中国农业大学出版社，2006.

［10］ 邱深本，李喜旺. 动物药理. 北京：化学工业出版社，2010.

［11］ 刘占民，李丽. 新编动物药理学. 北京：中国农业科学技术出版社，2012.

［12］ 周翠珍. 动物药理学. 重庆：重庆大学出版社，2007.

［13］ 贺生中，李荣誉，裴春生. 动物药理. 北京：中国农业大学出版社，2011.

［14］ 赵红梅，苏加义. 动物机能药理实验教程. 北京：中国农业大学出版社，2007.

［15］ 李春雨，贺生中. 动物药理. 北京：中国农业大学出版社，2007.